结构矩阵方法与工作休假排队

李继红 著

科学出版社
北京

内 容 简 介

本书基于结构矩阵方法，系统论述工作休假排队的思想原理和主要结果，着重介绍嵌入 Markov 链(MC)、拟生灭过程与结构矩阵在工作休假排队分析中的应用，内容包括 M/M/1 型、GI/M/1 型和 M/G/1 型经典工作休假排队的建模和分析，并简要介绍休假中断策略、成批到达、门限策略与工作休假排队结合的研究成果. 书中包含各类工作休假排队的详细数值分析及在通信网络性能分析的应用实例.

阅读本书只需要矩阵分析、概率论和随机过程的基本知识. 本书可供随机运筹学及管理科学领域的研究人员、高校教师和相关专业研究生参考使用，也可供计算机系统和通信网络的工程技术人员阅读参考.

图书在版编目(CIP)数据

结构矩阵方法与工作休假排队/李继红著. —北京：科学出版社，2016.3

ISBN 978-7-03-047640-1

Ⅰ. ①结… Ⅱ. ①李… Ⅲ. ①矩阵法分析 Ⅳ. ①O342

中国版本图书馆 CIP 数据核字(2016) 第 049132 号

责任编辑：李 欣／责任校对：张凤琴
责任印制：张 伟／封面设计：陈 敬

科 学 出 版 社 出版
北京东黄城根北街 16 号
邮政编码：100717
http://www.sciencep.com

北京九州迅驰传媒文化有限公司 印刷

科学出版社发行 各地新华书店经销

*

2016 年 3 月第 一 版 开本：720 × 1000 B5
2018 年 1 月第三次印刷 印张：13 3/4
字数：267 000

定价：88.00 元

(如有印装质量问题，我社负责调换)

前　言

随着电子商务和现代技术的迅猛发展, 管理机构和通信网络的运行越来越复杂, 对服务质量和系统性能要求也越来越高. 排队论, 作为解决系统理论分析和应用研究的有效工具, 需要不断引入新策略, 以适应和解决不同的排队拥塞问题. 休假排队, 作为解决服务运行的有效机制, 可以充分利用闲期, 从事其他工作, 减少资源损耗, 降低系统成本, 获得更多关注.

休假排队研究中, 通常假定休假的服务员完全停止为顾客服务, 或者理解为完全停止原有工作, 但可以从事其他辅助工作或进行保养维修. 在一些情况下, 这是比较合理的, 但随着计算机通信网络、柔性制造系统、异步传输模式及电子商务等高新技术的发展, 出现了大量的复杂系统设计和控制问题. 休假的存在, 使得系统在休假期的负载过大, 如在管理机构中, 完全休假可能造成大批或大宗业务办理的延误；通信网络中数据和信号的传输和接收也会由于波长或通道的限制而造成阻塞. 计算机科学和信息技术的发展, 激发了人们对休假排队系统的不断关注和探索, 工作休假排队研究正是在这种背景下产生和发展起来的.

文献 Servi 和 Finn(2002) 是工作休假 (Working Vacation, WV) 排队分析的起点. 与经典休假排队不同, 工作休假排队是一类半休假策略, 指在休假期间服务员将以较低的速度接待顾客, 而不是完全停止对顾客的服务. 这意味着, 在休假期间仍保持一部分服务能力用于接待顾客, 另一部分服务能力可进行缓冲调整或用于从事其他辅助任务. 这种系统实质上是两种不同服务速率交替运行的系统, 通过设立高速与低速期, 有效地解决了完全休假所造成的工作延误, 减轻了系统负载, 又保持了休假的原有效果.

工作休假排队研究迄今有十几年时间, 由于其更适用于服务系统建模和性能分析, 引起了大批排队论专家的关注, 并迅速产生了一些关于理论分析及实际应用的研究文献, 而田乃硕等的著作《离散时间排队论》(2008), 以一章的篇幅亦对离散时间工作休假排队的早期成果给出了处理. 然而, 或因研究时间较短, 或因模型的复杂, 工作休假排队的大量研究成果散见在各种杂志上, 并且通常是使用不同方法给出的, 相关文献和著作均未能反映工作休假排队研究的全貌, 更没有一本以建立完整理论体系为目标的专著.

本书的目的是对工作休假排队构建一个较完整的理论框架, 同时较全面地反映该领域的研究成果和方法. 20 世纪 70 年代以来, Neuts 等系统地发展了结构矩阵分析方法, 为复杂随机模型的分析提供了强有力的工具, 在排队模型的研究中广泛使用矩阵分析方法, 已经成为当代流行趋势. 作者对国内外相关成果进行梳理和加工, 结合自己的研究工作, 基于结构矩阵分析方法, 给出了一个由浅入深、层次分明、有机联系的理论体系. 在内容上, 本书包括国内外最常见三类排队系统: M/M/1 型、GI/M/1 型和 M/G/1 型; 既包括经典模型的分析, 也包括带有各种休假策略、成批 Markov 到达、门限策略等新近研究成果的系统处理; 既包括连续时间排队, 也包括离散时间变体模型. 对各类型模型, 使用嵌入 Markov 链 (MC)、拟生灭 (QBD) 过程、GI/M/1 型和 M/G/1 型结构矩阵分析方法处理, 力争在研究内容和分析方法上反映工作休假排队研究的结构性和整体性. 同时, 这些复杂排队系统的分析也充分显示了结构矩阵分析方法的有效性. 书中还对每类工作休假排队模型给出详细的数值分析, 并包含通信网络性能分析的例子, 努力做到理论分析难度适中, 图文结合, 易于理解.

作者从事排队论研究已有十多年, 特别是在休假排队和离散时间排队分析中取得了诸多研究成果, 获得了国际和国内专家的认可. 书中大量内容均来源于作者本人的研究工作.

全书共 8 章. 第 1 章介绍排队论的基本内容和工作休假排队中出现的一些新现象和独有的特性. 第 2 章简要介绍本书中需要的预备知识, 包括泊松过程、离散时间 MC 和连续时间 MC、半 Markov 过程等内容. 第 3 章基于拟生灭过程方法处理各种工作休假的 M/M/1 型排队系统, 其中包括多重工作休假、单重工作休假、休假中断及门限策略. 第 4 章致力于工作休假的 GI/M/1 排队系统的分析, 采用矩阵几何解方法, 给出了多重、单重工作休假和休假中断排队的理论结果. 平行于第 4 章, 第 5 章处理了各种工作休假的 GI/Geo/1 型离散时间工作休假排队, 包括 Geo/Geo/1 型的拟生灭链排队. 第 6 章和第 7 章展示 M/G/1 型工作休假排队系统的分析, 采用 M/G/1 型结构矩阵方法, 给出单到达和批到达机制下工作休假排队的研究结果. 第 8 章介绍工作休假排队在光接入网络中的应用, 应用问题是尚处于发展过程中的工作休假研究领域, 成果相对较少, 但本章仍结合通信网络的应用例子, 基于工作休假机制, 提出解决网络运行的一个有效策略. 每一章的最后都设置文献评述一节, 给出本章内容和相关工作的出处, 便于读者阅读和研究进一步的文献.

2010 年以来, 作者关于排队论的研究及本书内容直接相关的成果, 得到国家自然科学基金 (编号: 71301091) 和教育部人文社科基金 (编号: 10YJC630114) 两个项目的资助, 作者本人入选山西省高等学校优秀青年学术带头人, 本书的出版也得到这三个项目的支持, 特此表示衷心的感谢.

燕山大学田乃硕教授、山西大学刘维奇教授, 始终关注着作者的研究进展和书稿撰写, 给了很大的帮助, 谨向他们致以真诚的感谢! 感谢我的家人在书稿撰写中的付出, 他们的支持为我今后发展、前进的动力和希望!

由于作者水平有限, 不足之处在所难免, 恳请读者批评指正!

作　者
2015 年 9 月
于太原山西大学

目 录

第1章　引　论

1.1　排队模型

随着人类城市化和信息化进程的加快, 人们会发现自己经常陷入排队等待的烦恼之中. 路途中交通阻塞, 我们不得不在队伍中等待交警的疏通; 超市收银台繁忙, 我们不得不在队伍中等待收银员结账, 等等, 诸如此类. 除上述有形的排队之外, 还有大量的所谓“无形”排队现象, 如网络服务堵塞; 车站、码头等交通枢纽的车船堵塞和疏导; 通信卫星与地面若干待传递的信息, 等等, 均造成系统暂时的排队和等待.

排队现象面临的共同问题是: 增加服务设施无疑可以减少排队时间, 消除拥挤现象, 但可能会导致设备闲置, 造成设备投资浪费. 如果减少服务设施, 则常常造成排队和拥挤, 或者顾客会自动离去, 使系统丧失服务机会, 影响到经济效益的提高. 所以, 如何配备服务员的数量, 如何确定顾客的平均等待时间以及队伍的长度, 如何在服务配置方面达到平衡, 使得既不出现拥挤排队, 又不致发生设备闲置和浪费, 从而达到既提高服务质量, 又降低服务成本的目的, 就构成了排队论研究的目的.

排队论 (Queueing Theory) 又名随机服务系统理论 (Random Service System Theory), 是研究服务系统在运行过程中所产生的排队等待现象的一门数学理论, 是运筹学的一个重要分支. 具体地说, 它是在研究各种排队系统概率规律性的基础上, 通过研究各种服务系统在排队中的概率特性, 得到队长、等待时间等数量指标的变化规律, 解决相应排队系统的最优设计和最优控制问题.

在各种排队系统中, 起根本性作用的是它们的一个共同性质：随机性. 顾客的到达间隔时间和顾客接受服务的时间中, 至少有一个具有随机性. 尽管排队系统是多种多样的, 但是从主要决定因素看, 它由三个部分组成：输入过程、排队规则和服务机构; 为简便, 它采用 Kendell 引入的记法表示.

(1) 输入过程, 反映顾客来源以及顾客抵达排队系统的规律. 例如, 顾客来源是有限还是无限, 顾客是单个到达还是成批到达, 顾客相继到达的间隔时间之间是否独立, 顾客的到达间隔 $\{T_n, n \subseteq N\}$ 服从怎样的概率分布以及分布参数, 一般有指数分布、几何分布、一般分布等.

若在每个时隙点上最多到达一个顾客, 称为单个到达; 如果允许一个点处有许多顾客同时到达, 称为成批到达. 在更一般情况下, 还需要引入到达间隔有相依性结构的到达过程. 例如, 连续时间 Markov 到达过程 (MAP).

(2) 排队规则, 是指服务系统中顾客接受服务的规则. 若顾客不愿意排队, 到达时系统只要有顾客, 即离开, 称为完全损失制排队. 若顾客排队等待, 又分为先到先服务 (First Come First Served, FCFS)、后到先服务 (Last Come First Served, LCFS)、随机服务 (Random Served, RS)、处理器共享 (Processor Sharing, PS)、有优先权的服务等. 通常采用等待制先到先服务 (FCFS) 的排队规则.

(3) 服务机构, 其刻画主要包括: ①服务台的数目 k(单个或多个, 在多个的情况下, 服务台是串联还是并联); ②服务机构的容量, 即最多可容纳的排队顾客数; ③是成批服务还是单个服务; ④每位顾客所需的服务时间 $\{S_n, n \subseteq N\}$ 是否独立, 服从什么样的概率分布以及分布参数, 一般有指数分布、几何分布、一般分布等. 本书集中于单服务台工作休假排队分析.

例 1.1.1　单服务台排队.

一个典型的单服务台排队, 顾客将依据一定的排队规则进行排队等待服务, 并由一个服务台服务顾客. 由于诸多服务系统的运行可以分解地看成多个单服务排队, 如通信网络中单条信道的传输、呼叫中心每个接线台的业务等, 单服务台排队在理论研究和应用领域获得最多关注 (图 1.1).

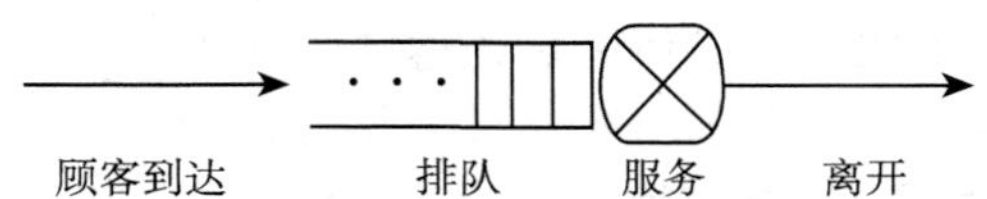

图 1.1　单服务台排队系统

例 1.1.2　多服务台排队.

典型的多服务台排队与单服务台排队的不同在于服务台的数量, 多服务台排队常用于模式服务台可提供相同服务, 即是无差别的, 如银行窗口、超市收银台、多台机器加工、边境海关等, 其更关注服务台数量的设计和控制问题 (图 1.2).

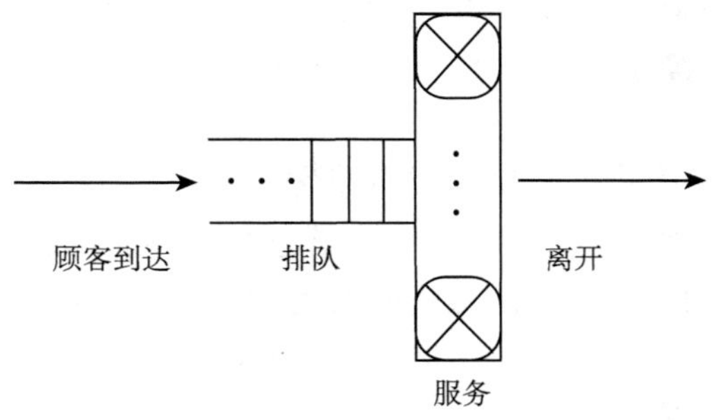

图 1.2　多服务台排队系统

(4) 符号表示. 一个排队系统是由许多条件决定的, 为了简明, 常采用 $3 \sim 6$ 个

英文字母表示, 字母间用斜线隔开, 如

$$A/B/C/N/Y/Z$$

其中 A 表示输入分布类型, B 表示服务时间的分布类型, C 表示服务台的数目, N 表示系统的容量 (默认为 ∞), Y 表示顾客源中的顾客数目 (默认为 ∞), Z 表示服务规则 (默认为先到先服务 FCFS), 后三个一般省略不写, 其中 A 与 B 将用一些特定的符号取代, 通用记号如下:

D 表示定长分布, A=D 表明到达间隔为一个确定的长度 (正整数), B=D 表明顾客服务时间为定长;

M 表示指数分析, A=M 表明到达是泊松过程, B=M 表明服务时间服务指数分布;

Geo 表示几何分布, A=Geo 表明到达是 Bernoulli 过程, B=Geo 表明服务时间服从几何分布;

G 表示一般分布, 只假定到达间隔或服务时间为一般随机变量, 对其分布不加具体限制;

X 表示批变量, 根据批到达或批服务加于相应标记的右上角, 如 $M^X/G/1$ 表示到达过程是成批到达, 每批到达形成泊松过程.

常见类型排队系统如下:

M/M/1 表示输入过程是泊松流, 顾客来到间隔独立、同服从指数分布, 所需服务时间独立、同服从指数分布, 系统中只有一个服务台, 顾客源容量为无穷的等待制排队系统.

Geo/Geo/1 表示输入过程是 Bernoulli 过程, 顾客来到间隔独立、同服从几何分布, 所需服务时间独立、同服从几何分布, 系统中只有一个服务台, 顾客源容量为无穷的等待制排队系统.

M/G/1 表示输入过程是泊松流, 顾客来到间隔独立、同服从指数分布, 所需服务时间独立、同服从一般分布, 系统中只有一个服务台, 顾客源容量为无穷的等待制排队系统.

Geo/G/1 表示输入过程是 Bernoulli 过程, 顾客来到间隔独立、同服从几何分布, 所需服务时间独立、同服从一般离散分布, 系统中只有一个服务台, 顾客源容量为无穷的等待制排队系统.

GI/M/1 表示输入过程是一般过程, 顾客来到间隔独立、同服从一般连续分布, 所需服务时间独立、同服从指数分布, 系统中只有一个服务台, 顾客源容量为无穷的等待制排队系统.

GI/Geo/1 表示输入过程是一般离散过程, 顾客来到间隔独立、同服从一般离散分布, 所需服务时间独立、同服从几何分布, 系统中只有一个服务台, 顾客源容量为无穷的等待制排队系统.

GI/G/1 表示输入过程为一般过程, 顾客来到间隔独立、同服从一般分布, 所需服务时间独立、同服从一般分布, 系统中只有一个服务台, 顾客源容量为无穷的等待制排队系统.

M/M/c 表示输入过程是泊松流, 顾客来到间隔独立、同服从指数分布, 所需服务时间独立、同服从指数分布, 系统中有 c 个服务台, 顾客源容量为无穷的等待制排队系统.

M/G/c 表示输入过程是泊松流, 顾客来到间隔独立、同服从指数分布, 所需服务时间独立、同服从一般分布, 系统中有 c 个服务台, 顾客源容量为无穷的等待制排队系统.

由于 GI/G/1 和 M/G/c 型排队的一般性与复杂性, 研究成果相对较少, 本书的内容也是仅集中于单服务台排队模型.

(5) 数量指标. 顾客与服务机构考虑到自己的利益, 对排队系统中的指标: 队长与等待队长、等待时间与逗留时间、服务台的忙期与闲期比较关系. 因此, 这三组指标就成了排队论的主要研究内容.

(i) 队长与等待队长. 令 $\{L(t), t \geqslant 0\}$ 为时刻 t 系统中的顾客数, L 为其稳态极限, 是指达到稳定后在系统中的顾客数 (包括正在接受服务的顾客), 称为队长, 而等待队长 L_w 是指系统中排队等待的顾客数, 它们都是随机变量. 显然, 队长等于等待队长加上正在被服务的顾客数.

(ii) 等待时间与逗留时间. 顾客在系统中的等待时间 W 是指从顾客进入系统到开始接受服务的这段时间, 而逗留时间 S 是顾客在系统中所用时间的总和, 即等待时间与服务时间之和.

(iii) 忙期与忙循环. 系统的忙期 D 是指从顾客到达空闲的系统时, 服务马上开始, 直到系统再次变为空闲为止的这段时间, 它是系统连续处于繁忙状态的时间长度, 反映系统中服务员的工作强度. 而系统的闲期 I 与忙期对应, 指系统连续保持空闲状态的时间长度. 通常在统计平衡状态下, 忙期与闲期交替出现. 因为服务过程是循环进行的, 忙期和闲期组成了一次忙循环 C.

为方便, 提供几种在本书中经常用到的概率分布及相关参数 (表 1.1), 其中

$$C(n,k) = \binom{n}{k} = \frac{n!}{k!(n-k)!}, \quad 0 \leqslant k \leqslant n.$$

表 1.1　几种常用概率分布

分布	密度函数	取值范围	参数
指数分布	$\lambda e^{-\lambda t}$	$t > 0$	$\lambda > 0$
Γ 分布	$\dfrac{\lambda(\lambda t)^{k-1}}{(k-1)!} e^{-\lambda t}$	$t > 0$	$k \in N, \lambda > 0$

续表

分布	密度函数	取值范围	参数
泊松分布	$\frac{\lambda^n}{n!}\mathrm{e}^{-\lambda}$	$n \in N_0$	$\lambda > 0$
几何分布	$(1-p)p^n$	$n \in N_0$	$p \in [0,1]$
二项分布	$C(n,k)p^k(1-p)^{n-k}$	$0 \leqslant k \leqslant n$	$n \in N_0, p \in [0,1]$

1.2 休假排队

排队论的工作起源于丹麦工程师 Erlang(1909) 关于电话交换机使用情况的研究. 之后随着高新技术的发展, 提出了大量的复杂系统设计和控制问题. 这些系统的行为通常依赖于随状态而变化的参数, 经典排队模型在处理这类问题时表现出极大的局限性. 大部分研究都集中于休假排队, 即当服务系统中仅有少量顾客时, 停止原有工作, 引入一段通常理解的休假期, 休假完成再开始正常工作. 利用闲期对服务设施进行调整维修, 或者服务员在闲期中休假, 或者从事辅助性工作的排队系统都称为休假服务系统. 它泛指服务台在某些时候不能被顾客利用, 而暂时不能用于接待顾客的那些时间统称为休假. 诱发休假排队的问题多种多样, 如传统意义上的休假、设备保养与机器故障、启动时间、辅助工作、轮询服务等. 这种休假排队可以充分利用闲期, 从事其他工作, 减少资源损耗, 降低系统成本, 进一步达到了排队论研究的目的.

休假排队的概念最初产生于 20 世纪 70 年代, Levy 和 Yechiali(1975) 从有效利用系统闲期的观点出发, 引入了 “休假” 和 “休假策略” 等术语, 首先研究了 M/G/1 型休假排队系统. 到目前为止, 研究较多的是单服务台的 M/G/1 型和 GI/M/1 型排队系统. 关于经典休假的论述, 具体可见田乃硕 (2001).

1.2.1 休假机制

休假排队最重要的是将休假机制引入到经典排队中. 按照休假开始的规则, 可将休假策略分为空竭服务和非空竭服务两类. 前者表示服务一旦开始, 就要持续到系统中没有顾客为止, 休假只能从系统变为空闲状态时开始, 而后者是指系统中有顾客时也可以休假的情况. 本书考虑以下相关机制.

1. *多重休假* (Multiple Vacation, MV)

多重休假规则, 是指当系统内无顾客时, 服务员开始休假, 当休假结束时, 若系统中至少有一位顾客等待, 则服务员立即开始为顾客服务, 直到系统无顾客时又去进行新的休假; 若系统中仍没有顾客等待, 服务员就接着开始再一次新的休假. 其特点是任何时刻服务员只处于 “工作” 或 “休假” 两种状态之一.

2. 单重休假 (Single Vacation, SV)

单重休假是指系统变空时, 服务员开始休假, 当休假结束时, 若系统中至少有一位顾客等待, 服务员就立即开始为顾客服务, 直到系统再次变空; 若系统中仍然没有顾客, 服务员进入闲期, 直到顾客到来. 在单重休假机制下, 服务员处于忙期、假期和闲期三种状态之一. 虽然服务员 "休假" 和 "空闲" 时, 均不为顾客服务, 但这两种状态是不同的. 若服务员处在休假状态, 即使有顾客到达, 也不接待顾客, 要等到休假结束后服务才开始. 而若服务员处于空闲状态, 一有顾客到达就立刻开始服务.

3. 休假中断 (Vacation Interruption, VI)

休假中断是指休假期间, 系统的稳态指标达到特定值, 服务员可以随时转回到正常工作, 而非继续休假, 休假发生了中断. 之前的研究一般都假设系统只能在完成一次完整休假的前提下, 才能回到正常工作. 实际上, 系统经常有突发现象的发生, 比如, 银行等各类机构经常发生大宗业务到达, 完整休假可能会造成这些大宗业务无法及时有效的处理.

4. 门限策略

门限策略是指系统的顾客数达到特定值时, 即设定了一个门限值, 服务员从闲状态或休假转化为正常工作, 为休假中断策略的一种特殊情形. 通过设立门限策略, 可以更有效地利用服务系统.

诸多研究者给出很多与休假策略相关的其他策略, 如启动策略是指服务员需要一段启动时间才能转回正常工作, 见 Tian 和 Zhang(2006); 重试策略是指服务员忙时, 顾客进入重试区域. 一段时间后再次要求服务不断进行重试, 直到重试成功见 Artalejo 和 Gómez(2008) 与 Wang 等 (2001); 可修策略是指服务台出现故障进行修理, 见 Wang 等 (2002); 负顾客策略是指到达的负顾客抵消队尾的正顾客, 见朱翼隽等 (2004).

1.2.2　随机分解规律

休假排队系统理论的核心内容是随机分解 (Stochastic Decomposition), 即休假排队系统中队长、等待时间等稳态指标, 通常可以分解成两个独立随机变量之和. 其中一个是对应经典无休假系统中的同名指标, 另一个是由休假引起的附加随机变量, 称这样的结果为随机分解规律. 各种随机分解结果及导致这些结果的方法, 是休假排队研究的一个突出特色. 随机分解使休假排队与经典排队的比较一目了然, 便于分析各种休假策略对经典排队模型的影响.

对一个经典的单服务台 GI/G/1 排队系统中, 以 L, Q, W 分别表示其稳态下系统中的顾客数、排队等待的顾客数及等待时间. 引入某种休假策略后, 用添加下标的 L_v, Q_v, W_v 表示休假排队系统中的对应稳态随机变量. 并以 $L(z)$, $Q(z)$, $L_v(z)$, $Q_v(z)$, $W^*(s)$, $W_v^*(s)$ 表示对应的母函数和拉普拉斯–斯蒂尔切斯变换 (Laplace-Stieltjes Transform, LST). 在这些符号下, 随机分解结果可表示为

$$
\begin{aligned}
L_v &= L + L_d, & L_v(z) &= L(z)L_d(z);\\
Q_v &= Q + Q_d, & Q_v(z) &= Q(z)Q_d(z);\\
W_v &= W + W_d, & W_v^*(s) &= W^*(s)W_d^*(s),
\end{aligned}
$$

其中 L_d, Q_d 统称为 (由休假引起的) 附加延长, W_d 称为 (由休假引起的) 附加延迟, 而 $L_d(z), Q_d(z)$ 及 $W_d^*(s)$ 是对应的母函数和 LST.

随机分解规律揭示了排队稳态指标的特征和性质, 在休假排队研究中占有非常重要的地位. 本书将展示各种各样的随机分解定理, 作为工作休假排队的基础理论.

1.2.3 工作休假排队

2002 年, Servi 和 Finn 引入了一类半休假策略, 指的是在休假期间服务员将以较低的速度接待顾客, 而不是完全停止对顾客的服务, 称为工作休假 (Working Vacation, WV). 这意味着, 在休假期间仍保持一部分服务能力用于接待顾客, 另一部分服务能力可进行缓冲调整或用于从事其他辅助任务. 从实践的角度看, 与经典的完全休假相比, 工作休假可以更有效地保证系统运行, 达到减少系统损耗和减轻系统负载的双重作用, 即系统中主要工作相对较少时, 可从事其他辅助工作.

工作休假与经典休假存在一些实质性的差异. 在经典休假排队中, 休假的服务员完全停止为顾客服务, 因此, 休假期间没有顾客输出. 在工作休假排队中, 休假的服务员慢速接待顾客, 休假期间也可有顾客因完成服务而离去. 这导致工作休假排队要比经典休假排队表现出更加复杂的结构和行为, 其建模和分析也更加困难. 如果工作休假期间服务速率退化为零, 就回到了经典休假排队. 因此, 工作休假排队是经典休假排队的一种推广, 工作休假策略允许服务员灵活地在高低速服务转换, 使得服务系统更加接近实际运行, 应用更广泛. 下面列举几个可以模式成工作休假排队的实际问题.

例 1.2.1 网络数据传输.

Servi 和 Finn(2002) 指出在光纤通信系统中, IP 网关数据传输可采用轮询队列模式: 令牌在网络中轮流经过 N 个队列. 对于无令牌的队列, 具有固定波长, 数据将以正常速率传输. 如果队列 i 具有令牌, 此队列将被赋予一段附加波长, 将以更高的速率传输数据. 一旦令牌转移到别的队列, 此队列将转为正常运作水平. 某一队列的运作模式即为一个工作休假排队. 类似地, 在信号系统中, 可采用预留部分信道率的方式, 设立高速与低速期, 减少系统损耗. 具体应用分析将在第 8 章展示.

例 1.2.2　服务窗口设置.

银行及呼叫中心等服务类型机构经常需要不断地调整服务窗口的数量. 当业务量或呼叫需求相对较多时, 即高峰期, 服务窗口或呼叫台全部开放或大部分开放, 反之可以开放较少, 其余服务窗口或呼叫台从事机构内部的核算或整理等业务. 如果把机构看成一个排队系统, 开放较多的窗口相对有较高的服务率, 较少的窗口数量相对有较低的服务率, 构成了一个工作休假排队. 类似的服务设置问题也发生在电子商务、城市公交系统及高速收费站等.

例 1.2.3　服务运行设计.

在经典排队系统中, 无论是否存在顾客, 服务机构将以固定速率提供服务. 显然, 从经济的角度, 这并非是最佳选择. 如果存在较多的顾客时, 服务系统需要提高服务速率, 反之降低服务速率以达到较高的资源利用率和节省成本的目的. 当然, 降低服务速率可能会造成等待时间的增大及顾客满意度的降低等问题, 因此如何选择恰当的服务速率是机构关心的问题, 也是服务运作的设计问题. 这类以不同服务速率运行的排队系统的稳态设计, 可对城市供电系统、管理机构、交通系统等随机网络的分析和设计提供新的工具.

1.3　文 献 评 述

经典休假排队经过了大约三十多年的发展, 建立了以随机分解结构为核心的完整稳态理论框架, 并形成了几种有效的稳态理论分析方法：一是 Kendall(1953) 提出的嵌入 Markov 链 (Embedded Markov Chain, EMC) 方法并被发展到马氏更新过程. 这种方法的关键是寻找过程的再生点或嵌入点, 运用马氏链的技巧或建立更新方程来得到系统的统计特征量. 二是 Cox(1955) 提出的补充变量方法. 该方法通过增加变量, 构造向量马氏过程, 从而建立密度演化方程, 并求解各种统计特征量. 三是 Neuts 提出的矩阵解析方法, 其中包括拟生灭过程理论、M/G/1 型和 GI/M/1 型结构矩阵理论, 并将生灭过程的方法加以推广和引申, 逐渐形成了一套可以处理一系列相关于多服务台和 PH, MAP(马氏到达) 及 BMAP(批马氏到达) 分布所构成的排队模型, 具体方法可见 Neuts(1981,1989) 及 Breuer 和 Baum(2005). 各种方法在具体分析休假排队时交替使用, 取得了丰富的成果, 而这些理论结果也不断地应用在现实生活中, 对实际问题起到非常大的指导作用.

Neuts(1981) 给出的矩阵几何解方法, 可以非常有效地解决 M/M/1 型和 GI/M/1 型工作休假排队系统, Neuts(1989) 给出了解决 M/G/1 型排队系统的矩阵解析方法, 但一般情况下很难得到系统的解析表达式, 而在 M/G/1 型工作休假排队系统中, 采用此种矩阵解析方法, 可以得到非线性矩阵方程的最小非负解, 从而确保了系统各种稳态指标的解析表达式的得到. 矩阵解析方法的理论将在每种不同类型的排队章节部分给出详细介绍.

相对于单服务台休假排队, 多服务台休假排队的研究较少. 多服务台研究起源于国外学者 Levy 和 Yechiali(1975) 的研究工作, 分析了一个 M/M/s 排队系统. 近年来, 国内排队论工作者 Tian, Xu 和 Ma(2006) 综述了多服务台排队系统的进展, 并研究了 PH 型休假的多服务台排队系统稳态理论. 在多服务台系统中, 所有的服务台都同时去休假可能造成系统资源的浪费, 这就产生了多服务台休假排队系统的变体模型. Tian 和 Zhang(2003, 2004) 引入部分服务台同步休假的策略, 建立了以条件随机分解为核心的多服务台排队理论. Xu 和 Zhang(2006) 进一步推广部分服务台休假到双门限 (e, d) 策略多服务台休假排队, Xu 和 Tian(2006) 提出了一种多服务台排队系统的组装策略. 岳德权和孙妍平 (2008) 研究了一个带有止步和中途退出的同步 N-策略多重休假的 M/M/R/K 排队系统, 给出了系统的性能分析. Tian 和 Zhang(2006) 不仅总结了各种 M/G/1 型排队模型的处理工作, 也包含 GI/M/1 型和多服务台休假排队的研究成果. 本书只关注于单服务台排队系统, 实际上, 在多服务台系统中, "保持部分服务能力" 可以由预留一定数量的服务员来体现, 即部分服务员继续工作, 其他进入通常的休假, 称为部分服务员休假, 这类排队已有 Zhang 和 Tian(2003, 2004) 等给出了详细分析, 而在休假期间, 让部分服务员以慢速提供服务, 实际意义并不大.

对于随机分解规律, Fuhrmann 和 Cooper(1985), Levy 和 Kleinrock(1986), Shanthikumar(1988) 等许多文献, 相继以几种不同的方法给出了 M/G/1 休假排队系统中的随机分解结果. Doshi(1986) 还从理论上研究了 GI/G/1 休假排队中等待时间的分解性, Doshi(1985) 进而把随机分解结果推广到单服务台休假排队. Tian 和 Zhang(2006) 在一系列工作中研究了 GI/M/1 型休假排队, 并建立了平行的随机分解规律. 正是这些随机分解结果, 构成了单服务台休假排队理论的基础.

单服务台经典休假排队的研究工作自 Cooper(1970) 首次开始分析后, 获得了广泛关注, 研究分别以 M/M/1 型、M/G/1 型和 GI/M/1 型展开, 为确保与工作休假排队理论的关联性, 本书将在每章后面给出每种类型详细的文献评述.

第2章　预 备 知 识

工作休假排队分析的主要数学工具是结构矩阵方法和 Markov 过程, 而泊松过程是模型假设的基础. 为了论述的完整性, 本章简要介绍泊松过程、Markov 过程理论和相关知识, 结构矩阵方法将在每类型休假排队分析时给出. 国内外已有大量相关著作出版, 因此, 这里主要关注本书反复用到的内容, 许多细节不再给出详细的证明.

2.1　泊 松 过 程

定义2.1.1　称随机过程 $\{N(t), t \geqslant 0\}$ 为计数过程, 若 $N(t)$ 表示到时刻 t 为止已发生的“事件”的总数, 且 $N(t)$ 满足下列条件:

(i) $N(t) \geqslant 0$;

(ii) $N(t)$ 取正整数值;

(iii) 若 $s < t$, 则 $N(s) \leqslant N(t)$;

(iv) 当 $s < t$ 时, $N(t) - N(s)$ 等于区间 $(s, t]$ 中发生的“事件”的次数.

例 2.1.1　电话交换台. 用 $N(t)$ 表示电话交换台在时间 $[0,\ t]$ 中接到电话呼叫的累计次数, 则 $\{N(t), t \geqslant 0\}$ 就是一计数过程, 对 $0 \leqslant s < t$, $N(t) - N(s)$ 就表示在 $(s, t]$ 中发生的电话呼叫次数.

例 2.1.2　其他计数过程. 计数对象不仅是来到的电话呼叫, 也可以是到某商店的顾客数、到某机场降落的飞机数、某放射性物质在放射性蜕变中发射的粒子数、一次足球赛的进球数、某医院出生的婴儿数等, 总之, 对某种随机事件的来到数都可以得到一个计数过程, 而同一时刻只能至多发生一个来到的就是简单计数过程.

如果在不相交的时间区间发生的事件个数是独立的, 则称计数过程有独立增量, 即对随机过程 $\{N(t), t \geqslant 0\}$, 任意选定正整数 n 和 $0 \leqslant t_0 < t_1 < \cdots < t_n$, n 个增量 $N(t_0) - N(0), N(t_1) - N(t_0), \cdots, N(t_n) - N(t_{n-1})$ 相互独立.

若在任一时间区间内发生的事件个数的分布只依赖于时间区间长度, 则称计数过程具有平稳增量, 即对随机过程 $\{N(t), t \geqslant 0\}$, 给定任意实数 h 和 $s \leqslant t$, 增量 $N(t+h) - N(s+h)$ 和 $N(t) - N(s)$ 具有相同的分布, 且只依赖于时间差 $t - s$, 而不依赖于 t, s 本身.

定义2.1.2 计数过程 $\{N(t),t\geqslant 0\}$ 称为具有参数 $\lambda(\lambda>0)$ 的泊松过程, 若它满足以下条件:

(i) $N(0)=0$;

(ii) $N(t)$ 具有独立增量性;

(iii) 在任一长度为 t 的区间中, 事件发生的次数服从参数 $\lambda(\lambda>0)$ 的泊松分布, 即对任意 $s,t\geqslant 0$, 有

$$P\{N(t+s)-N(s)=n\}=\mathrm{e}^{-\lambda t}\frac{(\lambda t)^n}{n!},\quad n=0,1,\cdots.$$

由以上定义, 泊松过程具有平稳增量且 $E[N(t)]=\lambda t$, 因此参数 λ 称为泊松过程 $\{N(t),t\geqslant 0\}$ 的速率或强度, 表示单位时间内发生事件的平均个数.

泊松过程的另一等价定义.

定义2.1.3 计数过程 $\{N(t),t\geqslant 0\}$ 称为具有参数 $\lambda(\lambda>0)$ 的泊松过程, 若它满足以下条件:

(i) $N(0)=0$;

(ii) $N(t)$ 具有独立平稳增量性;

(iii) $N(t)$ 满足以下条件:

$$P\{N(t+h)-N(s)=1\}=\lambda h+o(h);$$
$$P\{N(t+h)-N(s)\geqslant 2\}=o(h),$$

其中 $o(h)$ 为满足以下条件的某一函数 f:

$$\lim_{h\to 0}\frac{f(h)}{h}=0.$$

记 X_1 为第一个事件发生时刻, 对 $n\geqslant 1$, 记 X_n 为第 $n-1$ 个事件和第 n 个事件发生之间的时间间隔, 则称序列 $\{X_n,n\geqslant 1\}$ 为来到间隔序列. 同时, 引入第 n 个事件的来到时间, 记为 $S_n,n\geqslant 1$, 也称为第 n 个事件的等待时间. 显然, 来到间隔 X_n 和来到时间 S_n 存在关系式:

$$S_n=\sum_{i=1}^{n}X_i,\quad n\geqslant 1.$$

关于两个变量序列有如下两个定理.

定理 2.1.1 记 $\{N(t),t\geqslant 0\}$ 为强度 λ 的泊松过程, 其来到间隔 $\{X_n,n\geqslant 1\}$ 为独立同分布的指数随机变量, 均值为 $1/\lambda$.

由泊松过程的定义, 易得此定理. 首先事件 $\{X_1>t\}$ 发生, 当且仅当 $[0,t]$ 内没有事件发生, 因此

$$P\{X_1>t\}=P\{N(t)=0\}=\mathrm{e}^{-\lambda t},\quad t\geqslant 0.$$

因此, X_1 服从均值为 $1/\lambda$ 的指数分布. 同理, 事件 $\{X_2 > t|X_1 = s\}$ 发生, 当且仅当 $(s, t+s]$ 内没有事件发生, 由全概率公式, 对 X_1 取条件,

$$\begin{aligned} P\{X_2 > t\} &= \int_0^{\infty} P\{X_2 > t|X_1 = s\}\lambda e^{-\lambda s} ds \quad (t \geqslant 0) \\ &= \int_0^{\infty} P\{N(t+s) - N(s) = 0\}\lambda e^{-\lambda s} ds = e^{-\lambda t}, \end{aligned}$$

因此, X_2 服从均值为 $1/\lambda$ 的指数分布. 依次类推, 可得出以上结论. 实际上, 由于泊松过程的平稳独立性, 说明过程是无记忆的, 指数间隔也是直观的.

定理 2.1.2 记 $\{N(t), t \geqslant 0\}$ 为强度 λ 的泊松过程, 其来到时间 $\{S_n, n \geqslant 1\}$ 服从参数为 n 和 λ 的 Γ 分布, 其概率密度为

$$\frac{\lambda(\lambda t)^{n-1}}{(n-1)!} e^{-\lambda t}, \quad t \geqslant 0.$$

由关系式

$$S_n = \sum_{i=1}^{n} X_i, \quad n \geqslant 1,$$

易得此结论, 同时注意到第 n 个事件在时刻 t 或之前发生当且仅当时刻 t 已经发生的事件个数至少为 n, 即

$$S_n \leqslant t \Longleftrightarrow N(t) \geqslant n,$$

由此又可推出来到时间 $\{S_n, n \geqslant 1\}$ 的分布.

由以上来到间隔的结论, 可得泊松过程的另一定义.

定理 2.1.3 对计数过程 $\{N(t), t \geqslant 0\}$, 如果任意相继出现的两个事件的间隔是相互独立, 且服从均值为 $1/\lambda$ 的同一个指数分布, 则此计数过程称为强度为 λ 的泊松过程.

定理 2.1.3 说明要确定一个计数过程是不是泊松过程, 只要用统计方法检验来到间隔是否独立, 且服从同一个指数分布.

将泊松过程的常数速率 λ 扩展为与时间 t 相关的函数 $\lambda(t)$, 一般泊松过程可推广为非齐次泊松过程, 从而允许某些时刻事件发生的概率较另外一些时刻大. 因为本书只关注一般泊松过程的应用, 非齐次泊松过程及其他推广过程的详细分析可见 Ross(1983).

2.2 Markov 过程

Markov 过程是一类具有 Markov 性的随机过程, 即过程 (或系统) 在某一时刻 t_0 所处的状态为已知的条件下, 在此时刻之后的时刻 $t > t_0$ 所处状态的条件分布

与过程在时刻 t_0 之前所处的状态无关, 通俗讲, 在已经知道过程"现在"的条件下, 其"将来"不依赖于"过去", 因此 Markov 性又称为无后效性. 下面主要介绍三种常用 Markov 过程.

2.2.1 离散时间 MC

$\{X_n, n \geqslant 0\}$ 是一个离散时间参数随机过程, 参数集 $N = \{0, 1, \cdots\}$. 所有的 $X_n (n \geqslant 0)$ 是定义在同一概率空间上的非负整值随机变量, 其值域 Ω 是非负整数的有限或可数子集, 称为状态空间. 对任何 $n \in N, i \in \Omega, \{X_n = i\}$ 称为过程在时刻 n 处在状态 i 上, 或称过程在时刻 n 的实现是状态 i. 在大量实际应用中, $\{X_n, n \geqslant 0\}$ 是相依的随机变量序列, Markov 链, 简记为 MC(Markov Chain), 就是一类具有简单相依性结构的随机变量序列.

定义2.2.1 $\{X_n, n \geqslant 0\}$ 是随机变量序列, 若对任何 $i_0, i_1, \cdots, i_n, j \in \Omega$ 及任何 $n \in N$, 都有

$$P\{X_{n+1} = j | X_0 = i_0, \cdots, X_n = i_n\} = P\{X_{n+1} = j | X_n = i_n\}, \tag{2.2.1}$$

则称 $\{X_n, n \geqslant 0\}$ 是一个 MC.

由条件概率表述的式 (2.2.1), 称为 Markov 性质. 把过程在历史上的一段实现 $\{X_0 = i_0, X_1 = i_1, \cdots, X_{n-1} = i_{n-1}\}$ 称为"过去", $\{X_n = i_n\}$ 称为"现在". Markov 性质的含义是: 过程在将来的实现只取决于"现在"达到的状态, 而与"过去"历史上的实现无关. 因此, Markov 性质也称为无记忆性.

定义2.2.2 对 $\mathrm{MC}\{X_n, n \geqslant 0\}$, 若对任何 $n \in N$, $i, j \in \Omega$, 有

$$p_{ij} = P\{X_{n+1} = j | X_n = i\}, \tag{2.2.2}$$

则称 MC 具有平稳转移概率, 也称为时间齐次 (简称时齐) 的, p_{ij} 称为由状态 i 转移到状态 j 的一步转移概率, $\boldsymbol{P} = (p_{ij})$ 称为一步转移概率矩阵 (简称转移阵).

例 2.2.1 简单随机游动.

考虑 x 轴上任意点之间以下列方式移动的质点. 如果质点位于 i 处, $1 \leqslant i \leqslant a-1$, 下一次随机试验中质点以概率 p 达到 $i+1$, 以概率 $q = 1-p$ 达到位置 $i-1$. 以 X_n 表示第 n 次随机试验所达到的位置, 并设初始时刻质点等概率地在任何可能的位置上. $\{X_n, n \geqslant 0\}$ 是一个时齐 MC, 其转移概率为

$$p_{ij} = \begin{cases} p, & j = i+1, \\ 1-p, & j = i-1. \end{cases}$$

例 2.2.2 一般随机游动.

设 $\{X_n, n \geqslant 0\}$ 独立同分布, 且

$$P\{X_i = j\} = a_j, \quad j = 0, \pm 1, \cdots.$$

若令

$$S_0 = 0, \quad S_n = \sum_{i=1}^{n} X_i,$$

则 $\{S_n, n \geqslant 0\}$ 是 MC, 其转移概率为 $P_{ij} = a_{j-i}$.

例 2.2.3　Bernoulli 过程.

设 $Y_1, Y_2, \cdots$ 为独立同 0-1 分布的随机变量, 且

$$P\{Y_i = 1\} = p, \quad P\{Y_i = 0\} = 1 - p,$$

定义

$$X_0 = 0, \quad X_n = \sum_{i=1}^{n} Y_i,$$

过程 $\{X_n, n \geqslant 0\}$ 称为 Bernoulli 过程, 是一个时齐 MC, 其转移概率为

$$p_{ij} = \begin{cases} p, & j = i + 1, \\ 1 - p, & j = i. \end{cases}$$

换言之, Bernoulli 过程是一列独立同分布的 Bernoulli 试验. 每个 Y_i 的 2 个结果也被称为“成功”或“失败”. 所以当用数字 0 或 1 来表示时, X_n 被称为第 n 次试验的成功次数, 服从参数为 $(n,\ p)$ 的二项分布, 而相隔两次成功之间所需要的试验次数 Z 显然服从参数为 p 的几何分布, 即

$$\begin{aligned} &P\{X_n = k\} = C(n, k) p^k (1 - p)^{n-k}, \quad 0 \leqslant k \leqslant n, n \geqslant 1; \\ &P\{Z = n\} = p(1 - p)^{n-1}. \end{aligned}$$

Bernoulli 过程为泊松过程的时间离散化情形. 到达率为 λ、服务率为 μ 的 Geo/Geo/1 离散时间排队中, 顾客到达过程为参数为 λ 的 Bernoulli 过程, 离开过程形成了参数为 μ 的另一 Bernoulli 过程.

式 (2.2.2) 表明, 对时齐的 MC, 一步转移概率不依赖于 n. 转移阵 $\boldsymbol{P}$ 显然满足 $p_{ij} \geqslant 0, \sum\limits_{j \in \Omega} p_{ij} = 1$, 即 $\boldsymbol{P}$ 是行和为 1 的非负矩阵, 满足这两个条件的矩阵称为随机矩阵. 随机变量 X_0 的分布 $p_i^{(0)} = P\{X_0 = i\}, i \in \Omega$, 称为 MC$\{X_n, n \geqslant 0\}$ 的初始分布. 使用 Markov 性质 (2.2.1), 对任何 $n \geqslant 1, i_0, \cdots, i_n \in \Omega$, 有

$$P\{X_0 = i_0, X_1 = i_1, \cdots, X_n = i_n\} = p_{i_0}^{(0)} p_{i_0 i_1} \cdots p_{i_{n-1} i_n}.$$

事实上, $\{X_n, n \geqslant 0\}$ 的任意有限维分布均可通过初始分布和转移阵 $\boldsymbol{P}$ 表出, 因此, 一个时齐 MC 由初始分布和转移阵唯一确定.

定义2.2.3 对有转移阵 $\boldsymbol{P}$ 的时齐 MC$\{X_n, n \geqslant 0\}$, 条件概率

$$p_{ij}^{(n)} = P\{X_n = j | X_0 = i\}, \quad n \geqslant 1;\ i, j \in \Omega$$

称为 n 步转移概率, $\boldsymbol{P}^{(n)} = (p_{ij}^{(n)})$ 称为 n 步转移概率矩阵.

对时齐 MC, 容易证明, 对任何 $n, m \in N; i, j \in \Omega$, 都有

$$p_{ij}^{(n)} = P\{X_{m+n} = j | X_m = i\}.$$

另外, 显然 n 步转移概率矩阵 $\boldsymbol{P}^{(n)}$ 也是随机矩阵. 使用 Markov 性质, 容易证明下列结论.

定理 2.2.1 $\{X_n, n \geqslant 0\}$ 是时齐 MC, 有转移矩阵 $\boldsymbol{P}$, 则

(1) $p_{ij}^{(m+n)} = \sum\limits_{k \in \Omega} p_{ik}^{(m)} p_{kj}^{(n)}, m, n \geqslant 1, i, j \in \Omega$;

(2) $\boldsymbol{P}^{(n)} = \boldsymbol{P}^n, n \geqslant 1$.

结论 (1) 称为 Chapman-Kolmogorov 方程, 它有明显的直观概率意义. 结论 (2) 指出, n 步转移概率矩阵 $\boldsymbol{P}^{(n)}$ 是 (一步) 转移阵 $\boldsymbol{P}$ 的 n 次幂. 为了方便, 还规定 $\boldsymbol{P}^{(0)} = \boldsymbol{I}$ 是单位矩阵, 即 $p_{ij}^{(0)} = \delta_{ij}$(Kronecker 符号). 现在, 对任何 $n \in N$, MC 在时刻 n 达到状态 $j \in \Omega$ 的绝对概率可表示为

$$P\{X_n = j\} = \sum_{i \in \Omega} p_i^{(0)} p_{ij}^{(n)}. \tag{2.2.3}$$

$\{X_n, n \geqslant 0\}$ 是一个时齐 MC, 有转移阵 $\boldsymbol{P}$ 和状态空间 Ω. Ω 中的不同状态可能表现出有实质差异的属性, 认识和区别状态的各种属性, 称为状态分类.

定义2.2.4 对时齐 MC$\{X_n, n \geqslant 0\}$, 条件概率

$$f_{ij}^{(m)} = P\{X_{n+m} = j, X_{n+h} \neq j, h = 1, \cdots, m-1 | X_n = i\}, \quad m \geqslant 2; i, j \in \Omega$$

称为由状态 i 出发经 m 步首次到达状态 j 的概率, 简称首达概率.

MC 的时齐性保证 $f_{ij}^{(m)}$ 不依赖于 n. 自然地, 还规定 $f_{ij}^{(0)} = 0, f_{ij}^{(1)} = p_{ij}$(一步转移概率). 从状态 i 出发首次到达状态 j 所需要的转移次数称为首达时间, 对固定的状态 i 和 j, $\{f_{ij}^{(m)}, m \geqslant 1\}$ 是首达时间的概率分布. 定义

$$f_{ij} = \sum_{m=1}^{\infty} f_{ij}^{(m)},$$

f_{ij} 是从状态 i 出发迟早将到达状态 j 的概率. 若 $f_{ij} = 1$, 从 i 出发必定能达到 j, 这时 $\{f_{ij}^{(m)}, m \geqslant 1\}$ 是一个完全概率分布. 若 $f_{ij} < 1$, 从 i 出发以 $1 - f_{ij}$ 概率不能

达到 j, 这时 $\{f_{ij}^{(m)}, m \geqslant 1\}$ 是不完全概率分布. 考虑从 i 出发经 m 步达到 j 的各种可能性, 在高阶转移概率与首达概率之间, 可建立关系式

$$p_{ij}^{(m)} = \sum_{k=1}^{m} f_{ij}^{(k)} p_{jj}^{(m-k)}, \quad m \geqslant 1; \quad i, j \in \Omega. \tag{2.2.4}$$

特别地, 若 $i = j$ 是同一个状态, $f_{ii}^{(m)}$ 称为从 i 出发经 m 步首次返回状态 i 的概率, 简称返回概率. $\{f_{ii}^{(m)}, m \geqslant 1\}$ 称为 (状态 i 的) 返回时间分布. $f_{ii} = \sum_{k=1}^{\infty} f_{ii}^{(k)}$ 是迟早可返回状态 i 的概率. 以是否返回这一属性, 可将 Ω 中的状态分为两类.

定义2.2.5　对时齐 MC$\{X_n, n \geqslant 0\}, i \in \Omega$,

(1) 若 $f_{ii} = 1$, 称状态 i 是常返的;

(2) 若 $f_{ii} < 1$, 称状态 i 是非常返的.

对常返状态 i, $\{f_{ii}^{(m)}, m \geqslant 1\}$ 是真正的概率分布, 其数学期望

$$\mu_i = \sum_{k=1}^{\infty} k f_{ii}^{(k)}, \quad i \in \Omega$$

称为平均返回时间. 以 μ_i 是否有限, 常返状态又进一步分成两类.

定义2.2.6　状态 $i \in \Omega$ 是常返的, 若 $\mu_i < \infty$, 称状态 i 是正常返的; 若 $\mu_i = \infty$, 称状态 i 是零常返的.

定义2.2.7　自然数集 $\{k : p_{ii}^{(k)} > 0\}$ 的最大公因数 d_i, 称为状态 i 的周期. 如果 $d_i > 1$, 称状态 i 是以 d_i 为周期的周期状态; 如果 $d_i = 1$, 称状态 i 是非周期的.

如果状态 i 以 $d_i (\geqslant 2)$ 为周期, 对一切不能被 d_i 整除的自然数 n, 必有 $p_{ii}^{(n)} = 0$; MC 从状态 i 出发, 只在 d_i 的整数倍次转移才有可能再次达到状态 i. 另外, 若 i 是以 d_i 为周期的状态, 则 i 是 MC$\{X_{nd_i}, n \geqslant 0\}$ 的非周期状态, 后者有一步转移阵 $\boldsymbol{P}^* = (p_{kj}^{(d_i)})$.

一个时齐 MC 中, 任何一个状态可能是周期的或非周期的; 可能是非常返、正常返或零常返的. 非周期正常返的状态也称为遍历的 (Ergodic), 这类状态在排队论中是最重要的. 如上所述, 周期性和常返性的分类, 是依据 $\{p_{ii}^{(n)}, n \geqslant 0\}$ 和 $\{f_{ii}^{(n)}, n \geqslant 1\}$ 实现的, 由式 (2.2.1), 两者之间的关系可描述如下

$$p_{ij}^{(n)} = \sum_{k=1}^{n} f_{ii}^{(k)} p_{ii}^{(n-k)}, \quad n \geqslant 1; \ i \in \Omega. \tag{2.2.5}$$

因此, 返回时间分布 $\{f_{ii}^{(n)}, n \geqslant 1\}$ 可由转移概率序列 $\{p_{ii}^{(n)}, n \geqslant 0\}$ 唯一地确定. 下列定理给出由 $\{p_{ii}^{(n)}, n \geqslant 0\}$ 出发进行状态分类的准则.

定理 2.2.2 状态 i 是常返的, 当且仅当 $\sum_{n=0}^{\infty} p_{ii}^{(n)} = \infty$.

定理 2.2.3 对非周期的常返状态 i, 有

$$\lim_{n\to\infty} p_{ii}^{(n)} = \begin{cases} \dfrac{1}{\mu_i}, & \mu_i < \infty, \\ 0, & \mu_i = \infty. \end{cases}$$

对以 d 为周期的常返状态, 有

$$\lim_{n\to\infty} p_{ii}^{(nd)} = \begin{cases} \dfrac{d}{\mu_i}, & \mu_i < \infty, \\ 0, & \mu_i = \infty. \end{cases}$$

这些定理的证明可在大量关于 Markov 过程的书中找到. 例如, Feller (1964), Ross (1983), Hunter (1983) 等.

为了将状态空间 Ω 按状态属性进行分解, 引入下列互通概念.

定义2.2.8 若存在非负整数 n, 使 $p_{ij}^{(n)} > 0$, 称状态 i 可达状态 j, 两个相互可达的状态 i 和 j, 称为互通的, 记为 $i \leftrightarrow j$.

容易证明, 互通是一个等价关系, 即满足: ①$i \leftrightarrow i$(反身性); ②若 $i \leftrightarrow j$, 则 $j \leftrightarrow i$(对称性); ③若 $i \leftrightarrow k, k \leftrightarrow j$, 则 $i \to j$(传递性). 互通性与状态分类的关系由下列定理给出.

定理 2.2.4 若 $i \leftrightarrow j$, 则状态 i 和 j 是同型的, 即它们同为非常返、正常返或零常返的, 并且具有相同的周期性.

定义2.2.9 状态空间 Ω 中任何两个状态都互通, 则称 MC 是不可约的.

对不可约的 MC, 所有的状态是同型的, 如果所有状态是遍历的, 则称 MC 是遍历的, 在排队论中, 主要研究各种遍历的 MC, 它们所有状态都是非周期、正常返的.

$\{X_n, n \geqslant 0\}$ 是一个时齐 MC, 有转移矩阵 $\boldsymbol{P} = (p_{ij})$, 状态空间 Ω 和初始分布 $\{p_j^{(0)}, j \in \Omega\}$. 在 MC 的理论和应用中, 一个重要问题是研究在什么条件下存在极限分布

$$p_j = \lim_{n\to\infty} P\{X_n = j\}, \quad \sum_{j\in\Omega} p_j = 1.$$

如果存在这样的极限分布, 表明 MC 经长时间转移将达到一种稳定的态势. 在应用中, 计算绝对概率 $P\{X_n = j\}$ 涉及 n 阶转移概率阵 $\boldsymbol{P}^n$, 并且与初始分布有关. 当 n 较大时, 绝对概率的计算相当麻烦. 如果存在上述极限分布, 对较大的 n, 可用极限分布代替绝对分布, 使理论分析和实际计算得以简化. 为了研究极限分布 $\{p_j, j \in \Omega\}$ 存在的条件及确定极限分布的方法, 首先引入平稳分布的概念.

定义2.2.10　对有转移阵 $\boldsymbol{P}=(p_{ij})$ 的 MC, 如果存在概率分布 $\{\pi_j, j\in\Omega\}$, 满足

$$\pi_j=\sum_{i\in\Omega}\pi_i p_{ij},\quad \sum_{i\in\Omega}\pi_i=1, \tag{2.2.6}$$

则称 $\{\pi_j, j\in\Omega\}$ 是 MC 的平稳分布.

引入行向量 $\boldsymbol{\Pi}=(\pi_j)_{j\in\Omega}$ 和适当维数的列向量 $\boldsymbol{e}$, 且 $\boldsymbol{e}$ 的分量都是 1, 条件 (2.2.6) 可简单地表成矩阵形式

$$\boldsymbol{\Pi}=\boldsymbol{\Pi}\boldsymbol{P},\quad \boldsymbol{\Pi}\boldsymbol{e}=1. \tag{2.2.7}$$

条件 (2.2.6) 和 (2.2.7) 中的前式统称为 MC 的平衡方程, 后式称为正规化条件, 由非负矩阵理论, 随机矩阵 $\boldsymbol{P}$ 如果是有限维的, 则所有的特征值满足 $|\lambda|\leqslant 1$, 并且 $\lambda=1$ 是 $\boldsymbol{P}$ 的有最大模的特征值. 式 (2.2.7) 表明, MC 的平稳分布, 就是转移阵 $\boldsymbol{P}$ 的特征值 $\lambda=1$ 对应的标准化特征向量.

平稳分布有一些独特的性质. 首先, 由式 (2.2.7) 出发, 可归纳地证明, 对任何自然数 $n\geqslant 1$, 都有

$$\boldsymbol{\Pi}=\boldsymbol{\Pi}\boldsymbol{P}^n,\quad n\geqslant 1.$$

其次, 如果 MC 的初始分布为平稳分布, 即 $p_j^{(0)}=\pi_j, j\in\Omega$, 由式 (2.2.6), 有

$$P\{X_1=j\}=\sum_{i\in\Omega}p_i^{(0)}p_{ij}=\sum_{i\in\Omega}\pi_i p_{ij}=\pi_j,\quad j\in\Omega,$$

更一般地, 使用归纳法可证明

$$P\{X_n=j\}=\sum_{i\in\Omega}P\{X_{n-1}=i\}p_{ij}=\sum_{i\in\Omega}\pi_i p_{ij}=\pi_j,\quad j\in\Omega.$$

这就是说, 取 MC 的平稳分布 $\{\pi_j, j\in\Omega\}$ 作为初始分布, 则任何时刻的绝对分布都不再发生变化. 换言之, $\{X_n, n\geqslant 0\}$ 是一个同分布序列. 注意到转移概率的时齐性, MC$\{X_n, n\geqslant 0\}$ 的统计特性不随时间的推移而变化. 因此, 以平稳分布为初始分布的 MC, 是一个平稳随机序列, 称为平稳 MC.

下面的定理给出了平稳分布存在的条件及其与极限分布之间的关系.

定理 2.2.5　一个不可约、非周期 MC$\{X_n, n\geqslant 0\}$, 必属下列两种情况之一:

(1) 所有状态非常返或零常返时, 对任意 $i, j\in\Omega$, 有

$$\lim_{n\to\infty}P\{X_n=j|X_0=i\}=0,$$

这样的 MC 不存在平稳分布.

(2) 若所有状态是正常返的, 对任意 $i,j \in \Omega$, 有

$$\lim_{n\to\infty} P\{X_n = j|X_0 = i\} = p_j,$$

满足 $p_j > 0, \sum_{j\in\Omega} p_j = 1$. 极限分布 $\{P_j, j \in \Omega\}$ 是唯一的, 并且 $p_j = \pi_j, j \in \Omega$, 即极限分布正是 MC 的平稳分布.

定理 2.2.5 还表明, 当极限分布存在时, 与初始状态 $X_0 = i$ 无关, 因此不依赖于初始分布. 对不可约、非周期 MC, 平稳分布的存在性转化为正常返性的判定. 然而, 正常返是通过平均返回时间 μ_i 定义的, 使用定义判断正常返性涉及返回时间分布和期望的计算, 通常十分复杂. 对有限状态的 MC, 只通过转移阵 $\boldsymbol{P}$ 就可以判定其正常返性.

定理 2.2.6 有限状态不可约非周期 MC 正常返的充分必要条件是存在自然数 n, 使 n 阶转移概率阵 $\boldsymbol{P}^n$ 无零元素.

证明见 Kemeny 和 Snell (1983) 定理 4.1.2. 一个不可约、非周期、正常返的有限状态 MC, 在文献中称为正则 MC, 存在唯一的平稳分布 $\{\pi_j, j \in \Omega\}$. 使用平衡方程和正规化条件 (2.2.7), 确定平稳分布, 是排队论和其他随机模型分析中常用的方法, 这种方法只需求解作为平衡方程的线性齐次方程组, 是简便易行的.

2.2.2 连续时间 MC

$\{Z(t), t \geqslant 0\}$ 是一个连续时间随机过程, 参数集 $N = \{0, 1, \cdots\}$, 对任意满足 $t \geqslant 0$ 的 t 值, 所有的 $Z(t)$ 是定义在同一概率空间上的非负整值随机变量, 其值域 Ω 是非负整数的有限或可数子集, 称为状态空间. 对任何 $t, i \in \Omega, \{Z(t) = i\}$ 称为过程在时刻 t 处在状态 i 上. 与离散时间随机过程的不同在于时间的连续化, 因此可能出现一段时间处于某一状态的情形.

定义2.2.11 $\{Z(t), t \geqslant 0\}$ 为一个随机过程, 若对任意 $0 < t_1 < t_2 < \cdots < t_{n+1}$ 及任意非负整数 $j, i_1, i_2, \cdots, i_n$, 有

$$\begin{aligned} &P\{Z(t_{n+1}) = j|Z(t_1) = i_1, \cdots, Z(t_n) = i_n\} \\ =&P\{Z(t_{n+1}) = j|Z(t_n) = i_n\}, \end{aligned} \tag{2.2.8}$$

则称 $\{Z(t), t \geqslant 0\}$ 是一个连续时间 MC.

由条件概率表述的式 (2.2.8), 连续时间 MC 具有 Markov 性质, 即过程在将来的实现只取决于“现在”达到的状态, 而与“过去”历史上的实现无关.

定义2.2.12 对连续时间 MC$\{Z(t), t \geqslant 0\}$, 若对任何 $s, t \geqslant 0, i, j \in \Omega$, 有

$$p_{ij}(t) = P\{X(s+t) = j|X(s) = i\}, \tag{2.2.9}$$

则称连续时间 MC 具有平稳转移概率, 也称为时间齐次 (简称时齐) 的, $p_{ij}(t)$ 称为由状态 i 经过时间 t 后转移到状态 j 的转移概率, $\boldsymbol{P}(t)=(p_{ij}(t))$ 称为转移概率矩阵 (简称转移阵).

显然转移阵 $\boldsymbol{P}(t)$ 是随机矩阵, 使用 Markov 性质, 容易证明下列定理.

定理 2.2.7　$\{Z(t),t\geqslant 0\}$ 是时齐连续时间 MC, 有转移阵 $\boldsymbol{P}(t)$, 则

(1) $p_{ij}(t+s)=\sum\limits_{k\in\Omega}p_{ik}(t)p_{kj}(s), i,j\in\Omega,$

(2) $\sum\limits_{j\in\Omega}p_{ij}(t)=1.$

结论 (1) 称为 Chapman-Kolmogorov 方程, 它是离散时间 MC 的 Chapman-Kolmogorov 方程的连续时间情形.

由定理 2.2.7, 对时刻 h 的状态取条件, 可得

$$p_{ij}(t+h)=\sum_{k\in\Omega}p_{ik}(h)p_{kj}(t)$$

或等价地

$$p_{ij}(t+h)-p_{ij}(t)=\sum_{k\neq i}p_{ik}(h)p_{kj}(t)-(1-p_{ii}(h))p_{ij}(t),$$

两端除以 h 并令 $h\to 0$, 应用定理 2.2.7, 可得如下定理.

定理 2.2.8 (Kolmogorov 向后方程)　$\{Z(t),t\geqslant 0\}$ 为一连续时间 MC, 平稳转移概率 $p_{ij}(t)$ 为一致连续函数, 则对任意 $i,j,t\geqslant 0$, 有

$$p'_{ij}(t)=\sum_{k\neq i}q_{ik}p_{kj}(t)-q_{ii}p_{ij}(t),$$

其中

$$q_{ik}=\lim_{h\to 0}\frac{p_{ik}(h)}{h};\quad q_{ii}=\lim_{h\to 0}\frac{1-p_{ii}(h)}{h}.$$

显然, q_{ik} 为连续时间 MC 从状态 i 转移到状态 k 的速率, q_{ii} 为连续时间 MC 从状态 i 转移出去的速率, 满足

$$q_{ii}=\sum_{i\neq k}q_{ik},\quad i\in I.$$

记 $\boldsymbol{Q}$ 为由 q_{ij} 元素组成的矩阵, 称为连续时间 MC 的率阵, 形式如下

$$\boldsymbol{Q}=\begin{pmatrix}-q_{00} & q_{01} & q_{02} & \cdots\\ q_{10} & -q_{11} & q_{12} & \cdots\\ q_{20} & q_{21} & -q_{22} & \cdots\\ \vdots & \vdots & \vdots & \end{pmatrix},\tag{2.2.10}$$

对时刻 t 的状态取条件, 可以导出另一组微分方程.

定理 2.2.9 (Kolmogorov 向前方程) $\{Z(t), t \geqslant 0\}$ 为一连续时间 MC, 平稳转移概率 $p_{ij}(t)$ 为一致连续函数, 则对任意 $i, j, t \geqslant 0$, 有

$$p'_{ij}(t) = \sum_{k \neq i} q_{kj} p_{ik}(t) - q_{jj} p_{ij}(t).$$

定理 2.2.8 和定理 2.2.9 的证明需要更严格的条件, 但在常见的连续时间 MC, 如生灭过程和有限状态过程, 结论都是成立的. 向前方程和向后方程可以表示成矩阵形式

$$\boldsymbol{P}'(t) = \boldsymbol{Q}\boldsymbol{P}(t), \quad \boldsymbol{P}'(t) = \boldsymbol{P}(t)\boldsymbol{Q}.$$

易验证 $\mathrm{e}^{\boldsymbol{Q}t}$ 为向前矩阵和向后矩阵方程的一个解, 因此可得如下定理.

定理 2.2.10 $\{Z(t), t \geqslant 0\}$ 是时齐连续时间 MC, 转移阵 $\boldsymbol{P}(t)$ 可表示为如下形式:

$$\boldsymbol{P}(t) = \mathrm{e}^{\boldsymbol{Q}t} = \sum_{n=0}^{\infty} \frac{t^n}{n!} \boldsymbol{Q}^n, \quad t > 0,$$

其中 $\boldsymbol{Q}^n$ 为率阵 $\boldsymbol{Q}$ 的 n 次方.

对于连续时间 MC 也存在极限概率

定义2.2.13 设 $p_{ij}(t)$ 是连续时间 MC$\{Z(t), t \geqslant 0\}$ 的转移概率, 若存在时刻 t_1 和 t_2, 使得 $p_{ij}(t_1) > 0, p_{ji}(t_2) > 0$, 则称状态 i 与 j 是互通的. 若所有状态都是互通的, 则称此连续时间 MC 为不可约的.

定理 2.2.11 设连续时间 MC$\{Z(t), t \geqslant 0\}$ 是不可约的, 则有下列性质:

(i) 若它是正常返的, 则极限 $\lim_{t\to\infty} p_{ij}(t)$ 存在且等于 $\pi_j, j \in I$, 其中 $\pi_j, j \in \Omega$ 为

$$\pi_j q_{jj} = \sum_{k \neq j} \pi_k q_{kj}, \quad \sum_{j \in \Omega} \pi_j = 1 \tag{2.2.11}$$

的唯一非负解, 此时称 $\{\pi_j, j \in \Omega\}$ 为连续时间 MC 的平稳分布, 且有

$$\lim_{t\to\infty} p_j(t) = \pi_j, \quad j \in \Omega.$$

(ii) 若它是零常返的或非常返的, 则

$$\lim_{t\to\infty} p_{ij}(t) = \lim_{t\to\infty} p_j(t) = 0, \quad i, j \in \Omega.$$

由向前方程或者向后方程, 两端对 $t \to \infty$ 取极限, 可得相应结果. 从定理 2.2.11(i) 可得连续时间 MC 的极限性质: 稳态下对任意一个状态, "进入该状态

的概率 = 退出该状态的概率". 若把稳态分布写成无穷维向量 $\boldsymbol{\pi}=(p_0,p_1,\cdots)$, 式 (2.2.11) 可写为如下矩阵形式:

$$\boldsymbol{\pi Q}=\boldsymbol{0},\quad \boldsymbol{\pi e}=1. \tag{2.2.12}$$

记 τ_i 记为过程在状态转移之前停留在状态 i 的时间, 则有如下定理.

定理 2.2.12 若连续时间 MC$\{Z(t),t\geqslant 0\}$ 具有平稳转移概率, 则对任意 $s,t\geqslant 0$, 有

(i) $P\{\tau_i>s+t|\tau_i>s\}=P\{\tau_i>t\}$;

(ii) τ_i 服从参数为 q_{ii} 的指数分布, 即

$$F_{\tau_i}(t)=P\{\tau_i<t\}=1-\mathrm{e}^{-q_{ii}t}.$$

由定理 2.2.12, 当 $q_{ii}\to\infty$ 时, 状态 i 的停留时间 τ_i 超过 $x(x>0)$ 的概率为 0, 则状态 i 为瞬时状态; 当 $q_{ii}\to 0$ 时, 状态 i 的停留时间 τ_i 超过 $x(x>0)$ 的概率为 1, 则状态 i 为吸收状态.

事实上, 定理 2.2.12 展示了连续时间 MC 的一个性质, 也得到了连续时间 MC 的另一等价定义.

定义2.2.14 $\{Z(t),t\geqslant 0\}$ 为时刻 t 的状态过程, 满足以下条件: 每当它进入状态 i 时,

(i) 下一个进入的状态为 j 的概率为 p_{ij};

(ii) 在转移到不同状态前, 处于状态 i 的时间是均值为参数为 q_i 的指数随机变量,

则称 $\{Z(t),t\geqslant 0\}$ 是一个连续时间 MC.

常见的连续时间 MC 如下.

例 2.2.4 泊松过程.

$\{Z(t),t\geqslant 0\}$ 是一个参数为 λ 的泊松过程 (如 2.1 节定义), 参数集 $N=\{0,1,\cdots\}$, 对任意满足 $t\geqslant 0$ 的值, 有

$$P\{Z(t)=j\}=\frac{(\lambda t)^n}{n!}\mathrm{e}^{-\lambda t}.$$

泊松过程常用来刻画一段时间内发生的事件数量, 由其定义和性质, 有

$$p_{ij}=\begin{cases}1, & j=i+1,\\ 0, & j\neq i+1,\end{cases}$$

且在转移到状态 $i+1$ 前, 处于状态 i 的时间是参数 λ 的指数随机变量, 其率阵形

式为

$$
Q = \begin{pmatrix} -\lambda & \lambda & \cdots & & & \\ & -\lambda & \lambda & \cdots & & \\ & & -\lambda & \lambda & \cdots & \\ & & & \ddots & \ddots & \end{pmatrix}. \tag{2.2.13}
$$

泊松过程的平衡方程为

$$
\pi_0\lambda = 0, \quad \pi_i\lambda = \pi_{i-1}\lambda, \quad i \geqslant 1.
$$

对所有 i 都存在 $\pi_i = 0$ 时, 此方程组才有解, 而此解显然不符合实际过程, 因此泊松过程不存在极限概率.

例 2.2.5 生灭过程.

非负整数集 $\{0, 1, \cdots\}$ 上的 Markov 过程 $\{Z(t), t \geqslant 0\}$, 如果其无穷小生成元有下列三对角形式:

$$
Q = \begin{pmatrix} -\lambda_0 & \lambda_0 & & & \\ \mu_1 & -(\lambda_1 + \mu_1) & \lambda_1 & & \\ & \mu_2 & -(\lambda_2 + \mu_2) & \lambda_2 & \\ & & \ddots & \ddots & \ddots \end{pmatrix}, \tag{2.2.14}
$$

则称 $\{Z(t), t \geqslant 0\}$ 是一个生灭过程, $\{\lambda_n, n \geqslant 0\}$ 称为生率, $\{\mu_n, n \geqslant 0\}$ 称为灭率, 3.1 节将给出生灭过程具体分析. 生灭过程可以用来模式很多实际问题, 如种族繁衍、业务处理、呼叫中心等.

2.2.3 半 Markov 过程

$\{Z(t), t \geqslant 0\}$ 是一个连续时间随机过程, 参数集 $N = \{0, 1, \cdots\}$, 对任意满足 $t \geqslant 0$ 的 t 值, 所有的 $Z(t)$ 是定义在同一概率空间上的非负整值随机变量, 其值域 Ω 是非负整数的有限或可数子集.

定义2.2.15 $\{Z(t), t \geqslant 0\}$ 为时刻 t 的状态过程, 满足以下条件: 每当它进入状态 i 时,

(i) 下一个进入的状态为 j 的概率为 p_{ij};

(ii) 在下一个进入的状态为 j 的条件下, 直到发生从 i 到 j 的转移为止的停留时间分布为 $F_{ij}(t)$,

则称 $\{Z(t), t \geqslant 0\}$ 是一个半 Markov 过程.

半 Markov 过程不具备给定现在的状态时将来与过去独立的 Markov 性. 为了预测将来, 不仅要知道现在处于什么状态, 还要了解在此状态的停留时间. 当停留

时间服从与参数 j 无关的指数分布时, 由指数分布无记忆性, 退化为连续时间 MC. 同时, 如果只关心转移的状态, 不考虑转移时间, 半 Markov 过程就退化成了离散时间 MC, 一步转移概率为 p_{ij}, 其中

$$F_{ij}(t)=\begin{cases}0, & t<1,\\ 1, & t\geqslant 1.\end{cases}$$

以 H_i 记半 Markov 过程在转移之前处于状态 i 的时间, 以 μ_i 记其均值, 对下一个状态取条件, 可得

$$H_i(t)=\sum_j p_{ij}F_{ij}(t).$$

定义2.2.16 $\{Z(t),t\geqslant 0\}$ 为一个半 Markov 过程, 具有转移概率 p_{ij} 和转移停留时间分布 $F_{ij}(t)$, 若以 $\{X_n,n\geqslant 0\}$ 记第 n 次转移到的状态, 则 $\{X_n,n\geqslant 0\}$ 为转移概率为 p_{ij} 的离散时间 MC, 称为半 Markov 过程的嵌入 MC.

若嵌入 MC$\{X_n,n\geqslant 0\}$ 不可约, 则相应的半 Markov 过程 $\{Z(t),t\geqslant 0\}$ 不可约. 以 T_{ii} 记相继进入状态 i 之间的时间, 令 $\mu_{ii}=E[T_{ii}]$, 可得半 Markov 过程的极限概率.

定理 2.2.13 若半 Markov 过程 $\{Z(t),t\geqslant 0\}$ 是不可约的, 且 $\mu_{ii}<\infty$, 则极限概率

$$p_i=\lim_{t\to\infty}P\{Z(t)=i|Z(0)=j\}$$

存在且与初始状态无关, 满足

$$p_i=\frac{\mu_i}{\mu_{ii}}.$$

定理 2.2.14 若半 Markov 过程 $\{Z(t),t\geqslant 0\}$ 是不可约的, 且 $\mu_{ii}<\infty$, 则

$$\frac{\mu_i}{\mu_{ii}}=\lim_{t\to\infty}\frac{[0,t]\text{中处于状态 } i \text{ 的时间}}{t},$$

即 μ_i/μ_{ii} 表示长时间后处于状态 i 的时间比率.

若嵌入 MC$\{X_n,n\geqslant 0\}$ 的平稳分布为 $\pi_j,j\geqslant 0$, 则满足

$$\pi_j=\sum_{i\in\Omega}\pi_i p_{ij},\quad \sum_{i\in\Omega}\pi_i=1. \tag{2.2.15}$$

定理 2.2.15 若半 Markov 过程 $\{Z(t),t\geqslant 0\}$ 是不可约的, 且其嵌入 MC$\{X_n,n\geqslant 0\}$ 是正常返的, 则极限概率满足

$$p_i=\frac{\pi_i\mu_i}{\sum_j \pi_j\mu_j}. \tag{2.2.16}$$

定理 2.2.13 ~ 定理 2.2.15 的证明可见 Ross(1983).

例 2.2.6 一部机器可能有三种状态: 良好、尚好或损坏, 分别记为 1, 2, 3, 定义过程为 $\{Z(t), t \geqslant 0\}$, 其中 $Z(t)$ 为时刻 t 机器所处状态. 假设良好状态的机器保持良好的平均时间为 μ_1, 然后分别以概率 3/4 和 1/4 转到尚好和损坏状态. 处于尚好状态的机器保持尚好的平均时间为 μ_2, 然后损坏, 损坏的机器将被维修, 维修的平均时间为 μ_3, 修好后的机器以概率 2/3 处于良好状态, 以概率 1/3 概率处于尚好状态. 显然过程为 $\{Z(t), t \geqslant 0\}$ 为一个半 Markov 过程, 只考虑机器状态转移, 构成一个离散时间嵌入 MC, 一步转移阵为

$$\boldsymbol{P} = \begin{pmatrix} 0 & \frac{3}{4} & \frac{1}{4} \\ 0 & 0 & 1 \\ \frac{2}{3} & \frac{1}{3} & 0 \end{pmatrix}, \tag{2.2.17}$$

由 $\boldsymbol{\Pi P} = \boldsymbol{\Pi}$ 和 $\boldsymbol{\Pi e} = 1$, 嵌入 MC 的稳态概率 $\pi_i, i = 1, 2, 3$ 满足

$$\begin{cases} \pi_1 = \dfrac{2}{3}\pi_3, \\ \pi_2 = \dfrac{3}{4}\pi_1 + \dfrac{1}{3}\pi_3, \\ \pi_3 = \dfrac{1}{4}\pi_1 + \pi_2, \\ \pi_1 + \pi_2 + \pi_3 = 1, \end{cases}$$

解得

$$\pi_1 = \frac{4}{15}, \quad \pi_2 = \frac{1}{3}, \quad \pi_3 = \frac{2}{5}.$$

由定理 2.2.14 和定理 2.2.15, 机器处于各个状态的时间比率和极限概率分别为

$$p_1 = \frac{4\mu_1}{4\mu_1 + 5\mu_2 + 6\mu_3},$$
$$p_2 = \frac{5\mu_2}{4\mu_1 + 5\mu_2 + 6\mu_3},$$
$$p_3 = \frac{6\mu_3}{4\mu_1 + 5\mu_2 + 6\mu_3}.$$

2.3 文 献 评 述

泊松过程和 Markov 过程是随机过程的重要组成部分, 其中 Markov 过程一般又分为离散时间和连续时间 Markov 过程, 在实际中的应用也非常广泛. 本章只是相关定义和结论的引用, 对泊松过程和 Markov 过程的深入分析可参见以下文献.

泊松过程是由法国著名数学家泊松 (Simeon-Denis Poisson, 1781~1840) 证明的, 1943 年 C. 帕尔姆在电话业务问题的研究中运用了这一过程, 后来 A. Я. 辛钦于 20 世纪 50 年代在服务系统的研究中又进一步发展了它. 泊松过程除作为计数过程的一种重要数学模型外, 又是众多重要随机过程的特例, 因而它在随机过程中占有特殊地位, 用来刻画众多实际问题. Ross(1983, 2014) 对泊松过程及其推广模型给出了系统的理论描述, 并大量介绍了其在排队论、可靠性及其他领域的应用, 唐应辉和唐小我 (2006) 及孙荣恒和李建平 (2002) 详细介绍了泊松过程在排队论领域的应用, 其他随机过程的著作均对泊松过程进行了论述, 可见邓永录 (1996), 陈良均和朱庆棠 (2003), 张波和张景肖 (2004) 等.

MC 的概念由俄国数学家 Markov 于 1906 年引入, 后经 Kolmogorov, Feller 等的深入研究和发展, 于 1931 年左右形成了较完整的 Markov 过程理论. 国内外已经出版了大量涉及 Markov 过程理论和应用的著作. Kemeny 与 Snell(1983) 对有限状态 MC 给出了系统的处理. Hunter(1983), Ross(1983), Narayan Bhat(1984) 等对 MC 理论给出了比较初等而严谨的论述. 费勒 (1964, 1979) 是一部独具风格的应用概率论著作, 不拘泥于公认的理论框架, 生动而深刻地阐述了概率论与随机过程的基本理论和方法. Bharucha-Rein(1960, 有中译本) 前半部分对 Markov 过程给出了一个简明而较完整的论述, 后半部分以大量篇幅介绍该理论在生物、物理、化学、天体及运筹学等领域的应用. Narayan Bhat(1984) 中, 除将 Markov 过程应用于排队论、可靠性、库存论等传统随机模型领域以外, 还涉及该理论在战斗对抗、生物生态、社会行为、事物管理、交通运输、地质地貌等领域的广泛应用. 对 Markov 过程在排队论、可靠性、库存论等随机运筹学分支中的应用可参阅赵玮和王荫清 (1993), 邓永录 (1996) 等.

对 MC 给出深入理论分析的著作, 见侯振挺和郭青峰 (1978), 王梓坤 (1980), Doob(1953), Chung(1967), Kemeny 和 Snell(1983), Freedman (1983) 等. 以各种应用领域中随机模型分析为主要目标, 介绍 MC 理论及应用的著作, 见 Bharucha-Rein(1960), 费勒 (1964), Cinlar(1975), Cohen(1982), Hunter(1983), Ross(1983), Brandt 等 (1990), Gunter 等 (2006), 邓永录 (1994), 蒋庆琅 (1987) 等. 2.1 节内容选自 Ross(1983), 2.2 节的内容节选自田乃硕等 (2008) 与 Ross(1983).

第 3 章　工作休假的 M/M/1 型排队系统

在排队论中, M/M/1 型排队是最简单但最基本的一个类型, 其中顾客以泊松过程到达系统, 服务时间服从指数分布. 这类系统分析较简单, 本身是其他类型排队系统的特殊情形, 可以合理地模式现实问题, 同时很多非 M/M/1 型系统在一定条件下, 可模拟成 M/M/1 型排队. 因此, 在工作休假系统中, 先给出此类排队的分析是必要的.

3.1　生灭过程与拟生灭过程

3.1.1　生灭过程

经典生灭过程作为随机过程的一个分支, 是 2.2 节的连续时间 MC 的一种特殊情形, 形成了相当完整的理论体系, 并广泛地应用于自然科学、工程技术、社会科学等各种领域, 具体可见王梓坤 (1980)、侯振挺等 (2000)、田乃硕和岳德权 (2002) 等.

非负整数集 $\{0,1,\cdots\}$ 上的 Markov 过程 $\{X(t),t\geqslant 0\}$, 如果其无穷小生成元有下列三对角形式:

$$\boldsymbol{Q}=\begin{pmatrix} -\lambda_0 & \lambda_0 & & & & & \\ \mu_1 & -(\lambda_1+\mu_1) & \lambda_1 & & & & \\ & \mu_2 & -(\lambda_2+\mu_2) & \lambda_2 & & & \\ & & \ddots & \ddots & \ddots & & \\ & & & \mu_n & -(\lambda_n+\mu_n) & \lambda_n & \\ & & & & \ddots & \ddots & \ddots \end{pmatrix}, \tag{3.1.1}$$

则称 $\{X(t),t\geqslant 0\}$ 是一个生灭过程, $\{\lambda_n,n\geqslant 0\}$ 称为生率, $\{\mu_n,n\geqslant 0\}$ 称为灭率.

记

$$p_j(t)=P\{X(t)=j\},\qquad j=0,1,\cdots,$$

由 Ross(1983) 可知, 生灭过程具有如下特性:

$$P\{X(t+\Delta t)=k|X(t)=j\}=\begin{cases}\lambda_j\Delta t+o(\Delta t), & k=j+1,\\ \mu_j\Delta t+o(\Delta t), & k=j-1,\quad j\geqslant 1,\\ 1-(\lambda_j+\mu_j)\Delta t+o(\Delta t), & k=j,\\ o(\Delta t), & |k-j|\geqslant 2,\end{cases} \tag{3.1.2}$$

由式 (3.1.2), $p_j(t)$ 满足 Kolmogorov 微分方程:

$$\begin{aligned} &p_0'(t)=-\lambda_0 p_0(t)+\mu_1 p_1(t),\\ &p_j'(t)=\lambda_{j-1}p_{j-1}(t)-(\lambda_j+\mu_j)p_j(t)+\mu_{j+1}p_{j+1}(t),\quad j\geqslant 1.\end{aligned} \tag{3.1.3}$$

一般情况下, 求解 (3.1.3) 是非常困难的, 但在实际应用时, 我们更关心过程运行相当长时间后的形态. 若

$$p_j=\lim_{t\to\infty}p_j(t),\quad j=0,1,\cdots$$

存在, 且 $\sum\limits_{j=0}^{\infty}p_j=1$, 则称过程是正常返的, 并称 $\{p_j, j\geqslant 0\}$ 为平稳概率分布或稳态分布. 如果稳态分布存在, 必有

$$\lim_{t\to\infty}p_j'(t)=0,\quad j=0,1,\cdots.$$

在式 (3.1.3) 两端取极限, 可得稳态分布 $p_j, j\geqslant 0$ 满足如下式子:

$$\begin{aligned} &-\lambda_0 p_0+\mu_1 p_1=0,\\ &\lambda_{j-1}p_{j-1}-(\lambda_j+\mu_j)p_j+\mu_{j+1}p_{j+1}=0,\quad j\geqslant 1.\end{aligned} \tag{3.1.4}$$

若把稳态分布写成无穷维向量 $\boldsymbol{\pi}=(p_0,p_1,\cdots)$, 式 (3.1.4) 可写为如下矩阵形式:

$$\boldsymbol{\pi Q}=\mathbf{0},\qquad \boldsymbol{\pi e}=1. \tag{3.1.5}$$

(3.1.4) 和 (3.1.5) 统称为过程的平衡方程和正规化条件. 由定理 2.2.11 也可直接得到. 利用平衡方程, 可以求解出生灭过程的稳态分布.

定理 3.1.1 (Karlin-McGregor) 生灭过程 (3.1.1) 正常返当且仅当

$$\sum_{k=1}^{\infty}\frac{\lambda_0\lambda_1\cdots\lambda_{k-1}}{\mu_1\mu_2\cdots\mu_k}<\infty,$$

过程的稳态分布可表示为

$$p_0=K,\quad p_j=\frac{\lambda_0\lambda_1\cdots\lambda_{j-1}}{\mu_1\mu_2\cdots\mu_j}K,\quad j\geqslant 1,$$

其中

$$K=\left(1+\sum_{k=1}^{\infty}\frac{\lambda_0\lambda_1\cdots\lambda_{k-1}}{\mu_1\mu_2\cdots\mu_k}\right)^{-1}.$$

经典 M/M/1 型排队, 是一个典型的生灭过程, 其中顾客到达过程是一个泊松过程, 记为 $N(t)$, 参数为 $\lambda>0$, 顾客的服务时间独立同分布, 且服从参数为 $\mu>0$ 的指数分布, 称为到达率为 λ 和服务率为 μ 的 M/M/1 排队. 记 $\{X(t),t\geqslant 0\}$ 为时刻 t 系统中的顾客数, 其状态空间为 $\{0,1,\cdots\}$, 状态转移图如图 3.1 所示.

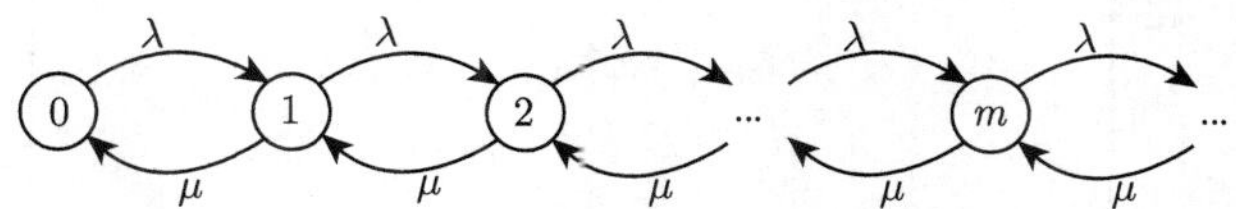

图 3.1 M/M/1 型排队的状态转移图

无穷小生成元的形式如式 (3.1.1), 其中 $\lambda_n=\lambda,\mu_n=\mu,n\geqslant 0$. 由定理 3.1.1, 经过整理化简, M/M/1 型排队的稳态分布为可表示为

$$\pi_k=(1-\rho)\rho^k,\quad k\geqslant 0,$$

其中 $\rho=\lambda/\mu$ 为系统负载. 由稳态分布可得 M/M/1 型排队的平均队长

$$E[L_0]=\sum_{k=0}^{\infty}k\pi_k=(1-\rho)\sum_{k=0}^{\infty}k\rho^k=\frac{\rho}{1-\rho}.$$

记 S_0 为一个顾客在系统中的逗留时间, 则此顾客离开时系统剩余顾客为其逗留时间内来到的顾客, 由指数分布的无记忆性, 有 $N(S_0)=L_0$. 由泊松过程的性质, 可得 $E[N(S_0)]=\lambda E[S_0]$, 从而平均逗留时间和平均队长存在关系式:

$$\lambda E[S_0]=E[L_0],$$

即著名的 Little 公式. 由 Little 公式可得 M/M/1 型排队的平均逗留时间为

$$E[S_0]=\frac{1}{\mu(1-\rho)}.$$

3.1.2 拟生灭过程与矩阵几何解

工作休假的 M/M/1 型排队, 可采用田乃硕和岳德权 (2002) 提到的拟生灭过程方法处理. 拟生灭过程是以指数分布为基础的经典生灭过程从一维状态空间到多维状态空间的推广. 正如王梓坤 (1980), 侯振挺等 (2000) 提到生灭过程的生成元具有三对角形式一样, 拟生灭过程的生成元是分块三对角矩阵. 由于各种多因素、变动参数、随机环境的模型分析的要求, 拟生灭 (Quasi Birth-and-Death, QBD) 过程已代替经典生灭过程成为当代随机模型分析的重要工具.

考虑一个二维 Markov 过程 $\{X(t), J(t)\}$, 状态空间是

$$\Omega=\{(k,j),k\geqslant 0,1\leqslant j\leqslant m\},$$

称 $\{X(t), J(t)\}$ 是一个拟生灭过程, 如果其生成元可写成下列分块三对角形式

$$\boldsymbol{Q}^*=\begin{pmatrix} \boldsymbol{A}_0 & \boldsymbol{C}_0 & & & & & \\ \boldsymbol{B}_1 & \boldsymbol{A}_1 & \boldsymbol{C}_1 & & & & \\ & \ddots & \ddots & \ddots & & & \\ & & \boldsymbol{B}_{n-1} & \boldsymbol{A}_{n-1} & \boldsymbol{C}_{n-1} & & \\ & & & \boldsymbol{B}_n & \boldsymbol{A}_n & \boldsymbol{C}_n & \\ & & & & \ddots & \ddots & \ddots \end{pmatrix}, \tag{3.1.6}$$

其中所有子块都是 m 阶的方阵, 满足

$$(\boldsymbol{A}_0+\boldsymbol{C}_0)\boldsymbol{e}=(\boldsymbol{A}_k+\boldsymbol{B}_k+\boldsymbol{C}_k)\boldsymbol{e}=\boldsymbol{0},$$

$\boldsymbol{A}_k$ 有负的对角线元素, 其余子块均是非负阵, 且 $\boldsymbol{e}$ 为所有元素均为 1 的 m 维列向量. 称状态集

$$(k,1),(k,2),\cdots,(k,m)$$

为水平 k. 这一结构顺应了刻画过程在多层次、多位相机变动参数情况下演变的要求. Evan(1967) 首先在排队论中使用此类过程, Wallace(1969) 在计算机系统研究中遇到了类似过程, 并引入了 "拟生灭过程" 术语. 20 世纪 70 年代以来, Neuts(1981) 等系统地发展了处理拟生灭过程的矩阵分析方法, 有力地推动了拟生灭过程的广泛应用.

对于形如 (3.1.6) 的一般随机过程, 尚未建立起平行于经典生灭过程的理论和方法, 迄今广泛使用的只是一类特殊的拟生灭过程, 仅对此类特殊拟生灭过程给出相应理论和结果.

首先考虑最简单情况, 对于一个拟生灭过程 $\{X(t), J(t)\}$, 状态空间是

$$\Omega=\{(k,j),k\geqslant 0,1\leqslant j\leqslant m\},$$

如果其生成元退化成下列分块三对角形式

$$\boldsymbol{Q}=\begin{pmatrix} \boldsymbol{A}_0 & \boldsymbol{C}_0 & & & \\ \boldsymbol{B}_1 & \boldsymbol{A} & \boldsymbol{C} & & \\ & \boldsymbol{B} & \boldsymbol{A} & \boldsymbol{C} & \\ & & \boldsymbol{B} & \boldsymbol{A} & \boldsymbol{C} \\ & & & \ddots & \ddots & \ddots \end{pmatrix}, \tag{3.1.7}$$

其中所有子块都是 m 阶的方阵, 满足

$$(\boldsymbol{A}_0+\boldsymbol{C}_0)\boldsymbol{e}=(\boldsymbol{B}_1+\boldsymbol{A}+\boldsymbol{C})\boldsymbol{e}=(\boldsymbol{A}+\boldsymbol{B}+\boldsymbol{C})\boldsymbol{e}=\boldsymbol{0},$$

$\boldsymbol{A}_0$ 和$\boldsymbol{A}$有负的对角线元素, 其余子块均是非负阵, 且 $\boldsymbol{e}$ 为所有元素均为 1 的 m 维列向量. 若过程是正常返的, 以 (X,J) 表示过程 $\{X(t),J(t)\}$ 的极限变量, 并记

$$\pi_{kj}=\lim_{t\to\infty}P\{X(t)=k,J(t)=j\}=P\{X=k,J=j\},$$

其中 $k\geqslant 0,1\leqslant j\leqslant m$. 为适应$\boldsymbol{Q}$的分块形式, 将稳态概率按水平写成分段形式

$$\begin{aligned}&\boldsymbol{\pi}_k=(\pi_{k1},\pi_{k2},\cdots,\pi_{km}),\quad k\geqslant 0,\\&\boldsymbol{\pi}=(\boldsymbol{\pi}_0,\boldsymbol{\pi}_1,\cdots,\boldsymbol{\pi}_n,\cdots).\end{aligned}$$

假定拟生灭过程 (3.1.7) 正常返, 由平衡方程 $\boldsymbol{\pi Q}=\boldsymbol{0}$ 给出

$$\boldsymbol{\pi}_{k-1}\boldsymbol{C}+\boldsymbol{\pi}_k\boldsymbol{A}+\boldsymbol{\pi}_{k+1}\boldsymbol{B}=\boldsymbol{0},\quad k\geqslant 1.\tag{3.1.8}$$

引入矩阵方程

$$\boldsymbol{R}^2\boldsymbol{B}+\boldsymbol{RA}+\boldsymbol{C}=\boldsymbol{0},$$

如果上述方程有最小非负解 $\boldsymbol{R}$, 考虑行向量 $\boldsymbol{\pi}_k=\boldsymbol{\pi}^*\boldsymbol{R}^k$, $k\geqslant 1$, 这里 $\boldsymbol{\pi}^*$ 是待定的 m 维行向量. 将该行向量代入方程 (3.1.8), 可得

$$\boldsymbol{\pi}^*\boldsymbol{R}^{k-1}(\boldsymbol{R}^2\boldsymbol{B}+\boldsymbol{RA}+\boldsymbol{C})=\boldsymbol{0},\quad k\geqslant 1.$$

从而 $\boldsymbol{\pi}_k=\boldsymbol{\pi}^*\boldsymbol{R}^k$, $k\geqslant 1$ 是方程 (3.1.8) 的解. 为确定 $\boldsymbol{\pi}^*$, 在方程 (3.1.8) 中令 $k=1$, 通过增加 $\boldsymbol{\pi}^*\boldsymbol{C}$, 可得

$$\boldsymbol{\pi}_0\boldsymbol{C}-\boldsymbol{\pi}^*\boldsymbol{C}+\boldsymbol{\pi}^*(\boldsymbol{R}^2\boldsymbol{B}+\boldsymbol{RA}+\boldsymbol{C})=(\boldsymbol{\pi}_0-\boldsymbol{\pi}^*)\boldsymbol{C}=\boldsymbol{0},$$

一般情况下, $\boldsymbol{C}$ 是可逆的, 故 $\boldsymbol{\pi}^*=\boldsymbol{\pi}_0$, 因此解可写成

$$\boldsymbol{\pi}_k=\boldsymbol{\pi}_0\boldsymbol{R}^k,\quad k=0,1,\cdots,\tag{3.1.9}$$

且 $\boldsymbol{\pi}_k,k\geqslant 1$ 满足正规化条件, 因此

$$\sum_{k=0}^{\infty}\boldsymbol{\pi}_k\boldsymbol{e}=\boldsymbol{\pi}_0\sum_{k=0}^{\infty}\boldsymbol{R}^k\boldsymbol{e}=1,$$

这里要求矩阵级数 $\sum\limits_{k=0}^{\infty}\boldsymbol{R}^k$ 是收敛的, $\boldsymbol{R}$ 是非负矩阵, 级数收敛当且仅当其谱半径 $\mathrm{SP}(\boldsymbol{R})<1$. 最后确定 $\boldsymbol{\pi}_0$, 注意到 $\boldsymbol{\pi}_1=\boldsymbol{\pi}_0\boldsymbol{R}$, 于是得到

$$\boldsymbol{\pi}_0(\boldsymbol{A}_0+\boldsymbol{RB}_1)=\boldsymbol{0},$$

其为一组线性齐次方程组, 只能将 $\boldsymbol{\pi}_0$ 确定到相差一个常数因子, 再使用正规化条件

$$\sum_{k=0}^{\infty}\boldsymbol{\pi}_k\boldsymbol{e}=\boldsymbol{\pi}_0(\boldsymbol{I}-\boldsymbol{R})^{-1}\boldsymbol{e}=1$$

确定其中常数, 从而得到稳态分布.

因此有下述理论.

定理 3.1.2 过程 Q 正常返, 当且仅当矩阵方程

$$\boldsymbol{R}^2\boldsymbol{B}+\boldsymbol{R}\boldsymbol{A}+\boldsymbol{C}=\boldsymbol{0}$$

的最小非负解 $\boldsymbol{R}$ 的谱半径 $\mathrm{SP}(\boldsymbol{R})<1$, 并且齐次线性方程组

$$\boldsymbol{\pi}_0(\boldsymbol{A}_0+\boldsymbol{R}\boldsymbol{B}_1)=\boldsymbol{0}$$

有正解.

定理 3.1.3 若矩阵 $\boldsymbol{G}=\boldsymbol{A}+\boldsymbol{B}+\boldsymbol{C}$ 不可约, 率阵 $\boldsymbol{R}$ 满足 $\mathrm{SP}(\boldsymbol{R})<1$, 当且仅当

$$\boldsymbol{\pi}^*\boldsymbol{B}\boldsymbol{e}>\boldsymbol{\pi}^*\boldsymbol{C}\boldsymbol{e},$$

这里 $\boldsymbol{\pi}^*$ 是生成元 $\boldsymbol{G}$ 的平稳概率向量, 满足

$$\boldsymbol{\pi}^*\boldsymbol{G}=\boldsymbol{0},\quad \boldsymbol{\pi}^*\boldsymbol{e}=1.$$

定理 3.1.4 当过程 Q 正常返时, 稳态概率向量可用矩阵几何解表为

$$\boldsymbol{\pi}_k=\boldsymbol{\pi}_0\boldsymbol{R}^k,\quad k=0,1,\cdots,$$

其中 $\boldsymbol{\pi}_0$ 是方程组 $\boldsymbol{\pi}_0(\boldsymbol{A}_0+\boldsymbol{R}\boldsymbol{B}_1)=\boldsymbol{0}$ 的解, 满足正规化条件

$$\boldsymbol{\pi}_0(\boldsymbol{I}-\boldsymbol{R})^{-1}\boldsymbol{e}=1.$$

上述只是直观地给出定理的由来, 严格证明涉及矩阵 $\boldsymbol{R}$ 的详细讨论, 且定理 3.1.2 给出了向量 $\boldsymbol{\pi}_0$ 的存在性条件和一种求解方式, 具体可见 Neuts(1981).

在大量实际应用中, 拟生灭过程的生成元并非所有子块都是 m 阶方阵, 通常使用边界状态变体. 设自然数 $c\geqslant 1$, 当 $0\leqslant k\leqslant 1$ 时, 水平 k 包含有 m_k 个状态; 当 $k\geqslant c$ 时, 所有的水平 k 都含有 $m_c=m$ 个状态. 这时, $\{X(t),J(t)\}$ 的状态空间是

$$\Omega=\big\{(k,j),0\leqslant k\leqslant c-1,1\leqslant j\leqslant m_k\big\}\bigcup\big\{(k,j),k\geqslant c,1\leqslant j\leqslant m\big\}.$$

这时, 对应的生成元形如

$$\boldsymbol{Q}^* = \begin{pmatrix} \boldsymbol{A}_0 & \boldsymbol{C}_0 & & & & & & \\ \boldsymbol{B}_1 & \boldsymbol{A}_1 & \boldsymbol{C}_1 & & & & & \\ & \ddots & \ddots & \ddots & & & & \\ & & \boldsymbol{B}_{c-1} & \boldsymbol{A}_{c-1} & \boldsymbol{C}_{c-1} & & & \\ & & & \boldsymbol{B}_c & \boldsymbol{A} & \boldsymbol{C} & & \\ & & & & \boldsymbol{B} & \boldsymbol{A} & \boldsymbol{C} & \\ & & & & & \ddots & \ddots & \ddots \end{pmatrix}, \tag{3.1.10}$$

其中 $\boldsymbol{A}_k$ 是 m_k 阶方阵, $\boldsymbol{B}_k, \boldsymbol{C}_k$ 分别是 $m_k \times m_{k-1}, m_k \times m_{k+1}$ 矩阵, 而 $\boldsymbol{A}, \boldsymbol{B}, \boldsymbol{C}$ 都是 m 阶方阵, 满足

$$(\boldsymbol{A}_0 + \boldsymbol{C}_0)\boldsymbol{e} = (\boldsymbol{B}_k + \boldsymbol{A}_k - \boldsymbol{C}_k)\boldsymbol{e} = (\boldsymbol{A} + \boldsymbol{B} + \boldsymbol{C})\boldsymbol{e} = \boldsymbol{0},$$

为使式 (3.1.10) 与式 (3.1.7) 在形式上保持一致, 可将式 (3.1.10) 进一步分割出如下子块

$$\boldsymbol{H}_0 = \begin{pmatrix} \boldsymbol{A}_0 & \boldsymbol{C}_0 & & & \\ \boldsymbol{B}_1 & \boldsymbol{A}_1 & \boldsymbol{C}_1 & & \\ & \ddots & \ddots & \ddots & \\ & & \boldsymbol{B}_{c-2} & \boldsymbol{A}_{c-2} & \boldsymbol{C}_{c-2} \\ & & & \boldsymbol{B}_{c-1} & \boldsymbol{A}_{c-1} \end{pmatrix},$$

$$\boldsymbol{H}_{10} = (\boldsymbol{0}, \boldsymbol{B}_c), \quad \boldsymbol{H}_{01} = \begin{pmatrix} \boldsymbol{0} \\ \boldsymbol{C}_{c-1} \end{pmatrix},$$

这里 $\boldsymbol{H}_0$ 是 $m^* = m_0 + \cdots + m_{c-1}$ 阶方阵, $\boldsymbol{H}_{10}, \boldsymbol{H}_{01}$ 分别是 $m \times m^*$ 和 $m^* \times m$ 矩阵, 于是式 (3.1.10) 可改写成下列复合分块形式

$$\boldsymbol{Q}^* = \begin{pmatrix} \boldsymbol{H}_0 & \boldsymbol{H}_{01} & & & \\ \boldsymbol{H}_{01} & \boldsymbol{A} & \boldsymbol{C} & & \\ & \boldsymbol{B} & \boldsymbol{A} & \boldsymbol{C} & \\ & & \boldsymbol{B} & \boldsymbol{A} & \boldsymbol{C} \\ & & & \ddots & \ddots & \ddots \end{pmatrix}. \tag{3.1.11}$$

式 (3.1.11) 与式 (3.1.7) 的区别仅在于边界状态的转移, 称为式 (3.1.7) 的边界状态变体. $\boldsymbol{R}$ 是矩阵方程

$$\boldsymbol{R}^2\boldsymbol{B} + \boldsymbol{R}\boldsymbol{A} + \boldsymbol{C} = \boldsymbol{0}$$

的最小非负解, 并引入矩阵

$$\boldsymbol{B}[\boldsymbol{R}] = \begin{pmatrix} \boldsymbol{H}_0 & \boldsymbol{H}_{01} & & & \\ \boldsymbol{H}_{10} & \boldsymbol{A}_1 & \boldsymbol{C}_1 & & \\ & \ddots & \ddots & \ddots & \\ & & \boldsymbol{B}_{c-1} & \boldsymbol{A}_{c-1} & \boldsymbol{C}_{c-1} \\ & & & \boldsymbol{B}_c & \boldsymbol{R}\boldsymbol{B}+\boldsymbol{A} \end{pmatrix}.$$

类似于标准拟生灭过程, 对变体式 (3.1.11) 有如下定理.

定理 3.1.5 $\boldsymbol{Q}^*$ 正常返当且仅当 $\mathrm{SP}(\boldsymbol{R})<1$, 并且齐次线性方程组

$$(\boldsymbol{\pi}_0, \boldsymbol{\pi}_1, \cdots, \boldsymbol{\pi}_c)\boldsymbol{B}[\boldsymbol{R}] = \boldsymbol{0} \tag{3.1.12}$$

有正解. 这时稳态分布可表为

$$\boldsymbol{\pi}_k = \boldsymbol{\pi}_c \boldsymbol{R}^{k-c}, \quad k \geqslant c.$$

而 $(\boldsymbol{\pi}_0, \boldsymbol{\pi}_1, \cdots, \boldsymbol{\pi}_c)$ 是式 (3.1.12) 的正解, 满足正规化条件

$$\sum_{k=0}^{c-1} \boldsymbol{\pi}_k \boldsymbol{e} + \boldsymbol{\pi}_c (\boldsymbol{I}-\boldsymbol{R})^{-1}\boldsymbol{e} = 1.$$

3.2 多重工作休假的 M/M/1 排队

3.2.1 模型描述

在到达率为 λ 和服务率为 μ_b 的经典 M/M/1 排队系统中, 一旦某顾客完成服务, 系统中无顾客时, 服务员开始进入一次随机长度的休假, 休假时间 V 服从参数为 $\theta(\theta>0)$ 的指数分布. 当一次休假结束时, 如果系统中仍无顾客, 则进入另一次独立同分布的休假. 这同经典多重休假策略的假设是相同的. 不同的是, 在休假期间, 服务员不是停止接待顾客, 而是继续接待期间到达的顾客, 但与正常工作期有不同的服务率 μ_v. 考虑实际情况, 一般假设 $\mu_v \leqslant \mu_b$, 即休假期以慢速服务顾客, 因此称此种休假策略为工作休假. 如果一次工作休假结束时系统非空, 正在以服务率 μ_v 进行服务的顾客转化为以服务率 μ_b 进行服务, 开始正常的工作. 假设正常服务期与工作休假期的顾客服务时间, 分别服从参数 μ_b 和 μ_v 的指数分布. 此系统记为 M/M/1(MWV)(Multiple Working Vacations) 模型.

此外, 假设到达时间间隔、服务时间、休假时间是相互独立的, 采用 FCFS 的服务规则.

设 $L(t)$ 表示时刻 t 系统中的顾客数,

$$J(t)=\begin{cases}0, & \text{时刻 } t \text{ 系统处于工作休假期},\\ 1, & \text{时刻 } t \text{ 系统处于正规服务期}.\end{cases}$$

$\{L(t),J(t)\}$ 是二维状态空间上的随机过程, 有状态空间

$$\Omega=\{(0,0)\}\bigcup\{(k,j):\ k\geqslant 1,\ j=0,1\},$$

其中状态 $(k,0),k\geqslant 0$ 表示系统中有 k 个顾客且服务台处于工作休假期, 以慢速 μ_v 服务顾客; $(k,1),k\geqslant 1$ 表示系统中有 k 个顾客且服务台处于正常工作期, 以正常速率 μ_b 服务顾客. 系统中可能发生的状态转移有: 状态 $(k,1)\to(k+1,1),k\geqslant 0$ 表示系统中有一个新顾客到达且服务台处于正常工作期; 状态 $(k,1)\to(k-1,1),k\geqslant 1$ 表示有一个顾客完成服务离开系统且服务台处于正常工作期; 状态 $(k,0)\to(k+1,0),k\geqslant 0$ 表示系统中有一个新顾客到达且服务台休假未完成; 状态 $(k,0)\to(k-1,0),k\geqslant 1$ 表示有一个顾客完成服务离开系统且服务台休假未完成; 状态 $(k,0)\to(k,1),k\geqslant 1$ 表示系统中休假服务台完成休假返回主系统; 过程 $\{L(t),J(t)\}$ 的状态转移图如图 3.2 所示.

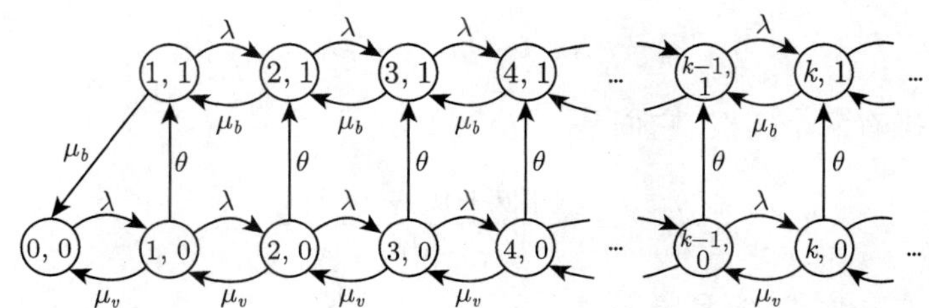

图 3.2 多重工作休假 M/M/1 型排队系统状态转移图

将状态按字典序排列, 过程 $\{L(t),J(t)\}$ 的生成元可表为下列分块三对角形式, 即拟生灭过程

$$\boldsymbol{Q}=\begin{pmatrix}\boldsymbol{A}_0 & \boldsymbol{C}_0 & & & \\ \boldsymbol{B}_1 & \boldsymbol{A} & \boldsymbol{C} & & \\ & \boldsymbol{B} & \boldsymbol{A} & \boldsymbol{C} & \\ & & \boldsymbol{B} & \boldsymbol{A} & \boldsymbol{C} \\ & & & \ddots & \ddots & \ddots\end{pmatrix}, \tag{3.2.1}$$

其中各子块如下

$$\boldsymbol{A}_0=-\lambda,\quad \boldsymbol{C}_0=(\lambda,0),\quad \boldsymbol{B}_1=(\mu_v,\mu_b)^{\mathrm{T}};$$

$$\boldsymbol{B}=\begin{pmatrix}\mu_v & 0\\ 0 & \mu_b\end{pmatrix},\quad \boldsymbol{C}=\begin{pmatrix}\lambda & 0\\ 0 & \lambda\end{pmatrix},$$

$$\boldsymbol{A}=\begin{pmatrix} -(\lambda+\theta+\mu_v) & \theta \\ 0 & -(\lambda+\mu_b) \end{pmatrix},$$

其中 T 代表矩阵或向量转置.

在拟生灭模型的分析中, 矩阵的二次方程

$$\boldsymbol{R}^2\boldsymbol{B}+\boldsymbol{R}\boldsymbol{A}+\boldsymbol{C}=\boldsymbol{0} \tag{3.2.2}$$

的最小非负解 $\boldsymbol{R}$ 称为率阵 (Rate Matrix), 至关重要. 为了求出率阵 $\boldsymbol{R}$, 需要下列引理.

引理 3.2.1　二次方程

$$\mu_v z^2-(\lambda+\theta+\mu_v)z+\lambda=0 \tag{3.2.3}$$

存在相异实根 r 和 r^*, 满足 $0<r<1, r^*>1$, 且 r 满足关系式

$$\lambda+\theta+\mu_v(1-r)=\mu_v+\frac{\theta}{1-r}=\frac{\lambda}{r}. \tag{3.2.4}$$

证明　方程 (3.2.3) 的判别式可表示为

$$\varDelta=(\lambda+\theta+\mu_v)^2-4\lambda\mu_v,$$

显然 $\varDelta>0$, 确有两个实根, 它们是

$$r(r^*)=\frac{\lambda+\theta+\mu_v-(+)\varDelta^{\frac{1}{2}}}{2\mu_v}.$$

由判别式 $\varDelta$ 的表达式, 容易验证

$$\begin{aligned} &[\lambda-\mu_v+\theta]^2<\varDelta<[\lambda+\theta+\mu_v]^2, \quad \lambda\geqslant\mu_v, \\ &[\mu_{\mathrm{v}}-\lambda+\theta]^2<\varDelta<[\lambda+\theta+\mu_v]^2, \quad \lambda<\mu_v, \end{aligned}$$

代入 r 和 r^* 的表达式, 得 $0<r<1$ 及 $r^*>1$. 将 r 代入方程 (3.2.3) 给出关系式 (3.2.4).

引理 3.2.2　若 $\rho=\lambda(\mu_b)^{-1}<1$, 方程 (3.2.2) 有最小非负解

$$\boldsymbol{R}=\begin{pmatrix} r & \dfrac{\theta r}{\mu_b(1-r)} \\ 0 & \rho \end{pmatrix}.$$

证明　矩阵 $\boldsymbol{A}$, $\boldsymbol{B}$, $\boldsymbol{C}$ 都是上三角, 满足方程 (3.2.2) 的解 $\boldsymbol{R}$ 必定也是上三角形式, 可设

$$\boldsymbol{R}=\begin{pmatrix} r_{11} & r_{12} \\ 0 & r_{22} \end{pmatrix},$$

代入方程 (3.2.2), 给出 $\boldsymbol{R}$ 的元素满足的方程组

$$\begin{cases} \mu_v r_{11}^2 - (\lambda + \theta + \mu_v) r_{11} + \lambda = 0, \\ \mu_b r_{22}^2 - (\lambda + \mu_b) r_{22} + \lambda = 0, \\ \mu_b r_{12}(r_{11} + r_{22}) + \theta r_{11} - (\lambda + \mu_b) r_{12} = 0. \end{cases}$$

为得到最小非负解, 由引理 3.2.1, 在第一个方程中取 $r_{11} = r$, 在第二个方程中取 $r_{22} = \rho$(另一个根是 $r_{22} = 1$). 将 r 和 ρ 代入最后的方程, 注意到式 (3.2.4), 给出 r_{12} 的值.

定理 3.2.3 过程 $\{L(t), J(t)\}$ 正常返当且仅当 $\rho < 1$.

证明 由定理 3.1.5, 过程正常返当且仅当 $\boldsymbol{R}$ 的谱半径 $\mathrm{SP}(\boldsymbol{R}) < 1$, 且三元线性方程组 $(x_1, x_2, x_3)\boldsymbol{B}[\boldsymbol{R}] = \boldsymbol{0}$ 有正解, 其中

$$\begin{aligned} \boldsymbol{B}[\boldsymbol{R}] &= \begin{pmatrix} -\lambda & \lambda \quad 0 \\ \mu_v & \\ \mu_b & \boldsymbol{RB} + \boldsymbol{A} \end{pmatrix} \\ &= \begin{pmatrix} -\lambda & \lambda & 0 \\ \mu_v & -\lambda - \theta - \mu_v(1 - r) & \dfrac{\theta}{1 - r} \\ \mu_b & 0 & -\mu_b \end{pmatrix}. \end{aligned} \tag{3.2.5}$$

当 $\rho < 1$ 时, 易验证 $\boldsymbol{B}[\boldsymbol{R}]$ 是正常返的有限生成元, 从而 $(x_1, x_2, x_3)\boldsymbol{B}[\boldsymbol{R}] = \boldsymbol{0}$ 有正解, 可取有限生成元的平稳分布乘以任意正数. 而 $\mathrm{SP}(\boldsymbol{R}) = \max(r, \rho) < 1$ 当且仅当 $\rho < 1$.

3.2.2 稳态指标及随机分解

以下设 $\rho < 1$, (L, J) 表示过程 $\{L(t), J(t)\}$ 的稳态极限. 记

$$\begin{aligned} &\boldsymbol{\pi}_0 = \pi_{00}, \quad \boldsymbol{\pi}_k = (\pi_{k0}, \pi_{k1}), \quad k \geqslant 1, \\ &\pi_{kj} = P\{L = k, J = j\} = \lim_{t \to \infty} P\{L(t) = k, J(t) = j\}, \quad (k, j) \in \Omega. \end{aligned}$$

定理 3.2.4 当 $\rho < 1$ 时, (L, J) 的稳态分布是

$$\begin{cases} \pi_{k0} = K r^k, & k \geqslant 0, \\ \pi_{k1} = K \dfrac{\theta r}{\mu_b(1 - r)} \displaystyle\sum_{j=0}^{k-1} r^j \rho^{k-1-j}, & k \geqslant 1, \end{cases} \tag{3.2.6}$$

其中

$$K = (1 - r)(1 - \rho)\left\{1 - \rho + \frac{\theta r}{\mu_b(1 - r)}\right\}^{-1}.$$

证明　由定理 3.1.5, 有

$$\boldsymbol{\pi}_k=(\pi_{k0},\pi_{k1})=(\pi_{10},\pi_{11})\boldsymbol{R}^{k-1},\quad k\geqslant 1. \tag{3.2.7}$$

而 $(\pi_{00},\pi_{10},\pi_{11})$ 满足

$$(\pi_{00},\pi_{10},\pi_{11})\boldsymbol{B}[\boldsymbol{R}]=\mathbf{0} \tag{3.2.8}$$

及正规化条件

$$\pi_{00}+(\pi_{10},\pi_{11})(\boldsymbol{I}-\boldsymbol{R})^{-1}\boldsymbol{e}=1.$$

将公式 (3.2.5) 中的 $\boldsymbol{B}[\boldsymbol{R}]$ 代入式 (3.2.8), 给出

$$\begin{cases}-\lambda\pi_{00}+\mu_v\pi_{10}+\mu_b\pi_{11}=0,\\ \lambda\pi_{00}-(\lambda+\theta+\mu_v(1-r))\pi_{10}=0,\\ \dfrac{\theta}{1-r}\pi_{10}-\mu_b\pi_{11}=0.\end{cases}$$

取 $\pi_{00}=K$ 为待定常数, 解这个方程组给出

$$(\pi_{00},\pi_{10},\pi_{11})=K\left(1,r,\ \frac{\theta r}{\mu_b(1-r)}\right).$$

注意到

$$\boldsymbol{R}^k=\begin{pmatrix} r^k & \dfrac{\theta r}{\mu_b(1-r)}\displaystyle\sum_{j=0}^{k-1}r^j\rho^{k-1-j}\\ 0 & \rho^k\end{pmatrix},\quad k\geqslant 1,$$

代入矩阵几何解表达式 (3.2.7), 得到式 (3.2.6), 使用正规化条件给出 K 的表达式.

由稳态分布出发, 可得到稳态下服务台处于工作休假与正常工作期的概率.

$$\begin{aligned}P\{J=0\}&=\sum_{k=0}^{\infty}\pi_{k0}=(1-\rho)\left(1-\rho+\frac{\theta r}{\mu_b(1-r)}\right)^{-1},\\ P\{J=1\}&=\sum_{k=1}^{\infty}\pi_{k1}=\frac{\theta r}{\mu_b(1-r)}\left(1-\rho+\frac{\theta r}{\mu_b(1-r)}\right)^{-1}.\end{aligned} \tag{3.2.9}$$

稳态下系统中顾客数 L 的分布是

$$P\{L=k\}=\begin{cases}\pi_{00}, & k=0,\\ \pi_{k0}+\pi_{k1}, & k\geqslant 1,\end{cases}$$

从而平均顾客数及其母函数为

$$E(L)=\sum_{k=1}^{\infty}k\left(\pi_{k0}+\pi_{k0}\right),\quad L(z)=\pi_{00}+\sum_{k=1}^{\infty}(\pi_{k0}+\pi_{k1})z^k.$$

以 $W, \widetilde{W}(s)$ 分别表示顾客的稳态等待时间及其 LST, 即

$$\widetilde{W}(s) = \int_0^\infty \mathrm{e}^{-st}\mathrm{d}P\{W < t\}.$$

在 M/M/1 工作休假排队中, 由于到达过程、服务时间和休假时间彼此独立, 而且均服从指数分布, 由指数分布的无记忆性, 任一顾客开始服务时系统中的所有顾客即为其等待时间内到达的顾客加这个顾客本人, 因此稳态下有关系式

$$L(z) = z\widetilde{W}(\lambda - \lambda z).$$

把 $s = \lambda(1-z)$ 代入 $L(z)$ 的表达式, 易得 $\widetilde{W}(s)$ 的表达式, 平均等待时间也可得到.

众所周知, 在各种经典休假策略的排队系统中, 普遍成立着随机分解规律, 即稳态指标可以分解为两个相互独立的随机变量之和, 其中一个恰好是对应经典无休假排队系统的指标. 经过验证, 在 M/M/1 工作休假排队系统中, 稳态队长 L 和逗留时间 S(包含等待时间和服务时间) 也存在随机分解规律, 可见 Liu 等 (2007).

定理 3.2.5 当 $\rho < 1$ 及 $\mu_b > \mu_v$ 时, 稳态队长 L 可以分解成两个独立随机变量之和: $L = L_0 + L_d$, 其中 L_0 是经典 M/M/1 排队中的稳态队长, 服从参数为 $1-\rho$ 的几何分布; 附加队长 L_d 服从一个修正的几何分布,

$$\begin{aligned} &P\{L_d = 0\} = K^*(1-r), \\ &P\{L_d = k\} = K^*\left(1 - \frac{\mu_v}{\mu_b}\right)(1-r)r^k, \quad k \geqslant 1, \end{aligned} \tag{3.2.10}$$

其中

$$K^* = \left(1 - r + r\left(1 - \frac{\mu_v}{\mu_b}\right)\right)^{-1}.$$

证明 由公式 (3.2.6), L 的概率母函数是

$$\begin{aligned} L(z) &= \sum_{k=0}^\infty z^k \pi_{k0} + \sum_{k=1}^\infty z^k \pi_{k1} \\ &= K^*\Big(\frac{1}{1-rz} + \frac{\theta r}{\mu_b(1-r)}\frac{z}{1-rz}\frac{1}{1-\rho z}\Big) \\ &= \frac{1-\rho}{1-\rho z}K^*\Big(\frac{1-r}{1-rz}(1-\rho z) + \frac{\theta r}{\mu_b(1-r)}\frac{z(1-r)}{1-rz}\Big) \\ &= \frac{1-\rho}{1-\rho z}L_d(z). \end{aligned}$$

由公式 (3.2.4), 有关系式

$$\frac{\theta r}{\mu_b(1-r)} = \rho - r\frac{\mu_v}{\mu_b},$$

替代上式到 K^* 的表达式, 可得到另一表达式

$$K^* = \left(1-r+r\left(1-\frac{\mu_v}{\mu_b}\right)\right)^{-1},$$

则此时, $L_d(z)$ 可以得到新的表达式

$$L_d(z) = K^*\left(1-r+r\left(1-\frac{\mu_v}{\mu_b}\right)\frac{z(1-r)}{1-rz}\right). \tag{3.2.11}$$

显然, 这是一个修正的几何分布的母函数, 定理得证.

附加队长 L_d 是由系统休假所引起的, 而式 (3.2.11) 表明, L_d 可以写成两个随机变量的混合: $L_d = q_0X_0 + q_1X_1$, 其中 $q_0 = K^*(1-r)$, $q_1 = K^*r\left(1-\mu_v\mu_b{}^{-1}\right)$, $X_0 \equiv 0$, X_1 服从参数为 $1-r$ 的几何分布, 而且显然 $q_0+q_1=1$. 相当于附加队长 L_d 以概率 q_0 等于 0, 以概率 q_1 等于服从参数为 $1-r$ 的几何分布的随机变量.

由定理 3.2.5, 易得系统稳态下平均队长的表达式

$$E(L) = E(L_0)+E(L_d) = \frac{\rho}{1-\rho}+\left(1-\frac{\mu_v}{\mu_b}\right)\left(1-r\frac{\mu_v}{\mu_b}\right)^{-1}\frac{r}{1-r}.$$

对于任意顾客在系统中的逗留时间 S, 设 $\widetilde{S}(s)$ 为其分布的 LST. 类似于等待时间的分析、稳态下, 任意顾客离开时的顾客数, 即为此顾客逗留时间内到达顾客数, 因此关系式

$$L(z) = \widetilde{S}(\lambda(1-z))$$

存在, 有以下随机分解定理.

定理 3.2.6 当 $\rho<1$ 及 $\mu_b>\mu_v$ 时, 稳态逗留时间 S 可以分解成两个独立随机变量之和: $S=S_0+S_d$, 其中 S_0 是经典 M/M/1 排队的稳态逗留时间, 服从参数为 $\mu_b(1-\rho)$ 的指数分布; 附加延迟 S_d 的 LST 表达式为

$$\widetilde{S}_d(s) = K^*\left(\frac{\mu_v}{\mu_b}(1-r)+\left(1-\frac{\mu_v}{\mu_b}\right)\frac{\sigma}{\sigma+s}\right), \tag{3.2.12}$$

其中

$$\sigma = \frac{\lambda}{r}(1-r).$$

证明 由关系式 $L(z)=\widetilde{S}(\lambda(1-z))$, 且令 $s=\lambda(1-z)$,

$$\begin{aligned}\widetilde{S}(s) &= \frac{\mu_b(1-\rho)}{\mu_b(1-\rho)+s}K^*\left(\frac{\mu_v}{\mu_b}(1-r)+\left(1-\frac{\mu_v}{\mu_b}\right)\frac{\sigma}{\sigma+s}\right)\\ &= \widetilde{S}_0(s)\widetilde{S}_d(s).\end{aligned} \tag{3.2.13}$$

附加延迟 S_d 是系统休假所造成的顾客延迟时间，服从修正的指数分布，可以写成两个随机变量的混合：$S_d = p_0Y_0 + p_1Y_1$，其中 $p_0 = K^*\mu_v{\mu_b}^{-1}(1-r)$，$p_1 = K^*\left(1-\mu_v{\mu_b}^{-1}\right)$，$Y_0 \equiv 0$，$Y_1$ 服从参数为 $\lambda r^{-1}(1-r)$ 的指数分布，显然 $p_0+p_1=1$. 相当于附加延迟 S_d 以概率 p_0 等于 0 以概率 p_1 为一个指数随机变量，参数为 $\lambda r^{-1}(1-r)$.

系统稳态下，任意顾客的平均逗留时间为

$$\begin{aligned}E(S) &= E(S_0)+E(S_d)\\ &= \frac{1}{\mu_b(1-\rho)}+\left(1-\frac{\mu_v}{\mu_b}\right)\left(1-r\frac{\mu_v}{\mu_b}\right)^{-1}\frac{r}{\lambda(1-r)}\\ &= \frac{E(L)}{\lambda}.\end{aligned}$$

3.3 单重工作休假的 M/M/1 排队

3.3.1 模型描述

在一个到达率 λ 和服务率 μ_b 的经典 M/M/1 排队，引入下列单重工作休假规则：一旦系统变空，服务员开始长度为 V 的休假，V 服从参数为 θ 的指数分布；如果在休假期内有顾客到达，服务员将以服务率 μ_v 接待顾客；当此次休假 V 结束时，若系统中有顾客正在休假期内接受服务，则该顾客的服务率由 μ_v 转到 μ_b，开始一个正规忙期；若休假结束系统无顾客，服务员进入通常的闲期，再有新顾客到达时，以服务率 μ_b 开始一个正规忙期. 此系统记为 M/M/1(SWV)(Single Working Vacation) 模型.

此外，假设到达时间间隔、服务时间、休假时间相互独立，采用 FCFS 的服务规则.

以 $L(t)$ 表示时刻 t 系统中的顾客数，并设 $J(t)=0$ 或 1，取决于时刻 t 服务员处于工作休假或正常工作期 (包括闲期)，则$\{L(t),J(t)\}$是一个二维 Markov 过程，有状态空间

$$\Omega = \left\{(k,j): k \geqslant 0, j=0,1\right\},$$

其中状态 $(0,1)$ 表示系统处于通常的闲期，其他状态及其转移情况与 3.2 节多重工作休假的 M/M/1 排队状态类似，则过程$\{L(t),J(t)\}$的无穷生成元可写成类似于式 (3.2.1) 的分块形式，其中$\boldsymbol{B}$, $\boldsymbol{A}$ 和 $\boldsymbol{C}$ 表达式相同，而其他分块变为

$$\boldsymbol{A}_0 = \begin{pmatrix} -(\lambda+\theta) & \theta \\ 0 & -\lambda \end{pmatrix},\quad \boldsymbol{B}_1 = \begin{pmatrix} \mu_v & 0 \\ \mu_b & 0 \end{pmatrix},$$

$$\boldsymbol{C}_0 = \begin{pmatrix} \lambda & 0 \\ 0 & \lambda \end{pmatrix}.$$

$\boldsymbol{Q}$ 的结构表明, $\{L(t),J(t)\}$是一个拟生灭过程, 见 3.1 节. 类似地, 需要求矩阵方程

$$\boldsymbol{R}^2\boldsymbol{B}+\boldsymbol{R}\boldsymbol{A}+\boldsymbol{C}=\boldsymbol{0} \tag{3.3.1}$$

的最小非负解 $\boldsymbol{R}$, 即率阵. 由于$\{L(t),\ J(t)\}$过程的生成元 $\boldsymbol{Q}$ 的 $\boldsymbol{B},\boldsymbol{A},\boldsymbol{C}$ 三个分块, 与 3.2 节中多重工作休假的 M/M/1 排队生成元的三个对应分块相同, 则在 $\rho=\lambda(\mu_b)^{-1}<1$ 的条件下, 率阵 $\boldsymbol{R}$ 有相同表达

$$\boldsymbol{R}=\begin{pmatrix} r & \dfrac{\theta r}{\mu_b(1-r)} \\ 0 & \rho \end{pmatrix},$$

其中, $0<r<1$, 且

$$r=\frac{1}{2\mu_v}\left(\lambda+\theta+\mu_v-\sqrt{(\lambda+\theta+\mu_v)^2-4\lambda\mu_v}\right).$$

具体证明可见引理 3.2.2. 同时, 关系式 (3.2.4) 仍成立, 即

$$\lambda+\theta+\mu_v(1-r)=\mu_v+\frac{\theta}{1-r}=\frac{\lambda}{r}.$$

定理 3.3.1　过程$\{L(t),J(t)\}$正常返, 当且仅当 $\rho<1$.

证明　由定理 3.1.5, 过程正常返当且仅当率阵 $\boldsymbol{R}$ 的谱半径 $\mathrm{SP}(\boldsymbol{R})<1$, 并且方程组 $(x_0,x_1,x_2,x_3)\boldsymbol{B}[\boldsymbol{R}]=0$ 有正解, 其中

$$\begin{aligned}\boldsymbol{B}[\boldsymbol{R}]&=\begin{pmatrix} \boldsymbol{A}_0 & \boldsymbol{C} \\ \boldsymbol{B}_1 & \boldsymbol{R}\boldsymbol{B}+\boldsymbol{A} \end{pmatrix}\\ &=\begin{pmatrix} -(\lambda+\theta) & \theta & \lambda & 0 \\ 0 & -\lambda & 0 & \lambda \\ \mu_v & 0 & -\dfrac{\lambda}{r} & \dfrac{\lambda}{r}-\mu_v \\ \mu_b & 0 & 0 & -\mu_b \end{pmatrix}.\end{aligned} \tag{3.3.2}$$

式 (3.3.2) 中的 $\boldsymbol{B}[\boldsymbol{R}]$ 是一个有限状态、不可约、非周期的生成元, 这就保证了齐次方程组 (3.3.2) 有正解. 注意到 $0<r<1$, 因此, 过程正常返当且仅当 $\mathrm{SP}(\boldsymbol{R})=\max(r,\rho)<1$, 即 $\rho<1$.

3.3.2　稳态指标及随机分解

设 $\rho<1$, (L,J) 表示$\{L(t),J(t)\}$的稳态极限, 并记

$$\boldsymbol{\pi}_k=(\pi_{k0},\pi_{k1}),\quad k\geqslant 0, \pi_{kj}=P\{L=k,J=j\},\quad k\geqslant 0,\quad j=0,1.$$

定理 3.3.2 当 $\rho<1$ 时, (L,J) 的稳态分布是

$$\begin{cases}\pi_{k0}=K(1-r)(1-\rho)r^k, & k\geqslant 0,\\ \pi_{01}=K(1-r)(1-\rho)\dfrac{\theta}{\lambda}, & \\ \pi_{k1}=K(1-r)(1-\rho)\left(\dfrac{\theta r}{\mu_b(1-r)}\displaystyle\sum_{j=0}^{k-1}r^j\rho^{k-1-j}+\dfrac{\theta r}{\mu_b}\rho^{k-1}\right), & k\geqslant 1,\end{cases} \tag{3.3.3}$$

其中

$$K=\left[1-\rho+\frac{\theta}{\lambda}(1-r)(1-\rho)+\frac{\theta r}{\mu_b(1-r)}+\frac{\theta}{\mu_b}(1-r)\right]^{-1}.$$

证明 由 3.1 节的拟生灭过程方法, 有

$$\boldsymbol{\pi}_k=(\pi_{k0},\pi_{k1})=(\pi_{10},\pi_{11})\boldsymbol{R}^{k-1},\quad k\geqslant 1,$$

而 $\boldsymbol{\pi}_0$ 和 $\boldsymbol{\pi}_1$ 满足方程组

$$(\pi_{00},\pi_{01},\pi_{10},\pi_{11})\boldsymbol{B}[\boldsymbol{R}]=\mathbf{0}.$$

将式 (3.3.2) 中的 $\boldsymbol{B}[\boldsymbol{R}]$ 代入上式, 给出

$$\begin{cases}-(\lambda+\theta)\pi_{00}+\mu_v\pi_{10}+\mu_b\pi_{11}=0,\\ \theta\pi_{00}-\lambda\pi_{01}=0,\\ \lambda\pi_{00}-\dfrac{\lambda}{r}\pi_{10}=0,\\ \lambda\pi_{01}+\left(\dfrac{\lambda}{r}-\mu_v\right)\pi_{10}-\mu_b\pi_{11}=0.\end{cases}$$

取 π_{00} 为待定常数, 解得

$$\boldsymbol{\pi}_0=(\pi_{00},\pi_{01})=\pi_{00}\left(1,\frac{\theta}{\lambda}\right),\quad \boldsymbol{\pi}_1=(\pi_{10},\pi_{11})=\pi_{00}\left(r,\frac{\theta}{\mu_b(1-r)}\right).$$

将 (π_{10},π_{11}) 和 $\boldsymbol{R}$ 的表达式代入矩阵几何解表达式, 给出定理中的稳态分布, π_{00} 的表达式可由正规化条件确定.

由定理 3.3.2 的结果, 容易给出稳态下服务员处于各个工作状态的概率.

$$P\{\text{服务员处于工作休假期}\}=\sum_{k=0}^{\infty}\pi_{k0}=K(1-\rho),$$

$$P\{\text{服务员处于闲期}\}=\pi_{01}=K\frac{\theta}{\lambda}(1-r)(1-\rho),$$

$$P\{\text{服务员处于正常工作期}\}=\sum_{k=1}^{\infty}\pi_{k1}=K\left(\frac{\theta r}{\mu_b(1-r)}+\frac{\theta}{\mu_b}(1-r)\right).$$

现在, 给出系统稳态下顾客数 L 的随机分解结构.

定理 3.3.3　当 $\rho<1$ 及 $\mu_b>\mu_v$ 时, 稳态队长 L 可以分解成两个独立随机变量之和: $L=L_0+L_d$, 其中 L_0 是经典 M/M/1 排队的稳态队长, 服从参数为 $1-\rho$ 的几何分布; 附加队长 L_d 服从一个修正的几何分布,

$$\begin{aligned} &P\{L_d=0\}=K\frac{\theta+\lambda}{\lambda}(1-r), \\ &P\{L_d=k\}=K\Big(1-\frac{\mu_v}{\mu_b}\Big)(1-r)r^k, \qquad k\geqslant 1. \end{aligned} \tag{3.3.4}$$

证明　由定理 3.3.2 给出的稳态分布, 有

$$\begin{aligned} L(z)&=\sum_{k=0}^{\infty}z^k(\pi_{k0}+\pi_{k1}) \\ &=\pi_{00}\left[\frac{\theta}{\lambda}+\frac{1}{1-rz}+\frac{\theta r}{\mu_b(1-r)}\frac{z}{1-rz}\frac{1}{1-\rho z}+\frac{\theta}{\mu_b}\frac{z}{1-\rho z}\right] \\ &=\frac{1-\rho}{1-\rho z}K\left[\frac{\theta}{\lambda}(1-r)(1-\rho z)\right. \\ &\quad\left.+\frac{1-r}{1-rz}(1-\rho z)+\frac{\theta r}{\mu_b(1-r)}\frac{z(1-r)}{1-rz}+\frac{\theta}{\mu_b}(1-r)z\right]. \end{aligned}$$

注意到

$$\begin{aligned} &\frac{\theta}{\lambda}\rho=\frac{\theta}{\mu_b}, \quad \frac{\theta r}{\mu_b(1-r)}=\rho-r\frac{\mu_v}{\mu_b}, \\ &\frac{1-r}{1-rz}(1-\rho z)=(1-r)+(r-\rho)\frac{z(1-r)}{1-rz}, \end{aligned}$$

母函数 $L(z)$ 可改写为

$$L(z)=\frac{1-\rho}{1-\rho z}K^*\Big[\frac{\lambda+\theta}{\lambda}(1-r)+r\Big(1-\frac{\mu_v}{\mu_b}\Big)\frac{z(1-r)}{1-rz}\Big],$$

且

$$\begin{aligned} K^{-1}&=1-\rho+\frac{\theta}{\lambda}(1-r)(1-\rho)+\frac{\theta r}{\mu_b(1-r)}+\frac{\theta}{\mu_b}(1-r) \\ &=\frac{\lambda+\theta}{\lambda}(1-r)+r\Big(1-\frac{\mu_v}{\mu_b}\Big), \end{aligned}$$

即说明

$$L_d(z)=K\left[\frac{\lambda+\theta}{\lambda}(1-r)+r\Big(1-\frac{\mu_v}{\mu_b}\Big)\frac{z(1-r)}{1-rz}\right]$$

为一个母函数表达式. 将 $L_d(z)$ 展开成幂级数, 得到式 (3.3.4).

显然, 附加队长 L_d 为一个修正几何随机变量, 由上述随机分解结果, 可给出下列平均队长公式

$$E(L)=E(L_0)+E(L_d)=\frac{\rho}{1-\rho}+K\Big(1-\frac{\mu_v}{\mu_b}\Big)\frac{r}{1-r}.$$

以 S 表示稳态下任意顾客在系统中的逗留时间, 有下列随机分解结果.

定理 3.3.4 当 $\rho<1$ 及 $\mu_b>\mu_v$ 时, 稳态逗留时间 S 可以分解成两个独立随机变量之和: $S=S_0+S_d$, 其中 S_0 是经典 M/M/1 排队的稳态逗留时间, 服从参数为 $\mu_b(1-\rho)$ 的指数分布; 附加延迟 S_d 的 LST 表达式为

$$\widetilde{S}_d(s)=K\left[\left(\frac{\theta}{\lambda}+\frac{\mu_v}{\mu_b}\right)(1-r)+\left(1-\frac{\mu_v}{\mu_b}\right)\frac{\sigma}{\sigma+s}\right], \tag{3.3.5}$$

其中

$$\sigma=\frac{\lambda}{r}(1-r).$$

证明 在 L 的母函数和 S 的 LST 之间, 存在下列经典关系

$$L(z)=\widetilde{S}\big(\lambda(1-z)\big).$$

由定理 3.3.3, L 的母函数可以写成

$$Q(z)=\frac{1-\rho}{1-\rho z}K\left[\frac{\lambda+\theta}{\lambda}(1-r)+r\left(1-\frac{\mu_v}{\mu_b}\right)\frac{z(1-r)}{1-rz}\right].$$

令 $s=\lambda(1-z)$, 得到

$$\begin{aligned}\widetilde{S}(s)&=\frac{K\mu_b(1-\rho)}{\mu_b(1-\rho)+s}\left[\frac{\lambda+\theta}{\lambda}(1-r)+r\left(1-\frac{\mu_v}{\mu_b}\right)\left(1-\frac{s}{\lambda}\right)\frac{\sigma}{\sigma+s}\right]\\&=\frac{K\mu_b(1-\rho)}{\mu_b(1-\rho)+s}\left[\left(\frac{\theta}{\lambda}+\frac{\mu_v}{\mu_b}\right)(1-r)+\left(1-\frac{\mu_v}{\mu_b}\right)\frac{\sigma}{\sigma+s}\right]\\&=\widetilde{S}_0(s)\widetilde{S}_d(s).\end{aligned}$$

容易验证

$$K^{-1}=\left(\frac{\theta}{\lambda}+\frac{\mu_v}{\mu_b}\right)(1-r)+\left(1-\frac{\mu_v}{\mu_b}\right),$$

这就说明 $\widetilde{S}_d(s)$ 是一个 LST 表达式.

定理 3.3.4 说明附加延迟 S_d 为一个修正指数随机变量, 以概率

$$\delta_1=K\left(\frac{\theta}{\lambda}+\frac{\mu_v}{\mu_b}\right)(1-r)$$

等于 0, 而以概率 $\delta_2=1-\delta_1$ 服从参数为 σ 的指数分布. 稳态逗留时间的均值为

$$E(S)=E(S_0)+E(S_d)=\frac{1}{\mu_b(1-\rho)}+K\left(1-\frac{\mu_v}{\mu_b}\right)\frac{r}{\lambda(1-r)}=\frac{1}{\lambda}E(L).$$

3.4 工作休假和休假中断的 M/M/1 排队

休假中断 (Vacation Interruption, VI) 策略, 是指当系统中某个稳态指标, 如顾客数达到特定值时, 为确保系统更有效的运行, 无论休假是否结束, 正在休假的服务员 (台) 必须立刻中断休假, 回到正常工作状态下为顾客提供服务. 本节主要把休假中断和工作休假两种策略引入到多重工作休假 M/M/1 排队系统中, 采用类似于 3.1 节的拟生灭过程方法, 给出各类稳态指标的表达式.

在多重工作休假和休假中断的 M/M/1 排队中, 有两种方式引起工作休假的结束: ①在正常休假结束时刻, 若系统中有顾客, 则休假结束, 开始以速率 μ_b 服务下一个顾客; ②在休假期间, 若一次服务完成, 系统中有顾客, 则休假立刻结束, 系统以速率 μ_b 开始服务下一个顾客. 在第二种情形下, 未能完成一次完整的休假, 造成了休假的中断. 当然在正常休假结束时刻, 若系统中无顾客, 则继续另一次休假, 即为多重休假策略. 其他假定同 3.2 节相同. 这一排队系统记为 M/M/1(MWV,VI) 模型.

此系统的拟生灭过程$\{L(t),J(t)\}$的无限生成元与 M/M/1(MWV) 系统的生成元唯一的不同是 $\boldsymbol{B}$ 的表达式, 其中在 M/M/1(MWV,VI) 系统中,

$$\boldsymbol{B}=\begin{pmatrix} 0 & \mu_v \\ 0 & \mu_b \end{pmatrix}.$$

利用引理 3.2.1 的证明过程中类似的计算方法, 可得方程 (3.2.2) 的最小非负解

$$\boldsymbol{R}=\begin{pmatrix} \dfrac{\lambda}{\lambda+\theta+\mu_v} & \rho\dfrac{\lambda+\theta}{\lambda+\theta+\mu_v} \\ 0 & \rho \end{pmatrix},$$

从而得到系统的稳态分布

$$\begin{cases} \pi_{k0}=K\left(\dfrac{\lambda}{\lambda+\theta+\mu_v}\right)^k, & k\geqslant 0, \\ \pi_{k1}=K\rho\dfrac{\lambda+\theta}{\lambda+\theta+\mu_v}\displaystyle\sum_{j=0}^{k-1}\rho^j\left(\dfrac{\lambda}{\lambda+\theta+\mu_v}\right)^{k-1-j}, & k\geqslant 1, \end{cases} \tag{3.4.1}$$

其中

$$K=\frac{\theta+\mu_v}{\lambda+\theta+\mu_v}\left[1+\frac{\theta+\lambda}{\lambda+\theta+\mu_v}\frac{\rho}{1-\rho}\right]^{-1}.$$

稳态下, 系统处于工作休假期和正常工作期的概率为

$$P\{J=0\}=\sum_{k=0}^{\infty}\pi_{k0}=\left[1+\frac{\lambda+\theta}{\lambda+\theta+\mu_v}\frac{\rho}{1-\rho}\right]^{-1},$$
$$P\{J=1\}=\sum_{k=1}^{\infty}\pi_{k1}=\frac{\lambda+\theta}{\lambda+\theta+\mu_v}\frac{\rho}{1-\rho}\left[1+\frac{\lambda+\theta}{\lambda+\theta+\mu_v}\frac{\rho}{1-\rho}\right]^{-1}.$$

进一步, 给出系统稳态下顾客数 L 的随机分解结构.

定理 3.4.1　当 $\rho<1$ 及 $\mu_b>\mu_v$ 时, 稳态队长 L 可以分解成两个独立随机变量之和: $L=L_0+L_d$, 其中 L_0 是经典 M/M/1 排队的稳态队长, 服从参数为 $1-\rho$ 的几何分布; 附加队长 L_d 服从一个修正的几何分布,

$$P\{L_d=0\}=K^*\frac{\theta+\mu_v}{(1-\rho)(\lambda+\theta+\mu_v)},$$
$$P\{L_d=k\}=K^*\left(1-\frac{\mu_v}{\mu_b}\right)\frac{\theta+\mu_v}{(1-\rho)(\lambda+\theta+\mu_v)}\left(\frac{\lambda}{\lambda+\theta+\mu_v}\right),\quad k\geqslant 1,$$

其中

$$K^*=\left(1+\frac{\theta+\lambda}{\lambda-\theta+\mu_v}\frac{\rho}{1-\rho}\right)^{-1}.$$

由上述随机分解结果, 可给出下列平均队长公式

$$E(L)=E(L_0)+E(L_d)=\frac{\rho}{1-\rho}+K^*\frac{1}{1-\rho}\frac{\lambda-\rho\mu_v}{\theta+\mu_v}.$$

以 S 表示稳态下任意顾客在系统中的逗留时间, 同样有下列随机分解结果.

定理 3.4.2　当 $\rho<1$ 及 $\mu_b>\mu_v$ 时, 稳态逗留时间 S 可以分解成两个独立随机变量之和: $S=S_0+S_d$, 其中 S_0 是经典 M/M/1 排队的稳态逗留时间, 服从参数为 $\mu_b(1-\rho)$ 的指数分布; 附加延迟 S_d 的 LST 表达式为

$$\widetilde{S}_d(s)=K^*\left[\frac{\theta+\mu_v}{(1-\rho)(\lambda+\theta+\mu_v)}\frac{\mu_v}{\mu_b}+\frac{1}{1-\rho}\left(1-\frac{\mu_v}{\mu_b}\right)\frac{\theta+\mu_v}{s+\theta+\mu_v}\right].$$

因此有下列均值公式

$$E(S)=E(S_0)+E(S_d)=\frac{1}{\mu_b(1-\rho)}+K^*\frac{\lambda-\rho\mu_v}{\theta+\mu_v}\frac{1}{\lambda(1-\rho)}=\frac{1}{\lambda}E(L).$$

3.5　门限机制下 M/M/1 工作休假排队模型

3.5.1　单门限机制

之前假设与 3.2 节类似, 服务员以正常速率 μ_b 服务顾客, 引入门限 m, 即某次服务完成, 如果系统的顾客数少于 m, 服务员进入休假, 并以慢速 μ_v 继续服务剩

余顾客和新来顾客, 一次服务时间遵循参数为 θ 的指数分布. 当一次休假结束, 系统中的顾客数少于 m, 继续开始再一次休假; 否则, 服务员转换到正常服务速率 μ_b. 这种服务准则称为带有门限 m 的工作休假排队. 显然这个模型是一个非空竭排队系统, 且当系统中有顾客时, 服务员可进行休假或转化速率. 当 $m=1$ 时, 模型退化为 3.2 节的多重工作休假排队.

令$\{Q_1(t), J_1(t)\}$ 为带有门限 m 的工作休假排队的拟生灭过程, 状态空间为

$$\Omega=\Big\{(k,0):0\leqslant k\leqslant m-1\Big\}\bigcup\Big\{(k,j):k\geqslant m, j=0,1\Big\}.$$

显然, 当系统顾客数少于 m 时, 服务员只能处于休假状态. 分析状态转移情况, 可写出其无穷生成元形如式 (3.1.10), 其中

$$\begin{gathered}c=m,\quad \boldsymbol{A}_0=-\lambda;\quad \boldsymbol{C}_k=\lambda,\quad 0\leqslant k\leqslant m-2,\\ \boldsymbol{B}_k=\mu_v,\quad 1\leqslant k\leqslant m-1,\quad \boldsymbol{B}_m=(\mu_v,\mu_b)^{\mathrm{T}};\\ \boldsymbol{C}_{m-1}=(\lambda,0);\quad \boldsymbol{A}_k=-(\lambda+\mu_v),\quad 1\leqslant k\leqslant m-1;\end{gathered}$$

$\boldsymbol{A},\boldsymbol{B},\boldsymbol{C}$ 与 3.2 节的形式相同.

利用引理 3.2.1 的证明过程中类似的计算方法, 可得方程 (3.2.2) 的最小非负解

$$\boldsymbol{R}=\begin{pmatrix}\dfrac{\lambda}{\lambda+\theta+\mu_v} & \rho\dfrac{\lambda+\theta}{\lambda+\theta+\mu_v}\\ 0 & \rho\end{pmatrix},$$

由定理 3.1.5, 拟生灭过程$\{Q_1(t),J_1(t)\}$正常返的充要条件为 $\mathrm{SP}(\boldsymbol{R})<1$, 且齐次方程组

$$(\pi_{00},\pi_{10},\cdots,\pi_{m-1,0},\pi_{m0},\pi_{m1})\boldsymbol{B}[\boldsymbol{R}]=\boldsymbol{0}\tag{3.5.1}$$

有正解, 其中

$$\boldsymbol{B}[\boldsymbol{R}]=\begin{pmatrix}-\lambda & \boldsymbol{C}_0 & & & \\ \boldsymbol{B}_1 & \boldsymbol{A}_1 & \boldsymbol{C}_1 & & \\ & \ddots & \ddots & \ddots & \\ & & \boldsymbol{B}_{m-1} & \boldsymbol{A}_{m-1} & \boldsymbol{C}_{m-1}\\ & & & \boldsymbol{B}_m & \boldsymbol{RB}+\boldsymbol{A}\end{pmatrix},$$

$$\boldsymbol{RB}+\boldsymbol{A}=\begin{pmatrix}-\dfrac{\lambda}{r} & \dfrac{\lambda}{r}-\mu_v\\ 0 & -\mu_b\end{pmatrix}.$$

将 $\boldsymbol{B}[\boldsymbol{R}]$ 代入式 (3.5.1), 有

$$\begin{cases} -\lambda\pi_{00}+\mu_v\pi_{10}=0, \\ \lambda\pi_{k-1,0}-(\lambda+\mu_v)\pi_{k0}+\mu_v\pi_{k+1,0}=0, \quad 1\leqslant k\leqslant m-2, \\ \lambda\pi_{m-2,0}-(\lambda+\mu_v)\pi_{m-1,0}+\mu_v\pi_{m,0}+\mu_b\pi_{m1}=0, \quad k=m-1, \\ \lambda\pi_{m-1,0}-\dfrac{\lambda}{r}\pi_{m0}=0, \\ \left(\dfrac{\lambda}{r}-\mu_v\right)\pi_{m0}-\mu_b\pi_{m1}=0. \end{cases} \tag{3.5.2}$$

计算易得

$$\begin{cases} \pi_{k0}=\pi_{00}\left(\dfrac{\lambda}{\mu_v}\right)^k, \quad 0\leqslant k\leqslant m-1, \\ \pi_{m0}=r\pi_{m-1,0}=\pi_{00}r\left(\dfrac{\lambda}{\mu_v}\right)^{m-1}, \\ \pi_{m1}=\dfrac{1}{\mu_b}\left(\dfrac{\lambda}{r}-\mu_v\right)\pi_{m0}=\pi_{00}\left(\dfrac{\lambda}{\mu_v}\right)^{m-1}\dfrac{\theta r}{\mu_b(1-r)}. \end{cases} \tag{3.5.3}$$

定理 3.5.1 若 $\rho<1$, 拟生灭过程$\{Q_1(t),J_1(t)\}$ 的稳态分布为

$$\begin{cases} \pi_{k0}=K\left(\dfrac{\lambda}{\mu_v}\right)^k, & 0\leqslant k\leqslant m-1, \\ \pi_{k0}=K\left(\dfrac{\lambda}{\mu_v}\right)^{m-1}r^{k-m+1}, & k\geqslant m, \\ \pi_{k1}=K\left(\dfrac{\lambda}{\mu_v}\right)^{m-1}\dfrac{\theta r}{\mu_b(1-r)}\displaystyle\sum_{j=0}^{k-m}r^j\rho^{k-m-j}, & k\geqslant m, \end{cases} \tag{3.5.4}$$

其中

$$K=\left[\sum_{k=0}^{m-1}\left(\frac{\lambda}{\mu_v}\right)^k+\left(\frac{\lambda}{\mu_v}\right)^{m-1}\frac{r}{1-r}+\left(\frac{\lambda}{\mu_v}\right)^{m-1}\frac{\theta r}{\mu_b(1-r)}\frac{1}{1-r}\frac{1}{1-\rho}\right]^{-1}.$$

进而可得队长 Q_1 的稳态分布

$$\begin{aligned} P\{Q_1=k\}&=\pi_{k0}=K\left(\frac{\lambda}{\mu_v}\right)^k, \quad 0\leqslant k\leqslant m-1; \\ P\{Q_1=k\}&=\pi_{k0}+\pi_{k1} \\ &=K\left(\frac{\lambda}{\mu_v}\right)^{m-1}\left[r^{k-m+1}+\frac{\theta r}{\mu_b(1-r)}\sum_{j=0}^{k-m}r^j\rho^{k-m-j}\right], \quad k\geqslant m. \end{aligned}$$

计算可得 Q_1 具有母函数

$$Q_1(z)=K\frac{1-(\rho_0z)^m}{1-\rho_0z}+K{\rho_0}^{m-1}z^m\left[\frac{r}{1-rz}+\frac{\theta r}{\mu_b(1-r)}\frac{1}{1-rz}\frac{1}{1-\rho z}\right],$$

其中 $\rho_0=\lambda/\mu_v$.

因此, 稳态队长的均值为

$$E(Q_1) = K\frac{1-\rho_0^m}{1-\rho_0}\left[\frac{\rho_0}{1-\rho_0} - m\frac{\rho_0^m}{1-\rho_0^m}\right] + K\rho_0^{m-1}\frac{r}{1-r}\left[m + \frac{r}{1-r}\right]$$
$$+K\rho_0\frac{\theta r}{\mu_b(1-r)}\frac{1}{1-r}\frac{1}{1-\rho}\left[m + \frac{r}{1-r} + \frac{\rho}{1-\rho}\right].$$

同时, 服务员的状态概率有如下计算式:

$$P_v = P\{J_1 = 0\} = \sum_{k=0}^{\infty}\pi_{k0} = K\left[\frac{1-\rho_0^m}{1-\rho_0} + \rho_0^{m-1}\frac{r}{1-r}\right],$$

$$P_b = P\{J_1 = 1\} = \sum_{k=m}^{\infty}\pi_{k1} = K\rho_0^{m-1}\frac{\theta r}{\mu_b(1-r)}\frac{1}{1-r}\frac{1}{1-\rho}.$$

3.5.2 双门限机制

在双门限 (m, N) 机制下, 当顾客数少于 m 时, 服务员开始休假, 并转化为较低速率 μ_v 进行服务, 当一次休假结束, 如果顾客数少于 N, 开始另一次休假, 否则, 系统将转为以正常速率 μ_b 开始服务, 正规忙期开始. 这是一个双门限机制的工作休假排队, 服务员可以根据系统的顾客数灵活地转换服务速率, 如 $m = N$ 时, 退化为 3.5.1 节的单门限机制工作休假排队模型.

令 $Q_2(t)$ 为系统在时刻 t 的顾客数, 且 $J_2(t) = 1$ 或 0 表示系统在时刻 t 处于正常工作或工作休假期, 则$\{Q_2(t),\ J_2(t)\}$为拟生灭过程, 状态空间为

$$\Omega = \Big\{(k,0) : 0 \leqslant k \leqslant m-1\Big\}\bigcup\Big\{(k,j) : k \geqslant m, j = 0,1\Big\}.$$

分析状态转移, 其无穷生成元可写为如式 (3.1.11) 的形式, 其中

$$\boldsymbol{H}_0 = \begin{pmatrix} -\lambda & \boldsymbol{C}_0 & & & & & & \\ \boldsymbol{B}_1 & \boldsymbol{A}_1 & \boldsymbol{C}_1 & & & & & \\ & \ddots & \ddots & \ddots & & & & \\ & & \boldsymbol{B}_{m-1} & \boldsymbol{A}_{m-1} & \boldsymbol{C}_{m-1} & & & \\ & & & \boldsymbol{B}_m & \boldsymbol{A}_m & \boldsymbol{C} & & \\ & & & & \ddots & \ddots & \ddots & \\ & & & & & \boldsymbol{B}_{N-1} & \boldsymbol{A}_{N-1} & \end{pmatrix}$$

$$\boldsymbol{H}_{01} = (\boldsymbol{0}, \boldsymbol{0}, \cdots, \boldsymbol{C})^{\mathrm{T}}, \quad \boldsymbol{H}_{10} = (\boldsymbol{0}, \boldsymbol{0}, \cdots, \boldsymbol{B}),$$
$$\boldsymbol{B}_k = \mu_v, \quad 1 \leqslant k \leqslant m-1, \quad \boldsymbol{B}_m = (\mu_v, \mu_b)^{\mathrm{T}};$$

$$\boldsymbol{C}_k = \lambda, \quad 0 \leqslant k \leqslant m-2, \quad \boldsymbol{C}_{m-1} = (\lambda, 0); \quad \boldsymbol{A}_k = -(\lambda+\mu_v), \quad 1 \leqslant k \leqslant m-1;$$

$$\boldsymbol{B}_k = \begin{pmatrix} \mu_v & 0 \\ 0 & \mu_b \end{pmatrix}, \quad m+1 \leqslant k \leqslant N-1;$$

$$\boldsymbol{A}_k = \begin{pmatrix} -(\lambda+\mu_v) & 0 \\ 0 & -(\lambda+\mu_b) \end{pmatrix}, \quad m \leqslant k \leqslant N-1.$$

类似于 3.5.1 节, 求解拟生灭过程$\{Q_2(t),J_2(t)\}$的稳态分布, 首先要求线性方程组

$$(\pi_0, \pi_{10}, \cdots, \pi_{m-1,0}, \pi_{m0}, \pi_{m1}, \cdots, \pi_{N0}, \pi_{N1})\boldsymbol{B}[\boldsymbol{R}] = 0, \tag{3.5.5}$$

其中

$$\boldsymbol{B}[\boldsymbol{R}] = \begin{pmatrix} \boldsymbol{H}_0 & \boldsymbol{C} \\ \boldsymbol{B}_N & \boldsymbol{RB}+\boldsymbol{A} \end{pmatrix}, \quad \boldsymbol{RB}+\boldsymbol{A} = \begin{pmatrix} -\dfrac{\lambda}{r} & \dfrac{\lambda}{r} - \mu_v \\ 0 & -\mu_b \end{pmatrix}.$$

将 $\boldsymbol{B}[\boldsymbol{R}]$ 代入上述关系式, 有如下方程组

$$\begin{cases} -\lambda\pi_{00} + \mu_v\pi_{10} = 0, \\ \lambda\pi_{k-1,0} - (\lambda+\mu_v)\pi_{k0} + \mu_v\pi_{k+1,0} = 0, \quad 1 \leqslant k \leqslant m-2;\ m \leqslant k \leqslant N-1, \\ \lambda\pi_{m-2,0} - (\lambda+\mu_v)\pi_{m-1,0} + \mu_v\pi_{m,0} + \mu_b\pi_{m1} = 0, \quad k = m-1, \\ -(\lambda+\mu_b)\pi_{m1} + \mu_v\pi_{m+1,1} = 0, \quad k = m, \\ \lambda\pi_{k-1,1} - (\lambda+\mu_b)\pi_{k1} + \mu_b\pi_{k+1,1} = 0, \quad m+1 \leqslant k \leqslant N-1, \\ \lambda\pi_{N-1,0} - \dfrac{\lambda}{r}\pi_{N0} = 0, \\ \lambda\pi_{N-1,1} + \left(\dfrac{\lambda}{r} - \mu_v\right)\pi_{N0} - \mu_b\pi_{N1} = 0, \end{cases} \tag{3.5.6}$$

且由矩阵几何解, 有

$$\pi_k = (\pi_{k0}, \pi_{k1}) = (\pi_{N0}, \pi_{N1})\boldsymbol{R}^{k-N}, \quad k \geqslant N. \tag{3.5.7}$$

求解上述关系式, 并令

$$\begin{aligned} &\psi(k) = 1 + (1-r)\sum_{j=1}^{N-1-k}\left(\frac{\mu_v}{\lambda}\right)^j, \quad 1 \leqslant k \leqslant N-1; \\ &\psi(N) = r. \end{aligned} \tag{3.5.8}$$

可得拟生灭过程 $\{Q_1(t), J_1(t), t \geqslant 0\}$ 的稳态概率为

$$\begin{cases} \pi_{k0} = K\left(\dfrac{\lambda}{\mu_v}\right)^k, & 0 \leqslant k \leqslant m-1, \\ \pi_{k0} = K\dfrac{\psi(k)}{\psi(m-1)}\left(\dfrac{\lambda}{\mu_v}\right)^{m-1}, & m \leqslant k \leqslant N, \\ \pi_{k0} = K\beta_{N0} r^{k-N}, & k \geqslant N, \\ \pi_{k1} = K\dfrac{1}{\psi(m-1)}\dfrac{\theta r}{\mu_b(1-r)}\left(\dfrac{\lambda}{\mu_v}\right)^{m-1}\dfrac{1-\rho^{k-m+1}}{1-\rho}, & m \leqslant k \leqslant N, \\ \pi_{k1} = K\beta_{N0}\dfrac{\theta r}{\mu_b(1-r)}\displaystyle\sum_{j=0}^{k-N-1} r^j \rho^{k-N-1-j} + K\beta_{N1}\rho^{k-N}, & k \geqslant N+1, \end{cases} \tag{3.5.9}$$

其中

$$\beta_{N0} = \frac{r}{\psi(m-1)}\left(\frac{\lambda}{\mu_v}\right)^{m-1};$$
$$\beta_{N1} = \frac{1}{\psi(m-1)}\frac{\theta r}{\mu_b(1-r)}\left(\frac{\lambda}{\mu_v}\right)^{m-1}\frac{1-\rho^{N-m+1}}{1-\rho}.$$

进而, 系统队长 Q_2 的稳态分布计算式为

$$\begin{aligned} &P\{Q_2 = k\} = \pi_{k0}, && 0 \leqslant k \leqslant m-1; \\ &P\{Q_2 = k\} = \pi_{k0} + \pi_{k1}, && m \leqslant k \leqslant N-1; \\ &P\{Q_2 = k\} = \pi_{k0} + \pi_{k1}, && k \geqslant N. \end{aligned}$$

进而, 系统所处的状态概率可由下列公式计算得到.

$$P\{J_2 = 0\} = \sum_{k=0}^{\infty} \pi_{k0}, \quad P\{J_2 = 1\} = \sum_{k=m}^{\infty} \pi_{k1}.$$

3.5.3　负顾客和单门限机制

罗海军和朱翼隽 (2010) 采用矩阵几何解方法给出了带有负顾客的 N 策略工作休假 M/M/1 排队. 该系统是具有正、负两类顾客的单服务员系统, 正顾客和负顾客均泊松到达, 到达率分别为 λ 和 ε, 负顾客本身不接受服务, 且到达的负顾客抵消队尾的正顾客 (若有, 不管该正顾客是在等待还是在被服务), 而若负顾客到达时系统中没有正顾客, 负顾客就自动消失; 当系统中没有正顾客时, 服务员立即开始一个随机长度为 V 的工作休假, 服从参数为 θ 的负指数分布. 在工作休假期, 服务员以较低的服务率接待正顾客; 服务员对正顾客在正规忙期和工作休假期的服务时间分别服从参数为 μ_b 和 μ_v 的负指数分布, 这里 $\mu_b > \mu_v$, 系统服从下面的 N 策略工作休假规则: 当一次工作休假结束时, 如果系统中的正顾客数大于或等于 $N(N$

事先给定), 服务员立即停止工作休假, 服务率由 μ_v 变为 μ_b, 一个正规忙期开始, 此时, 正在接受服务的正顾客重新开始接受服务, 否则, 服务员进行另一次独立同分布的工作休假; 假定正、负顾客的到达间隔, 工作休假时间, 正规忙期和工作休假期的服务时间均相互独立, 服务规则为 FCFS.

令 $Q(t)$ 表示在时刻 t 系统中的正顾客数, 并且定义 $J(t)$ 如下

$$J(t)=\begin{cases}0, & \text{在时刻 } t \text{ 系统处于工作休假期},\\ 1, & \text{在时刻 } t \text{ 系统处于正规忙期},\end{cases}$$

由于正、负顾客到达间隔, 工作休假时间, 正规忙期和工作休假期的服务时间相互独立且都服从负指数分布, $\{(L(t),J(t)),\ t\geqslant 0\}$是一个拟生灭过程, 有状态空间

$$\Omega=\big\{(0,0)\big\}\cup\big\{(k,j):\ k\geqslant 1,\ j=0,1\big\}.$$

将状态按字典排序, 过程的无穷小生成元可写成拟生灭过程的形式,

$$\boldsymbol{Q}=\begin{pmatrix}-\lambda & \boldsymbol{C}_0 & & & & & \\ \boldsymbol{B}_1 & \boldsymbol{A}_0 & \boldsymbol{C} & & & & \\ & \ddots & \ddots & \ddots & & & \\ & & \boldsymbol{B} & \boldsymbol{A}_0 & \boldsymbol{C} & & \\ & & & \boldsymbol{B} & \boldsymbol{A} & \boldsymbol{C} & \\ & & & & \boldsymbol{B} & \boldsymbol{A} & \boldsymbol{C}\\ & & & & & \ddots & \ddots & \ddots\end{pmatrix},$$

其中

$$\boldsymbol{C}_0=(\lambda,0);\quad \boldsymbol{B}_1=(\mu_v+\varepsilon,\mu_b+\varepsilon)^{\mathrm{T}};$$

$$\boldsymbol{A}_0=\begin{pmatrix}-(\lambda+\mu_v+\varepsilon) & 0\\ 0 & -(\lambda+\mu_b+\varepsilon)\end{pmatrix},$$

$$\boldsymbol{B}=\begin{pmatrix}\mu_v+\varepsilon & 0\\ 0 & \mu_b+\varepsilon\end{pmatrix},\quad \boldsymbol{C}=\begin{pmatrix}\lambda & 0\\ 0 & \lambda\end{pmatrix},$$

$$\boldsymbol{A}=\begin{pmatrix}-(\lambda+\theta+\mu_v+\varepsilon) & \theta\\ 0 & -(\lambda+\mu_b+\varepsilon)\end{pmatrix}.$$

在拟生灭过程分析中, 需要求解矩阵二次方程

$$\boldsymbol{R}^2\boldsymbol{B}+\boldsymbol{R}\boldsymbol{A}+\boldsymbol{C}=\boldsymbol{0} \tag{3.5.10}$$

的最小非负解 $\boldsymbol{R}$. 假设

$$\rho=\frac{\lambda}{\mu_b+\varepsilon},$$

利用引理 3.2.1 的证明过程中类似的计算方法, 可得方程的最小非负解

$$\boldsymbol{R}=\begin{pmatrix} r & \dfrac{\theta r}{\varepsilon+\mu_b}(1-r) \\ 0 & \rho \end{pmatrix},$$

其中

$$r=\frac{\lambda+\theta+\mu_v+\varepsilon-\sqrt{(\lambda+\theta+\mu_v+\varepsilon)^2-4\lambda(\mu_v+\varepsilon)}}{2(\mu_v+\varepsilon)},$$

且 $0<r<1$. 易证拟生灭过程$\{(L(t),J(t)),\ t\geqslant 0\}$正常返当且仅当 $\rho<1$. 引入 (Q,J) 表示它的稳态极限, 对稳态分布, 应用 3.1 节的矩阵几何解法, 有如下定理.

定理 3.5.2 若 $\rho<1$, (Q,J) 的联合概率分布函数为

$$\begin{cases} \pi_{k0}=K\dfrac{\lambda}{\lambda-(\mu_v+\varepsilon)}\left(\dfrac{\theta r}{\lambda(1-r)}-(1-r)\left(\dfrac{\mu_b+\varepsilon}{\lambda}\right)^{N-k}\right), \\ \qquad\qquad k=0,1,\cdots,N-1, \\ \pi_{k0}=Kr^{k-N+1},\quad k=N,N+1,\cdots, \\ \pi_{k1}=K\dfrac{r\theta}{(\mu_b+\varepsilon)(1-r)}\dfrac{1-\rho^k}{1-\rho},\quad k=1,2,\cdots,N-1, \\ \pi_{k1}=\dfrac{Kr\theta}{(\mu_b+\varepsilon)(1-r)}\left(\displaystyle\sum_{j=0}^{k-N}r^j\rho(k-N-j)+\dfrac{1-\rho^{N-1}}{1-\rho}\rho^{k-N+1}\right), \\ \qquad\qquad k=N,N+1,\cdots, \end{cases} \tag{3.5.11}$$

其中

$$\begin{aligned} K=&\left[(N-1)\left(1-\frac{\mu_v+\varepsilon}{\lambda}\right)^{-1}\left(1-\frac{\mu_v+\varepsilon}{\lambda}r\right)\left(1-\frac{\mu_v+\varepsilon}{\mu_v+\varepsilon}\right)\frac{1}{1-\rho}\right. \\ &+\frac{1}{1-\rho}\frac{1}{1-r}\left(1-\frac{\mu_v+\varepsilon}{\mu_v+\varepsilon}r\right) \\ &\left.-(1-r)\left(\left(\frac{\mu_v+\varepsilon}{\lambda}\right)^2-\left(\frac{\mu_v+\varepsilon}{\lambda}\right)^{N+1}\left(1-\frac{\mu_v+\varepsilon}{\lambda}\right)^{-2}\right)\right]^{-1}. \end{aligned}$$

特别地, 当 $N=1$ 时, 就得到带负顾客的多重工作休假 M/M/1 排队, 而当 $\varepsilon=0, N=1$ 时, 就得到多重工作休假 M/M/1 排队.

3.6 数值分析

通过上面的分析, 给出了不同 M/M/1 型工作休假排队系统稳态指标的表达式. 不同的系统具有不同的参数和性能要求, 确定或改变模型中的参数设置 (如服务率

或休假率), 将对系统的队长和逗留时间产生特定的影响, 而在不同策略下, 系统的性能也会不相同.

由于在 M/M/1 型工作休假排队中, 平均队长和逗留时间存在如下关系式: $E(L)=\lambda E(S)$, 因此只考虑当 $\mu_b=2.0$ 固定时, 休假服务率 μ_v 的变化对逗留时间 $E(S)$ 的影响, 如图 3.3 与图 3.4 所示. 显然, 稳态下, 无论对于哪种具体策略, 随着 μ_v 的不断增大, 系统的平均逗留时间相应较少. 同时, 休假率 θ 对逗留时间也存在一定影响. 当 θ 较大时, 在其他特征固定的条件下, 逗留时间相对较小, 这是符合实际情形的. 同时, 考虑了 $\theta=1.0$ 固定时, 系统负载 ρ 对逗留时间的影响, ρ 越大 (负载越大), 逗留时间也越长. 图 3.5 给出了三种 M/M/1 型工作休假排队性能的对比, 展现了平均逗留时间 $E(S)$ 和系统处于正规忙期概率 $P\{J=1\}$ 随 μ_v 的变化趋势. 图 3.6 和图 3.7 展示了门限机制下稳态队长随着低速服务率和休假率变化的趋势.

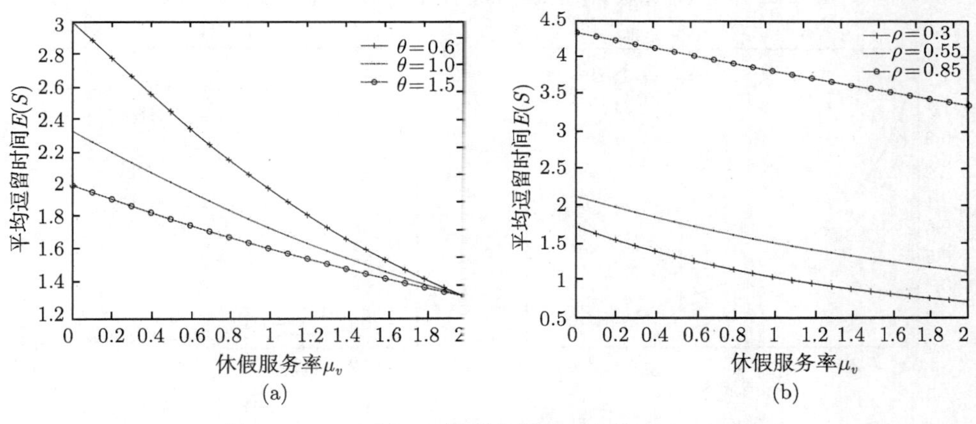

图 3.3 $E(S)$ 随 μ_v 的变化趋势 (M/M/1(MWV))

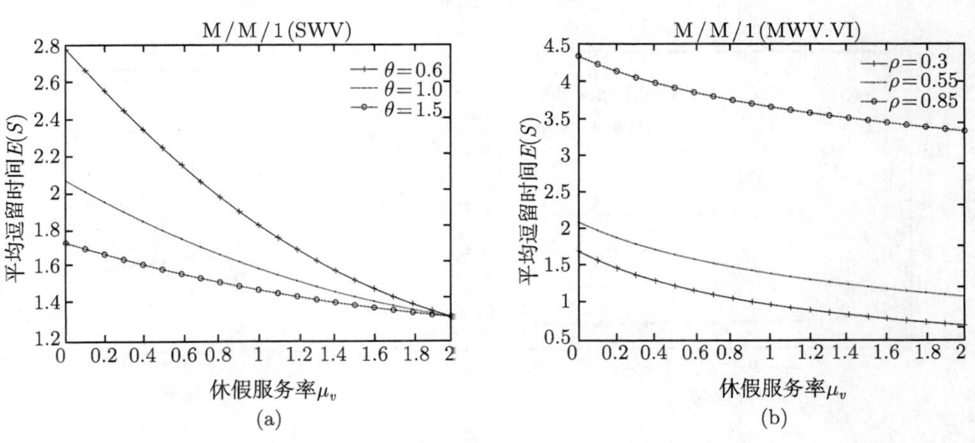

图 3.4 平均逗留时间随 μ_v 的变化趋势

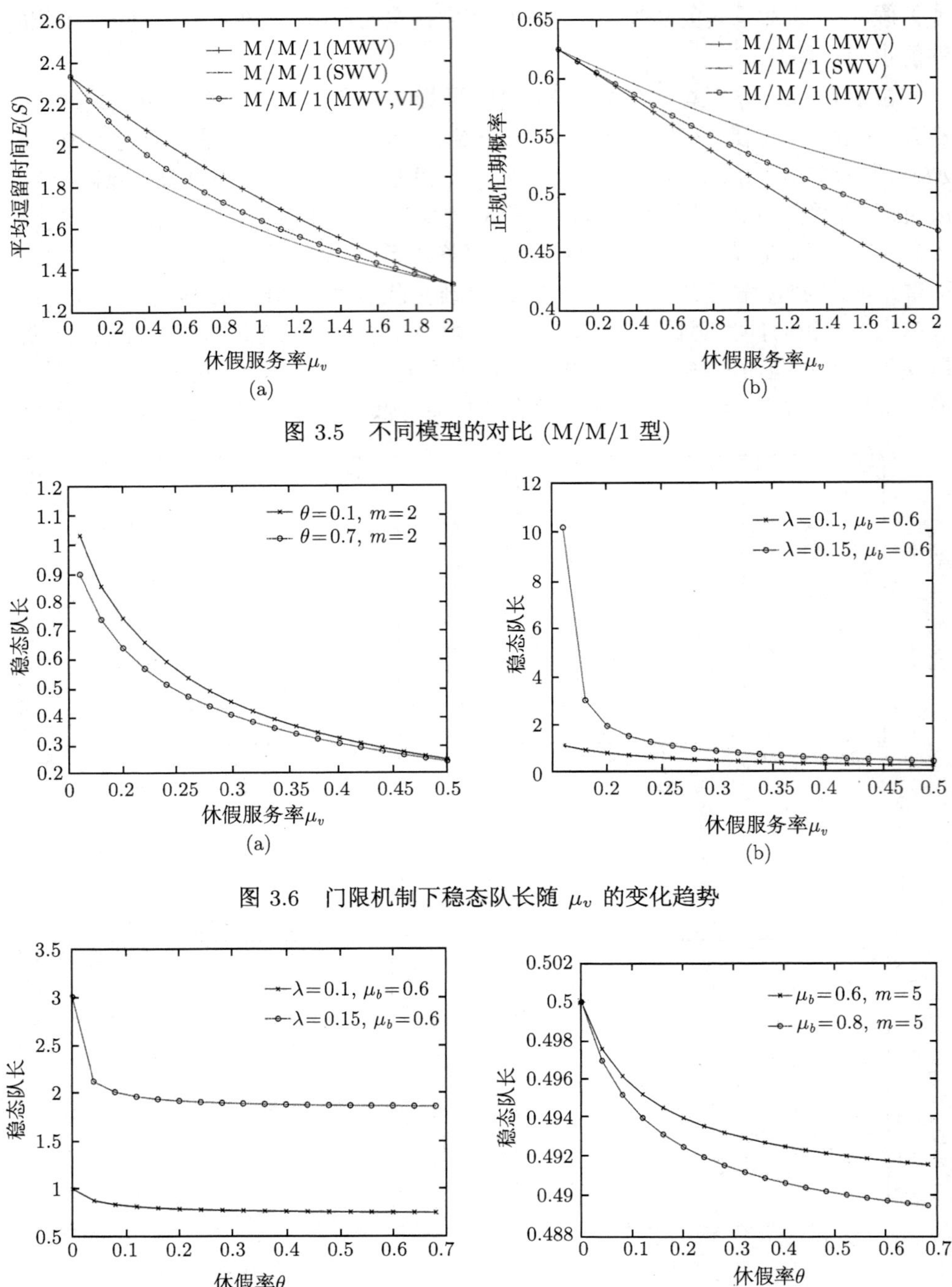

图 3.5　不同模型的对比 (M/M/1 型)

图 3.6　门限机制下稳态队长随 μ_v 的变化趋势

图 3.7　门限机制下稳态队长随 θ 的变化趋势

表 3.1 给出了门限机制下稳态指标随着门限值 m 变化的趋势, 其中 $E(Q_{11})$ $(E(Q_{12})), P_1\{J_1=1\}(P_2\{J_1=1\}), E(S_1)(E(S_2))$ 分别表示当低速服务率为 $\mu_v=0.25(\mu_v=0.5)$ 时的稳态顾客数、正常服务的状态概率及处理时间. 显然, 随着 m 值的增大, 处于正常服务期的状态概率减小, 但平均顾客数和处理时间不存在增加或减少的性质. 随着 m 值的增大, 稳态队长和逗留时间可能先增加, 当 m 增加到某一个值, 稳态队长和逗留时间开始减小. 这可能是由于当顾客数低于 m 时系统也能提供服务这一事实. 当门限比较小时 $(m>1)$, 两个时期的转换会比较频繁, 造成更多的顾客拥挤; 但当门限值增加到某一个值, 更多的顾客将在低速服务期服务完成, 队长和逗留时间也会相应减少.

表 3.1 稳态指标分析表

m	$E(Q_{11})$	$P_1\{J_1=1\}$	$E(S_1)$	$E(Q_{12})$	$P_2\{J_1=1\}$	$E(S_2)$
1	2.8054	0.5746	8.0334	2.1930	0.4824	6.9649
2	2.9115	0.4397	8.3435	2.2101	0.3339	7.5774
3	2.8930	0.3252	8.9685	2.1961	0.2284	7.5961
4	2.7996	0.2339	8.5634	2.1685	0.1550	7.3265
5	2.6733	0.1646	8.1471	2.1377	0.1046	6.9508
6	2.5427	0.1139	7.5727	2.1086	0.0703	6.5672
7	2.4237	0.0779	7.0299	2.0836	0.0471	6.2222
8	2.3231	0.0529	6.5603	2.0632	0.0315	5.9326

3.7 文献评述

M/M/1 型排队的研究主要是使用生灭过程和拟生灭过程方法, 分析和处理各种到达间隔和服务时间都服从指数分布的模型, 是最经典、应用最广泛的一类型排队. 关于生灭过程的理论和应用的论著很多, 感兴趣的读者可见王梓坤 (1980), 侯振挺等 (2000), 赖特 (1979), 费勒 (1964), 徐光辉 (1988) 等, 拟生灭过程方法具体可见田乃硕和岳德权 (2002).

工作休假排队研究的第一篇文献是 Servi 和 Finn(2002), 采用古典生灭过程方法研究了多重工作休假的 M/M/1 排队, 得到稳态队长和等待时间表达式, 指出这一模型在光通信网络的网关路由器性能分析中的应用, 给出了系统中顾客数的母函数和逗留时间的 LST. 此文献作为工作休假排队的第一篇著作, 首次提出了工作休假的思想, 并给出此策略的一个重要应用, 为之后的研究工作奠定了坚实的基础.

3.2 节中多重工作休假 M/M/1 排队的研究, 见 Liu 等 (2007), 并首次提出采用拟生灭过程方法解决 M/M/1 型工作休假排队. Tian, Xu 和 Ma(2006) 进行了单重工作休假 M/M/1 排队的研究, 其主要结果是 3.3 节内容. Li 和 Tian(2007a) 提出了工作休假和休假中断结合的新策略, 同样采用拟生灭过程方法给出了稳态结果,构成了 3.4 节内容. Xu 等 (2009) 研究了一个单重工作休假和启动时间相结合的 M/M/1 排队, 给出了相应分析结果. 为实际系统运行的合理性. 诸多文献分析了门限策略, Li 和 Cheng(2016) 介绍了单门限和双门限机制的工作休假排队, 为了体现负面因素对顾客的影响, 罗海军和朱翼隽 (2010) 考虑了一个带有负顾客的 N 策略工作休假 M/M/1 排队, 可见 3.5 节.

第 4 章　工作休假的 GI/M/1 型排队系统

排队论中, 无论是经典无休假还是休假排队, 根据顾客到达间隔与服务时间的分布, 一般可以把任意一类系统归结为 GI/G/1 形式, 目前研究较多的是 M/G/1 型和 GI/M/1 型排队系统, 两种系统根据实际情形有不同的应用. 第 3 章考虑的 M/M/1 型排队, 为这两类系统的特殊情形. 本章将综合考虑连续时间的 GI/M/1 型排队系统, 加入工作休假和休假中断的策略, 建立两类模型, 采用 GI/M/1 型矩阵方法, 给出系统的稳态分析.

4.1　GI/M/1 型结构矩阵

4.1.1　经典 GI/M/1 型排队

以 τ_n 表示第 n 个顾客的到达时刻, $n=1,2,\cdots$, 约定 $\tau_0=0$. 到达间隔 $T_n=\tau_n-\tau_{n-1}(n=1,2,\cdots)$ 独立同分布, 有一般分布函数 $A(x)$ 及其均值和 LST:

$$E(T)=\frac{1}{\lambda}=\int_0^{\infty}x\mathrm{d}A(x),\quad \widetilde{A}(s)=\int_0^{\infty}\mathrm{e}^{-sx}\mathrm{d}A(x).$$

顾客服务时间 B 相互独立, 服从参数为 μ 的指数分布, 到达间隔与服务时间相互独立, 遵循 FCFS 服务规则, 这一系统记为 GI/M/1 排队. 许多经典排队论著作都给出了 GI/M/1 系统的详尽处理, 如徐光辉 (1988), Cooper(1981), Cohen(1982), Breuer 和 Baum(2005) 等. 为了系统性能分析及与各种 GI/M/1 型工作休假排队比较, 这里给出 GI/M/1 排队的一个简要分析.

$L(t)$ 是时刻 t 系统中的顾客数, 取到达时刻 τ_n 为队长过程的再生点. $L_n=L(\tau_n-0)$ 是第 n 个顾客到达前夕系统中的顾客数, $\{L_n,n\geqslant 1\}$ 是过程 $L(t)$ 的嵌入 MC. 记

$$a_j=\int_0^{\infty}\mathrm{e}^{-\mu t}\frac{(\mu t)^j}{j!}\mathrm{d}A(t),\quad j\geqslant 0,$$

则 a_j 是一个到达间隔内恰好完成 j 个顾客服务的概率, $\{a_j,j\geqslant 0\}$ 是一个概率分布, 有母函数及数学期望

$$\sum_{j=0}^{\infty}a_jz^j=\int_0^{\infty}\mathrm{e}^{-\mu(1-z)x}\mathrm{d}A(x)=\widetilde{A}(\mu(1-z)),$$
$$\frac{\mathrm{d}}{\mathrm{dz}}\widetilde{A}(\mu(1-z))|_{z=1}=\frac{\mu}{\lambda}=\rho^{-1},$$

其中

$$\rho = \frac{\lambda}{\mu} = \frac{E(B)}{E(T)}$$

称为系统的流通强度.

记

$$b_j = 1 - \sum_{k=0}^{j} a_k, \quad j \geqslant 0,$$

$\{L_n, n \geqslant 1\}$ 的一步状态转移阵可表示为

$$\boldsymbol{P} = \begin{pmatrix} b_0 & a_0 & & & & \\ b_1 & a_1 & a_0 & & & \\ b_2 & a_2 & a_1 & a_0 & & \\ b_3 & a_3 & a_2 & a_1 & a_0 & \\ \vdots & \vdots & \vdots & \vdots & \vdots & \ddots \end{pmatrix}. \tag{4.1.1}$$

若 $\{L_n, n \geqslant 1\}$ 是不可约、非周期的 MC 正常返当且仅当 $\rho < 1$(见徐光辉 (1988)).

以下设 $\rho < 1$, $\{\pi_j, j \geqslant 0\}$ 表示稳态队长分布

$$\pi_j = P\{L = j\} = \lim_{n\to\infty} P\{L_n = j\}, \quad j \geqslant 0.$$

引理 4.1.1　若 $\rho < 1$, 方程

$$z = \widetilde{A}(\mu(1-z))$$

在 $(0,1)$ 内存在唯一的根.

证明　设 $f(z) = \widetilde{A}(\mu(1-z))$, 则 $f(0) = \widetilde{A}(\mu) < 1$ 及 $f(1) = 1$, 而且

$$f^{'}(z) = \int_0^\infty \mu x \mathrm{e}^{-\mu(1-z)x} \mathrm{d}A(x) > 0,$$

$$f^{''}(z) = \int_0^\infty (\mu x)^2 \mathrm{e}^{-\mu(1-z)x} \mathrm{d}A(x) > 0,$$

可以说明 $f(z)$ 在 $(0,1)$ 内为递增凸函数, $\widetilde{A}(\mu) < f(z) < 1$, 且若 $\rho < 1, f^{'}(1) = \rho^{-1} > 1$, 说明在 $(0,1)$ 内, 方程 $f(z) = z$ 存在唯一的根, 引理得证.

定理 4.1.2　当 $\rho < 1$ 时, $\{L_n, n \geqslant 1\}$ 的稳态分布是

$$\pi_j = (1-\xi)\xi^j, \quad j \geqslant 0,$$

其中 ξ 是方程 $z = \widetilde{A}(\mu(1-z))$ 在 $(0,1)$ 的唯一根.

定理 4.1.3 当 $\rho < 1$ 时, GI/M/1 排队系统的稳态等待时间 W 有分布函数

$$W(x) = 1 - \xi e^{-\mu(1-\xi)x}, \quad x \geqslant 0,$$

其 LST 表达式为

$$\widetilde{W}(s) = \frac{(\mu + s)(1 - \xi)}{s + \mu(1 - \xi)}.$$

稳态下到达时刻的平均队长及顾客的平均等待时间分别是

$$E(L) = \frac{\xi}{1 - \xi}, \quad E(W) = \frac{\xi}{\mu(1 - \xi)}. \tag{4.1.2}$$

如果定义连续时间队长过程的极限分布

$$p_k = \lim_{t \to \infty} P\{L(t) = k\}, \quad k \geqslant 0,$$

在非泊松到达的系统中, $\{\pi_k, k \geqslant 0\}$ 与 $\{p_k, k \geqslant 0\}$ 是不相同的. 对 $\{p_k, k \geqslant 0\}$, 有如下结论.

定理 4.1.4 当 $\rho < 1$ 时, GI/M/1 排队系统连续时间队长分布是

$$\begin{cases} p_0 = 1 - \rho, \\ p_k = \rho \xi^k (1 - \xi), \quad k \geqslant 1. \end{cases}$$

定理 4.1.2 ~ 定理 4.1.4 的证明具体可见田乃硕 (2001).

4.1.2 GI/M/1 型结构矩阵方法

将要讨论的 GI/M/1 型工作休假排队, 归结为有下列结构的 MC, 它是经典 GI/M/1 排队系统的一种推广.

设 MC$\{(X_n, J_n), n \geqslant 1\}$ 有状态空间

$$\Omega = \big\{(k, j), k \geqslant 0, j = 1, 2, \cdots, m\big\},$$

状态集 $\{(k,1), (k,2), \cdots, (k,m)\}$ 称为水平 k, 其转移阵可写成下列 Jacobi 分块形式

$$\widetilde{\boldsymbol{P}} = \begin{pmatrix} \boldsymbol{B}_0 & \boldsymbol{A}_0 & & & & \\ \boldsymbol{B}_1 & \boldsymbol{A}_1 & \boldsymbol{A}_0 & & & \\ \boldsymbol{B}_2 & \boldsymbol{A}_2 & \boldsymbol{A}_1 & \boldsymbol{A}_0 & & \\ \boldsymbol{B}_3 & \boldsymbol{A}_3 & \boldsymbol{A}_2 & \boldsymbol{A}_1 & \boldsymbol{A}_0 & \\ \vdots & \vdots & \vdots & \vdots & \vdots & \ddots \end{pmatrix}, \tag{4.1.3}$$

其中所有子块都是 m 阶非负方阵, 满足

$$\boldsymbol{B}_k\boldsymbol{e}+\sum_{j=0}^{k}\boldsymbol{A}_j\boldsymbol{e}=\boldsymbol{e},\quad k\geqslant 0,$$

其中 $\boldsymbol{e}$ 是元素均为 1 的 m 阶列向量. 式 (4.1.3) 称为典范的 GI/M/1 型结构矩阵, 它是经典 GI/M/1 排队中转移阵 (4.1.1) 从数值元素到矩阵元素的一种推广. 由式 (4.1.3) 的结构可知, MC 从状态 (i,j) 转移到 $(i+k,\gamma),k>0,1\leqslant j,\gamma\leqslant m$, 必须经历在 i 和 $i+k$ 之间的每个水平至少一次, 在同一个水平内的转移不受任何限制. 转移阵 (4.1.3) 是经典 GI/M/1(或 GI/Geo/1) 排队系统中嵌入 MC 转移阵 (4.1.1) 从数值元素到子块的一种推广, 因此, 称为 GI/M/1 型结构矩阵. 大量有用的随机模型都归结为 (4.1.3) 形式, 首先对 (4.1.3) 型 MC 进行理论分析的工作见 Neuts(1978), 他发展了一套矩阵几何解方法, 用于表出 MC 的平稳分布. Neuts(1981) 是专门处理 GI/M/1 型结构随机系统的专著. 下面引入矩阵几何解方法的要点.

引理 4.1.5 转移阵形如式 (4.1.3) 的不可约、非周期 MC $\{(X_n,J_n),n\geqslant 0\}$ 正常返, 则方阵方程

$$\boldsymbol{R}=\sum_{k=0}^{\infty}\boldsymbol{R}^k\boldsymbol{A}_k \tag{4.1.4}$$

有唯一的最小非负解 $\boldsymbol{R}$, 并且谱半径 $\mathrm{SP}(\boldsymbol{R})<1$.

矩阵方程 (4.1.4) 是经典 GI/M/1 排队中数值方程 $z=\widetilde{A}(\mu(1-z))$ 的推广, 最小非负解 $\boldsymbol{R}$ 对应于数值方程在 $(0,1)$ 中的唯一解 ξ. 正如经典 GI/M/1 系统的稳态队长是参数 ξ 的几何分布一样, 典范 GI/M/1 型结构矩阵的 MC 的稳态分布可由矩阵 $\boldsymbol{R}$ 表成标准的矩阵几何形式, $\boldsymbol{R}$ 称为率阵. Neuts(1981) 给出 $\boldsymbol{R}$ 的概率解释, 其元素 R_{rj} 是已知链由状态 (i,r) 出发, 首次返回水平 i 之前通过状态 $(i+1,j)$ 的平均次数. 由 $\widetilde{\boldsymbol{P}}$ 的特殊结构容易看出, R_{rj} 不依赖于水平 i.

设 MC$\{(X_n,J_n),n\geqslant 1\}$ 正常返, 适应于转移阵的分块结构, 将稳态分布写成下列分段向量形式

$$\begin{gathered}\boldsymbol{\Pi}=(\boldsymbol{\pi}_0,\boldsymbol{\pi}_1,\cdots,\boldsymbol{\pi}_k,\cdots),\quad \boldsymbol{\pi}_k=(\pi_{k1},\pi_{k2},\cdots,\pi_{km}),\quad k\geqslant 0,\\ \pi_{kj}=\lim_{n\to\infty}P\{X_n=k,J_n=j\}=P\{X=k,J=j\},\\ k\geqslant 0,\quad 1\leqslant j\leqslant m,\end{gathered}$$

稳态分布满足

$$\boldsymbol{\Pi}\widetilde{\boldsymbol{P}}=\boldsymbol{\Pi},$$

或等价地写成

$$\begin{cases} \boldsymbol{\pi}_0 = \sum\limits_{j=0}^{\infty} \boldsymbol{\pi}_j \boldsymbol{B}_j, \\ \boldsymbol{\pi}_k = \sum\limits_{j=0}^{\infty} \boldsymbol{\pi}_{k-1+j} \boldsymbol{A}_j, \quad k \geqslant 1, \\ 1 = \sum\limits_{k=0}^{\infty} \boldsymbol{\pi}_k \boldsymbol{e}. \end{cases}$$

定理 4.1.6 具有形如 (4.1.3) 转移概率阵的 $\mathrm{MC}\{(X_n, J_n), n \geqslant 1\}$ 正常返当且仅当矩阵方程

$$\boldsymbol{R} = \sum_{k=0}^{\infty} \boldsymbol{R}^k \boldsymbol{A}_k \tag{4.1.5}$$

的最小非负解 $\boldsymbol{R}$ 的谱半径 $\mathrm{SP}(\boldsymbol{R}) < 1$, 并且 m 阶随机阵

$$\boldsymbol{B}[\boldsymbol{R}] = \sum_{k=0}^{\infty} \boldsymbol{R}^k \boldsymbol{B}_k$$

有正左不变向量. 这时, 稳态分布可表示为

$$\begin{cases} \boldsymbol{\pi}_0 = \boldsymbol{\pi}_0 \boldsymbol{B}[\boldsymbol{R}], \\ \boldsymbol{\pi}_k = \boldsymbol{\pi}_0 \boldsymbol{R}^k, \quad k \geqslant 0, \\ 1 = \boldsymbol{\pi}_0 (\boldsymbol{I} - \boldsymbol{R})^{-1} \boldsymbol{e}, \end{cases} \tag{4.1.6}$$

其中 $\boldsymbol{I}$ 代表单位矩阵.

定理 4.1.6 给出判定 GI/M/1 结构 MC 正常返的准则, 也给出了求平稳分布的方法. 这里不给出定理的严格证明, 只作一些直观解释. 首先, 容易证实 $\boldsymbol{B}[\boldsymbol{R}]$ 确是一个 m 阶随机阵, 注意到

$$\boldsymbol{B}_k \boldsymbol{e} = \boldsymbol{e} - \sum_{r=0}^{k} \boldsymbol{A}_r \boldsymbol{e}, \quad k \geqslant 0,$$

有

$$\begin{aligned} \boldsymbol{B}[\boldsymbol{R}]\boldsymbol{e} &= \sum_{k=0}^{\infty} \boldsymbol{R}^k \boldsymbol{B}_k \boldsymbol{e} = \sum_{k=0}^{\infty} \boldsymbol{R}^k \left(\boldsymbol{I} - \sum_{r=0}^{k} \boldsymbol{A}_r \right) \boldsymbol{e} \\ &= (\boldsymbol{I} - \boldsymbol{R})^{-1} \boldsymbol{e} - \sum_{r=0}^{\infty} \left(\sum_{k=r}^{\infty} \boldsymbol{R}^k \right) \boldsymbol{A}_k \boldsymbol{e} \\ &= (\boldsymbol{I} - \boldsymbol{R})^{-1} \boldsymbol{e} - (\boldsymbol{I} - \boldsymbol{R})^{-1} \sum_{r=0}^{\infty} \boldsymbol{R}^r \boldsymbol{A}_r \boldsymbol{e} \\ &= (\boldsymbol{I} - \boldsymbol{R})^{-1} \boldsymbol{e} - (\boldsymbol{I} - \boldsymbol{R})^{-1} \boldsymbol{R} \boldsymbol{e} \\ &= (\boldsymbol{I} - \boldsymbol{R})^{-1} (\boldsymbol{I} - \boldsymbol{R}) \boldsymbol{e} = \boldsymbol{e}. \end{aligned}$$

这就证明了 $\boldsymbol{B}[\boldsymbol{R}]$ 是随机阵.

其次, 容易验证 $\boldsymbol{\pi}_k=\boldsymbol{\pi}\boldsymbol{R}^k, k\geqslant 0$, 满足平衡方程. 事实上, 直接代入给出

$$\boldsymbol{\pi}_0=\boldsymbol{\pi}_0\boldsymbol{B}[\boldsymbol{R}]=\sum_{k=0}^{\infty}\boldsymbol{\pi}\boldsymbol{R}^k\boldsymbol{B}_k=\sum_{k=0}^{\infty}\boldsymbol{\pi}_k\boldsymbol{B}_k.$$

这就验证了 (4.1.6) 前式. 另外, 有

$$\begin{aligned}\sum_{j=k-1}^{\infty}\boldsymbol{\pi}_j\boldsymbol{A}_{j-k+1}&=\boldsymbol{\pi}_0\sum_{j=k-1}^{\infty}\boldsymbol{R}^j\boldsymbol{A}_{j-k+1}\\&=\boldsymbol{\pi}_0\boldsymbol{R}^{k-1}\sum_{j=k-1}^{\infty}\boldsymbol{R}^{j-k+1}\boldsymbol{A}_{j-k+1}\\&=\boldsymbol{\pi}\boldsymbol{R}^{k-1}\sum_{r=0}^{\infty}\boldsymbol{R}^r\boldsymbol{A}_r\\&=\boldsymbol{\pi}\boldsymbol{R}^{k-1}\boldsymbol{R}=\boldsymbol{\pi}_k,\quad k\geqslant 1.\end{aligned}$$

因此, 满足式 (4.1.6) 中第二式, 第三式是正规化条件. 由平稳分布的唯一性, $\boldsymbol{\pi}_k=\boldsymbol{\pi}_0\boldsymbol{R}^k(k\geqslant 0)$ 是 MC 的平稳分布.

形如式 (4.1.6) 的概率分布, 称为矩阵几何分布, 它是通常的几何分布从数值参数到矩阵参数的一种推广, 使用矩阵几何分布表出 MC 稳态特性的过程称为矩阵几何解方法. 确定平稳分布 (4.1.6) 并非易事. Neuts(1981) 中给出了计算率阵 $\boldsymbol{R}$ 的迭代程序和误差估计方法. 在多数情况下不能给出 $\boldsymbol{R}$ 的解析表达式, 这并不是致命的缺欠. 回顾简单的 GI/M/1 系统分析, 对数值方程 $z=B(z)$ 在 $(0,1)$ 内, 在多数情况下也只能由数值分析确定, 然而, 庆幸的是, 当使用矩阵几何解处理 GI/M/1 休假排队时, 能够得到率阵 $\boldsymbol{R}$ 的解析表达式.

当率阵 $\boldsymbol{R}$ 不能显式表出时, 如何判定 $\mathrm{SP}(\boldsymbol{R})<1$? 我们提供下列不需计算谱半径的直接方法. 记

$$\boldsymbol{A}=\sum_{k=0}^{\infty}\boldsymbol{A}_k,$$

在具体模型中, 通常可验证 $\boldsymbol{A}\boldsymbol{e}=\boldsymbol{e}$, $\boldsymbol{A}$ 是 m 阶随机阵. 以 $\boldsymbol{\pi}^*$ 表示 $\boldsymbol{A}$ 的平稳概率向量, 满足 $\boldsymbol{\pi}^*=\boldsymbol{\pi}^*\boldsymbol{A}, \boldsymbol{\pi}^*\boldsymbol{e}=1$. 又定义列向量

$$\boldsymbol{\beta}=\sum_{k=1}^{\infty}k\boldsymbol{A}_k\boldsymbol{e}.$$

引理 4.1.7 若 $\boldsymbol{A}$ 不可约, 方程 (4.1.5) 的最小非负解 $\boldsymbol{R}$ 满足 $\mathrm{SP}(\boldsymbol{R})<1$, 当且仅当内积 $\boldsymbol{\pi}^*\boldsymbol{\beta}>1$. 若 $\boldsymbol{A}$ 是可约的三角阵, $\mathrm{SP}(\boldsymbol{R})<1$ 当且仅当

$$\frac{\mathrm{d}}{\mathrm{d}z}\left[\sum_{k=0}^{\infty}(\boldsymbol{A}_k)_{jj}z^k\right]_{z=1}>1,$$

对 $\boldsymbol{A}$ 的对角元素 $(\boldsymbol{A})_{jj}=1$ 及 $(\boldsymbol{A}_0)_{jj}>0$ 的 j 成立.

在各种 GI/M/1 型结构矩阵的分析中, 常遇到 GI/M/1 型结构矩阵 (4.1.3) 的下列变体. 现在设 $\mathrm{MC}\{(X_n,J_n),n\geqslant 1\}$ 的状态空间为

$$\Omega=\big\{(0,j),1\leqslant j\leqslant m_1\big\}\bigcup\big\{(k,j),k\geqslant 1,1\leqslant j\leqslant m\big\},$$

并有转移概率阵

$$\widetilde{\boldsymbol{P}}=\begin{pmatrix} \boldsymbol{B}_{00} & \boldsymbol{A}_{01} & & & & \\ \boldsymbol{B}_1 & \boldsymbol{A}_1 & \boldsymbol{A}_0 & & & \\ \boldsymbol{B}_2 & \boldsymbol{A}_2 & \boldsymbol{A}_1 & \boldsymbol{A}_0 & & \\ \boldsymbol{B}_3 & \boldsymbol{A}_3 & \boldsymbol{A}_2 & \boldsymbol{A}_1 & \boldsymbol{A}_0 & \\ \vdots & \vdots & \vdots & \vdots & \vdots & \ddots \end{pmatrix}, \tag{4.1.7}$$

其中 $\boldsymbol{B}_{00}$ 是 m_1 阶方阵, $\boldsymbol{A}_{01}$ 是 $m_1\times m$ 矩阵, 所有的 $\boldsymbol{B}_k(k\geqslant 1)$ 是 $m\times m_1$ 矩阵, 而 $\boldsymbol{A}_k(k\geqslant 0)$ 是 m 阶方阵. 式 (4.1.7) 与典范形式 (4.1.3) 的区别仅在于边界水平 $i=0$ 包含着不同个数的状态, 称为式 (4.1.3) 的边界状态变体.

对于 (4.1.7) 形式的矩阵, 上述关于典范 GI/M/1 型结构矩阵的处理仍然适用, 有如下定理.

定理 4.1.8 具有形如 (4.1.7) 转移阵的 $\mathrm{MC}\{(X_n,J_n),n\geqslant 1\}$ 正常返当且仅当矩阵方程

$$\boldsymbol{R}=\sum_{k=0}^{\infty}\boldsymbol{R}^k\boldsymbol{A}_k$$

的最小非负解 $\boldsymbol{R}$ 的谱半径 $\mathrm{SP}(\boldsymbol{R})<1$, 并且 $m+m_1$ 阶随机阵

$$\boldsymbol{B}[\boldsymbol{R}]=\begin{pmatrix} \boldsymbol{B}_{00} & \boldsymbol{A}_{01} \\ \displaystyle\sum_{k=1}^{\infty}\boldsymbol{R}^{k-1}\boldsymbol{B}_k & \displaystyle\sum_{k=1}^{\infty}\boldsymbol{R}^{k-1}\boldsymbol{A}_k \end{pmatrix}$$

有正左不变向量. 这时, 稳态分布可表示为

$$\begin{cases} (\boldsymbol{\pi}_0,\boldsymbol{\pi}_1)=(\boldsymbol{\pi}_0,\boldsymbol{\pi}_1)\boldsymbol{B}[\boldsymbol{R}], \\ \boldsymbol{\pi}_k=\boldsymbol{\pi}_1\boldsymbol{R}^{k-1}, \quad k\geqslant 1, \\ 1=\boldsymbol{\pi}_0\boldsymbol{e}+\boldsymbol{\pi}_1(\boldsymbol{I}-\boldsymbol{R})^{-1}\boldsymbol{e}. \end{cases} \tag{4.1.8}$$

式 (4.1.8) 给出的稳态分布 $\{\boldsymbol{\pi}_k,k\geqslant 0\}$ 称为修正的矩阵几何分布. 式 (4.1.8) 中第二式给出了确定 $\boldsymbol{\pi}_0,\boldsymbol{\pi}_1$ 的方法, 它是一个线性齐次方程组, 因此, $\boldsymbol{\pi}_0,\boldsymbol{\pi}_1$ 只能确定到相差一个常数因子. 式 (4.1.8) 中后式是正规条件, 可用于确定分部中的常数因子.

另一个常用的变体是 (4.1.7) 的一个退化形式. 若 $\boldsymbol{B}_k = 0, k \geqslant 2$, 并且 $\boldsymbol{A}_k = 0, k \geqslant 3$, 转移阵 (4.1.7) 变成

$$\widetilde{\boldsymbol{P}} = \begin{pmatrix} \boldsymbol{B}_{00} & \boldsymbol{A}_{01} & & & \\ \boldsymbol{B}_1 & \boldsymbol{A}_1 & \boldsymbol{A}_0 & & \\ & \boldsymbol{A}_2 & \boldsymbol{A}_1 & \boldsymbol{A}_0 & \\ & & \boldsymbol{A}_2 & \boldsymbol{A}_1 & \boldsymbol{A}_0 \\ & & & \ddots & \ddots & \ddots \end{pmatrix}, \tag{4.1.9}$$

作为转移阵, 这些子块满足

$$\begin{aligned} &\boldsymbol{B}_{00}\boldsymbol{e} + \boldsymbol{A}_{01}\boldsymbol{e} = \boldsymbol{e}, \\ &\boldsymbol{B}_1\boldsymbol{e} + \boldsymbol{A}_1\boldsymbol{e} + \boldsymbol{A}_0\boldsymbol{e} = \boldsymbol{e}, \\ &(\boldsymbol{A}_2 + \boldsymbol{A}_1 + \boldsymbol{A}_0)\boldsymbol{e} = \boldsymbol{A}\boldsymbol{e} = \boldsymbol{e}. \end{aligned}$$

显然, 退化形式为第三式的三对角矩阵, 对应的 $\mathrm{MC}\{(X_n, J_n), n \geqslant 0\}$ 为一个拟生灭链. 因此, 拟生灭过程的生成元是 GI/M/1 型矩阵结构的一种特殊形式.

4.2 多重工作休假的 GI/M/1 型排队

4.2.1 模型描述

考虑一个经典 GI/M/1 排队系统, 到达间隔有一般分布函数 $A(x)$ 和均值 λ^{-1}, $\widetilde{A}(s)$ 为 $A(x)$ 的 LST 表达式, 正常服务期内服务时间服从参数为 μ_b 的指数分布. 引入空竭服务, 多重工作休假的策略, 当一次服务完成, 系统变空时, 服务员进入休假, 在休假期内, 如果有新顾客到达系统, 则服务员以较慢的速率为顾客提供服务, 而非完全停止服务. 假设休假期间内的服务时间独立同分布, 服从参数为 μ_v 的指数分布, 且设 $\mu_v \leqslant \mu_b$. 当一次休假结束, 系统中无顾客, 则服务员进入另外一次休假, 否则, 正在以服务率 μ_v 服务的顾客转化为以服务率 μ_b 进行服务, 开始正常工作. 设工作休假时间独立同分布, 服从参数为 θ 的指数分布. 此系统记为 GI/M/1(MWV) 模型.

假设到达时间间隔、服务时间、休假时间是相互独立的, 采用 FCFS 的服务规则.

令 $L(t)$ 为时刻 t 系统中的顾客数, $L_n = L(\tau_n - 0)$ 为第 n 次到达前瞬间系统顾客数, 定义

$$J_n = \begin{cases} 0, & \text{第}n\text{次到达发生于工作休假期}, \\ 1, & \text{第}n\text{次到达发生于正规服务期}, \end{cases}$$

则 $\{(L_n, J_n), n \geqslant 1\}$ 是一个嵌入 MC, 状态空间为

$$\Omega = \{(0,0)\} \bigcup \{(k,j), k \geqslant 1, j = 0,1\}.$$

为了表示出 $\{(L_n, J_n), n \geqslant 1\}$ 的一步转移概率矩阵, 假设

$$p_{(i,j),(k,l)} = P\{L_{n+1} = k, J_{n+1} = l | L_n = i, J_n = j\}, \quad j,l = 0,1.$$

同时引入下列三个概率表达

$$a_j = \int_0^\infty \mathrm{e}^{-\mu_b t} \frac{(\mu_b t)^j}{j!} \mathrm{d}A(t), \quad j \geqslant 0,$$
$$b_j = \int_0^\infty \mathrm{e}^{-\theta t} \frac{(\mu_v t)^j}{j!} \mathrm{e}^{-\mu_v t} \mathrm{d}A(t), \quad j \geqslant 0,$$
$$c_j = \int_0^\infty \sum_{k=0}^{j} \left\{ \int_0^t \theta \mathrm{e}^{-(\theta+\mu_v)x} \frac{(\mu_v t)^k}{k!} \frac{[\mu_b(t-x)]^{j-k}}{(j-k)!} \mathrm{e}^{-\mu_b(t-x)} \mathrm{d}x \right\} \mathrm{d}A(t), \quad j \geqslant 0,$$

其中 a_j 是正常工作期内, 一个到达间隔内恰好以速率 μ_b 服务 j 个顾客的概率, b_j 是工作休假期内, 休假时间大于到达间隔, 且一个到达间隔内恰好以速率 μ_v 服务 j 个顾客的概率, c_j 是到达间隔大于休假时间, 则到达间隔内休假完成, 且到达间隔内恰好服务 j 个顾客的概率, 当然部分顾客以速率 μ_v 接受服务, 其他以正常工作速率 μ_b 接受服务. 注意到

$$\sum_{j=0}^{\infty} b_j = \widetilde{A}(\theta), \quad \sum_{j=0}^{\infty} c_j = 1 - \widetilde{A}(\theta).$$

因此, $\{b_j, j \geqslant 0\}$ 和 $\{c_j, j \geqslant 0\}$ 是不完全概率分布.

下面, 考虑 $\{(L_n, J_n), n \geqslant 1\}$ 的转移概率. 首先, 正如无休假经典 GI/M/1 排队, 从状态 $(i,1)$ 转移到 $(j,1)$ 表明在正常服务期内, 到达间隔内 $i+1-j$ 个服务完成, 因此, 有

$$p_{(i,1),(j,1)} = \begin{cases} \displaystyle\int_0^\infty \mathrm{e}^{-\mu_b t} \frac{(\mu_b t)^{i+1-j}}{(i+1-j)!} \mathrm{d}A(t) = a_{i+1-j}, & 1 \leqslant j \leqslant i+1, \\ 0, & j \geqslant i+2. \end{cases} \tag{4.2.1}$$

从状态 $(i,0)$ 转移到 $(j,0)$ 表明工作休假时间大于到达间隔, 且到达间隔内 $i+1-j$ 个服务完成, 所有服务均以慢速完成. 因此

$$p_{(i,0),(j,0)} = \begin{cases} \displaystyle\int_0^\infty \mathrm{e}^{-(\theta+\mu_v)t} \frac{(\mu_v t)^{i+1-j}}{(i+1-j)!} \mathrm{d}A(t) = b_{i+1-j}, & 1 \leqslant j \leqslant i+1, \\ 0, & j \geqslant i+2. \end{cases} \tag{4.2.2}$$

从状态 $(i,0)$ 转移到 $(j,1)$ 表明到达间隔大于休假时间, 则到达间隔内休假完成, 并且期间恰好服务 $i+1-j$ 个顾客, 假设工作休假期内服务 $k(k\leqslant i+1-j)$ 个顾客, 正常工作期内 $i+1-j-k$ 个服务完成, 则

$$p_{(i,0),(j,1)}=\begin{cases} c_{i+1-j}, & 1\leqslant j\leqslant i+1,\\ 0, & j\geqslant i+2.\end{cases}\tag{4.2.3}$$

由式 (4.2.1) 到式 (4.2.3), 得到

$$p_{(i,1),(0,0)}=1-\sum_{k=0}^{i}a_k,\quad i\geqslant 1;\quad p_{(i,0),(0,0)}=1-\sum_{k=0}^{i}(b_k+c_k),\quad i\geqslant 0.$$

综上, 若把状态按字典序排列, $\mathrm{MC}\{(L_n,J_n),n\geqslant 1\}$ 的转移概率矩阵 $\widetilde{\boldsymbol{P}}$ 可写成分块形式形如式 (4.1.7), 其中

$$\boldsymbol{B}_{00}=1-b_0-c_0;\quad \boldsymbol{A}_{01}=(b_0,c_0);$$

$$\boldsymbol{A}_k=\begin{pmatrix} b_k & c_k\\ 0 & a_k\end{pmatrix},\quad k\geqslant 0;\quad \boldsymbol{A}_k=\begin{pmatrix} 1-\sum\limits_{i=0}^{k}(c_i+b_i)\\ 1-\sum\limits_{i=0}^{k}a_i.\end{pmatrix},\quad k\geqslant 1.$$

$\widetilde{\boldsymbol{P}}$ 的结构表明 $\{(L_n,J_n),n\geqslant 1\}$ 是不可约、非周期的.

4.2.2　稳态队长

为了得到系统的常返性及稳态分布, 需要下列两个引理.

引理 4.2.1　若 $\theta>0$, 等式 $z=\widetilde{A}(\theta+\mu_v(1-z))$ 在 $(0,1)$ 内存在唯一根.

证明　令 $g(z)=\widetilde{A}(\theta+\mu_v(1-z))$, 则有

$$0<g(0)=\widetilde{A}(\theta+\mu_v)<g(1)=\widetilde{A}(\theta)<1,$$

且当 $0<z<1$ 时,

$$g'(z)=\mu_v\widetilde{A}'(\theta+\mu_v(1-z))>0;$$
$$g''(z)=\mu_v^2\widetilde{A}''(\theta+\mu_v(1-z))>0,$$

可以说明 $g(z)$ 在 $(0,1)$ 内为递增凸函数, 且 $0<g(0)<g(1)<1$, 则说明在 $(0,1)$ 内, 方程 $g(z)=z$ 存在唯一的根, 引理得证.

引理 4.2.2　若 $\rho=\lambda/\mu_b<1$ 和 $\theta>0$, 则

$$\alpha(\xi-\gamma)=\frac{\theta}{\theta-(\mu_b-\mu_v)(1-\gamma)}(\xi-\gamma)>0.$$

证明 由引理 4.1.1, 假设 ξ 是 $z=\widetilde{A}(\mu_b(1-z))$ 在 $(0,1)$ 内的唯一根, 则

(1) $0<z<\xi$时, $\widetilde{A}(\mu_b(1-z))>z$;

(2) $\xi<z<1$时, $\widetilde{A}(\mu_b(1-z))<z$.

先设 $0<\theta+\mu_v(1-\gamma)<\mu_b(1-\xi)$. 则取 LST, 得到

$$\widetilde{A}(\theta+\mu_v(1-\gamma))>\widetilde{A}(\mu_b(1-\xi))=\xi,$$

即 $1>\gamma>\xi$. 此时必有 $\theta-(\mu_b-\mu_v)(1-\gamma)<0$, 否则, 若 $\theta-(\mu_b-\mu_v)(1-\gamma)>0$, 即 $\theta+\mu_v(1-\gamma)>\mu_b(1-\gamma)$, 取变换得 $\widetilde{A}(\theta+\mu_v(1-\gamma))<\widetilde{A}(\mu_b(1-\gamma))$, 由等量关系有 $\xi<\gamma<\widetilde{A}(\mu_b(1-\gamma))$, 这与上述 (2) 矛盾. 于是, 当 $0<\theta+\mu_v(1-\gamma)<\mu_b(1-\xi)$ 时, 有 $\xi-\gamma<0$ 及 $\theta-(\mu_b-\mu_v)(1-\gamma)<0$, 从而 $\alpha(\xi-\gamma)>0$.

当 $\theta+\mu_v(1-\gamma)>\mu_b(1-\xi)$ 时, 证明类似. 当 $0<\theta+\mu_v(1-\gamma)=\mu_b(1-\xi)$ 时, 对表达式 $\alpha(\xi-\gamma)$ 使用 L'Hospital 法则, 可得结论.

定理 4.2.3 若 $\rho=\lambda/\mu_b<1$ 和 $\theta>0$, 矩阵方程 $\boldsymbol{R}=\sum\limits_{k=0}^{\infty}\boldsymbol{R}^k\boldsymbol{A}_k$ 存在最小非负解

$$\boldsymbol{R}=\begin{pmatrix}\gamma & \alpha(\xi-\gamma)\\ 0 & \xi\end{pmatrix}, \tag{4.2.4}$$

其中 ξ,γ 分别为等式 $z=\widetilde{A}(\mu_b(1-z)), z=\widetilde{A}(\theta+\mu_v(1-z))$ 在 $(0,1)$ 内的唯一解.

证明 所有 $\boldsymbol{A}_k$ 是上三角阵, 如果矩阵方程有解 $\boldsymbol{R}$, 且 $\boldsymbol{R}$ 也是上三角阵. 可设

$$\boldsymbol{R}=\begin{pmatrix}r_{11} & r_{12}\\ 0 & r_{22}\end{pmatrix},$$

则对 $k\geqslant 1$, 有

$$\boldsymbol{R}^k=\begin{pmatrix}r_{11}^k & r_{12}\sum\limits_{j=0}^{k-1}r_{11}^j r_{22}^{k-1-j}\\ 0 & r_{22}^k\end{pmatrix},$$

代入矩阵方程得到 $\boldsymbol{R}$ 中元素的代数方程组

$$\begin{cases} r_{11}=\sum\limits_{k=0}^{\infty}b_k r_{11}^k=\widetilde{A}(\theta+\mu_v(1-r_{11})),\\ r_{12}=\sum\limits_{k=0}^{\infty}r_{11}^k c_k+r_{12}\sum\limits_{k=1}^{\infty}a_k\sum\limits_{j=0}^{k-1}r_{11}^j r_{22}^{k-1-j},\\ r_{22}=\sum\limits_{k=0}^{\infty}a_k r_{22}^k=\widetilde{A}(\mu_b(1-r_{22})).\end{cases} \tag{4.2.5}$$

由引理 4.1.1 和引理 4.2.1, 当 $\rho=\lambda/\mu_b<1$ 时, 式 (4.2.5) 中第一个和第三个等式分别在 $(0,1)$ 内有唯一根 $r_{11}=\gamma$ 和 $r_{22}=\xi$, 将其代入式 (4.2.5) 中第二式, 得

$$r_{12}\left(1-\sum_{k=1}^{\infty}a_k\sum_{j=0}^{k-1}\xi^j\gamma^{k-1-j}\right)=\sum_{k=0}^{\infty}\gamma^k c_k. \tag{4.2.6}$$

计算得到

$$1-\sum_{k=1}^{\infty}a_k\sum_{j=0}^{k-1}\gamma^j\xi^{k-1-j}=1-\frac{\xi-\widetilde{A}(\mu_b(1-\gamma))}{\xi-\gamma}=\frac{\widetilde{A}(\mu_b(1-\gamma))-\gamma}{\xi-\gamma}$$

及

$$\begin{aligned}\sum_{k=0}^{\infty}\gamma^k c_k=&\int_0^{\infty}\int_0^t\theta\mathrm{e}^{-\theta x}\mathrm{e}^{-\mu_v(1-\gamma)x}\mathrm{e}^{-\mu_b(1-\gamma)(t-x)}\mathrm{d}x\mathrm{d}A(t)\\=&\frac{\theta}{\theta-(\mu_b-\mu_v)(1-\gamma)}(\widetilde{A}(\mu_b(1-\gamma))-\gamma)\\=&\alpha(\widetilde{A}(\mu_b(1-\gamma))-\gamma).\end{aligned}$$

把以上两式代入到式 (4.2.6) 中, 得到 $\boldsymbol{R}$ 的表达式 (4.2.4). 同时由引理 4.2.2, 若 $\rho<1$ 且 $\theta>0$, 有 $\alpha(\xi-\gamma)>0$. 定理得证.

下面给出稳态下系统正常返的充分必要条件.

定理 4.2.4 MC$\{(L_n,J_n),n\geqslant 1\}$ 正常返当且仅当 $\rho<1$.

证明 由定理 4.1.8, $\{(L_n,J_n),n\geqslant 1\}$ 正常返当且仅当 $\boldsymbol{R}$ 的谱半径 $\mathrm{SP}(\boldsymbol{R})<1$, 并且矩阵

$$\boldsymbol{B}[\boldsymbol{R}]=\begin{pmatrix}\boldsymbol{B}_{00} & \boldsymbol{A}_{01}\\ \sum\limits_{k=1}^{\infty}\boldsymbol{R}^{k-1}\boldsymbol{B}_k & \sum\limits_{k=1}^{\infty}\boldsymbol{R}^{k-1}\boldsymbol{A}_k\end{pmatrix}$$

有正左不变向量. 由定理 4.2.3, 当 $\rho<1$, $0<\xi,\gamma<1$ 时, $\mathrm{SP}(\boldsymbol{R})<1$. 直接计算可知

$$\boldsymbol{B}[\boldsymbol{R}]=\begin{pmatrix}1-b_0-c_0 & b_0 & c_0\\ \dfrac{b_0}{\gamma}+\dfrac{c_0}{\gamma}-\dfrac{a_0\alpha(\xi-\gamma)}{\gamma\xi} & 1-\dfrac{b_0}{\gamma} & \dfrac{a_0\alpha(\xi-\gamma)}{\gamma\xi}-\dfrac{c_0}{\gamma}\\ \dfrac{a_0}{\xi} & 0 & 1-\dfrac{a_0}{\xi}\end{pmatrix}.$$

很容易验证 $\boldsymbol{B}[\boldsymbol{R}]$ 有左不变向量,

$$x_0(1,\gamma,\alpha(\xi-\gamma)), \tag{4.2.7}$$

其中 x_0 为任意正常数. 从而说明 $\{(L_n,J_n),n\geqslant 1\}$ 正常返当且仅当 $\rho<1$.

定义 $\widetilde{\boldsymbol{P}}$ 的稳态分布为

$$\boldsymbol{\pi}_0 = \pi_{00}; \quad \boldsymbol{\pi}_k = (\pi_{k0}, \pi_{k1}), \quad k \geqslant 1;$$
$$\pi_{kj} = P\{L = k, J = j\} = \lim_{n\to\infty} P\{L_n = k, J_n = j\}, \quad (k, j) \in \Omega.$$

定理 4.2.5 当 $\rho < 1$ 时, $\widetilde{\boldsymbol{P}}$ 的稳态分布为

$$\begin{cases} \pi_{k0} = \sigma(1-\xi)\gamma^k, & k \geqslant 0, \\ \pi_{k1} = \sigma(1-\xi)\alpha(\xi^k - \gamma^k), & k \geqslant 1, \end{cases} \tag{4.2.8}$$

其中

$$\sigma = \frac{1-\gamma}{1-\xi+\alpha(\xi-\gamma)} = \frac{\theta - (\mu_b - \mu_v)(1-\gamma)}{\theta - (\mu_b - \mu_v)(1-\xi)}.$$

证明 由定理 4.1.8, 若 $\widetilde{\boldsymbol{P}}$ 正常返, 则 $(\pi_{00}, \pi_{10}, \pi_{11})$ 由正左不变向量式 (4.2.7) 给出, 并且满足正规化条件

$$\pi_{00} + (\pi_{10}, \pi_{11})(\boldsymbol{I} - \boldsymbol{R})^{-1}\boldsymbol{e} = 1.$$

替代 $\boldsymbol{R}$ 的表达式到上式, 易得 $\pi_{00} = \sigma(1-\xi)$. 因此, 有

$$(\pi_{10}, \pi_{11}) = \sigma(1-\xi)(\gamma, \alpha(\xi-\gamma)).$$

由矩阵几何解

$$\boldsymbol{\pi}_k = (\pi_{k0}, \pi_{k1}) = (\pi_{10}, \pi_{11})\boldsymbol{R}^{k-1}, \quad k \geqslant 1, \tag{4.2.9}$$

易得式 (4.2.8), 定理得证.

由式 (4.2.8), 可以得到系统到达时刻处于各个状态的概率.

$$P\{\text{处于工作休假期}\} = P\{J=0\} = \sum_{k=0}^{\infty} \pi_{k0} = \frac{1-\xi}{1-\xi+\alpha(\xi-\gamma)},$$
$$P\{\text{处于正常工作期}\} = P\{J=1\} = \sum_{k=1}^{\infty} \pi_{k1} = \frac{\alpha(\xi-\gamma)}{1-\xi+\alpha(\xi-\gamma)}.$$

稳态下系统在到达时刻的顾客数 L 的分布为

$$P\{L=0\} = \pi_{00} = \sigma(1-\xi),$$
$$P\{L=k\} = \pi_{k0} + \pi_{k1} = \sigma(1-\xi)(\gamma^k + \alpha(\xi^k - \gamma^k)), \quad k \geqslant 1.$$

对于到达时刻的稳态队长 L, 有如下的随机分解结构.

定理 4.2.6　若 $\rho < 1$, 到达时刻的稳态队长 L 可以分解成两个随机变量之和: $L = L_0 + L_d$, 其中 L_0 为经典 GI/M/1 型排队在到达时刻的稳态队长, 服从参数为 ξ 的几何分布; 附加队长 L_d 服从修正的几何分布

$$\begin{aligned}
&P\{L_d = 0\} = \sigma,\\
&P\{L_d = k\} = \sigma\alpha(\xi - \gamma)\frac{\mu_b - \mu_v}{\theta}(1-\gamma)\gamma^{k-1}, \quad k \geqslant 1.
\end{aligned}$$

证明　由 L 的稳态分布, 取母函数, 有

$$\begin{aligned}
L(z) &= \sum_{k=0}^{\infty} z^k \pi_{k0} + \sum_{k=1}^{\infty} z^k \pi_{k1}\\
&= \sigma(1-\xi)\left(\frac{1}{1-\gamma z} + \alpha(\xi-\gamma)\frac{1}{1-\xi z}\frac{z}{1-\gamma z}\right)\\
&= \frac{1-\xi}{1-\xi z}\sigma\left(\frac{1-\xi z}{1-\gamma z} + \alpha(\xi-\gamma)\frac{z}{1-\gamma z}\right)\\
&= \frac{1-\xi}{1-\xi z}\sigma\left(1 + (\alpha-1)(\xi-\gamma)\frac{z}{1-\gamma z}\right)\\
&= \frac{1-\xi}{1-\xi z}\left(\sigma + \sigma\frac{(\alpha-1)(\xi-\gamma)}{1-\gamma}\frac{(1-\gamma)z}{1-\gamma z}\right)\\
&= L_0(z)L_d(z),
\end{aligned} \tag{4.2.10}$$

$L_0(z)$ 是经典无休假 GI/M/1 排队到达时刻稳态队长的母函数, 对于 $L_d(z)$, 可以验证

$$\sigma + \sigma\frac{(\alpha-1)(\xi-\gamma)}{1-\gamma} = \sigma + \sigma\alpha(\xi-\gamma)\frac{\mu_b-\mu_v}{\theta} = 1,$$

则说明 $L_d(z)$ 为一个母函数, 展开得到附加队长的分布. 定理得证.

由随机分解结构得到到达时刻稳态队长的均值

$$E(L) = E(L_0) + E(L_d) = \frac{\xi}{1-\xi} + \frac{(\mu_b-\mu_v)(\xi-\gamma)}{\theta-(\mu_b-\mu_v)(1-\xi)}\frac{1}{1-\gamma}.$$

4.2.3　等待时间

以 W 表示顾客的稳态等待时间, 给出 W 的分布是比较复杂的. 首先证明几个引理, 它们涉及 Γ 分布的若干有趣性质.

X 服从参数为 α 的指数分布, $X^{(j)}$ 表示 X 的 j 重独立和, $j \geqslant 0 (X^{(0)} \equiv 0)$, 则 $X^{(j)}$ 服从参数为 j 和 α 的 Γ 分布, 有概率密度函数与 LST 表达式

$$f_j(x) = \frac{\alpha(\alpha x)^{j-1}}{(j-1)!}\mathrm{e}^{-\alpha x}, \quad \widetilde{f}_j(s) = \left(\frac{\alpha}{s+\alpha}\right)^j, \quad j \geqslant 1.$$

又设 V 服从参数为 θ 的指数分布, 且 V 与 X 相互独立. 容易计算

$$P\{X^{(j)} < V < X^{(j+1)}\} = \frac{\theta}{\theta+\alpha}\Big(\frac{\alpha}{\theta+\alpha}\Big)^j, \quad j \geqslant 0. \tag{4.2.11}$$

引理 4.2.7 在 $X^{(j)} < V, j \geqslant 1$ 条件下, $X^{(j)}$ 的条件分布是参数为 j 和 $\theta+\alpha$ 的 Γ 分布.

证明 由独立性, 有

$$P\{X^{(j)} < x, X^{(j)} < V\} = \int_0^x P\{t < V\} f_j(t)\mathrm{d}t = \int_0^x \mathrm{e}^{-\theta t} f_j(t)\mathrm{d}t.$$

另外, 由式 (4.2.11) 易得

$$P\{X^{(j)} < V\} = \Big(\frac{\alpha}{\theta+\alpha}\Big)^j.$$

在 $\{X^{(j)} < V\}$ 的条件下, $X^{(j)}$ 的条件概率分布函数是

$$\begin{aligned}
&F_{X^{(j)}}\left(x \middle| X^{(j)} < V\right) \\
=&P\{X^{(j)} < x, X^{(j)} < V\}/P\{X^{(j)} < V\} \\
=&\left(\frac{\alpha+\theta}{\alpha}\right)^j \int_0^x \frac{\alpha(\alpha t)^{j-1}}{(j-1)!}\mathrm{e}^{-\theta t}\mathrm{e}^{-\alpha t}\mathrm{d}t \\
=&\int_0^x (\alpha+\theta)\frac{[(\alpha+\theta)t]^{j-1}}{(j-1)!}\mathrm{e}^{-(\theta+\alpha)t}\mathrm{d}t.
\end{aligned}$$

因此, 说明 $X^{(j)}$ 的条件概率分布函数为一个 Γ 分布函数.

引理 4.2.8 在 $X^{(j)} < V < X^{(j+1)}$ 的条件下, V 的条件分布是参数为 $j+1$ 和 $\theta+\alpha$ 的 Γ 分布.

证明 由独立性, 有

$$\begin{aligned}
&P\{V < x, X^{(j)} < V < X^{(j+1)}\} \\
=&\int_0^x P\{V < x, t < V < t+X\} f_j(t)\mathrm{d}t \\
=&\int_0^x f_j(t)\mathrm{d}t \int_t^x \mathrm{e}^{-\alpha(u-t)}\theta\mathrm{e}^{-\theta u}\mathrm{d}u \\
=&\frac{\theta}{\alpha+\theta}\int_0^x \left[\mathrm{e}^{-\theta t} - \mathrm{e}^{-\theta x}\mathrm{e}^{-\alpha(x-t)}\right] f_j(t)\mathrm{d}t.
\end{aligned}$$

使用式 (4.2.11), 在 $X^{(j)} < V < X^{(j+1)}$ 的条件下, V 的条件分布函数是

$$\begin{aligned}
&F_V(x|X^{(j)} < V < X^{(j+1)}) \\
=&P\{V < x, X^{(j)} < V < X^{(j+1)}\}/P\{X^{(j)} < V < X^{(j+1)}\} \\
=&\left(\frac{\alpha+\theta}{\alpha}\right)^j \int_0^x \left[\mathrm{e}^{-\theta t} - \mathrm{e}^{-\theta x}\mathrm{e}^{-\alpha(x-t)}\right] f_j(t)\mathrm{d}t.
\end{aligned}$$

对含参变量的积分求导数, 给出条件概率密度

$$
\begin{aligned}
& f_V(x\big|X^{(j)}<V<X^{(j+1)}) \\
=& \left(\frac{\alpha+\theta}{\alpha}\right)^j \int_0^x (\alpha+\theta)\mathrm{e}^{-\theta x}\mathrm{e}^{-\alpha(x-t)} f_j(t)\mathrm{d}t \\
=& (\alpha+\theta)\left(\frac{\alpha+\theta}{\alpha}\right)^j \mathrm{e}^{-(\alpha+\theta)x}\int_0^x \frac{\alpha(\alpha t)^{j-1}}{(j-1)!}\mathrm{d}t \\
=& (\alpha+\theta)\frac{[(\alpha+\theta)x]^j}{j!}\mathrm{e}^{-(\alpha+\theta)x}.
\end{aligned}
$$

此条件密度函数的结构说明在 $X^{(j)}<V<X^{(j+1)}$ 的条件下, V 服从 Γ 分布.

下面考虑系统等待时间 W, $\widetilde{W}(s)$ 为其 LST 表达式, 以 $H_0(H_1)$ 表示顾客到达时服务台休假 (工作), 并需要排队等待的概率, 则

$$
H_0=\sum_{v=1}^{\infty}\pi_{v0}=\frac{(1-\xi)\gamma}{1-\xi+\alpha(\xi-\gamma)},
$$

$$
H_1=\sum_{v=1}^{\infty}\pi_{v1}=\frac{\alpha(\xi-\gamma)}{1-\xi+\alpha(\xi-\gamma)}.
$$

定理 4.2.9　稳态等待时间 W 的 LST 表达式是

$$
\begin{aligned}
\widetilde{W}(s)=&1-H_0-H_1+H_1\frac{(\mu_b+s)(1-\xi)}{s+\mu_b(1-\xi)}\frac{\mu_b(1-\gamma)}{s+\mu_b(1-\gamma)} \\
&+H_0\frac{\theta+\mu_v(1-\gamma)}{s+\theta+\mu_v(1-\gamma)}\left(\delta+(1-\delta)\frac{\mu_b(1-\gamma)}{s+\mu_b(1-\gamma)}\right),
\end{aligned}
\tag{4.2.12}
$$

其中

$$
\delta=\frac{\mu_v(1-\gamma)}{\theta+\mu_v(1-\gamma)}.
$$

证明　顾客到达不需要等待的概率为

$$
P\{W=0\}=\pi_{00}=1-H_0-H_1.
$$

首先, 顾客到达遇状态 $(k,1), k\geqslant 1$, 等待时间为 k 个正常服务时间, 服从参数为 μ_b 和 k 的 Γ 分布, 应用 π_{k1} 的概率表达式 (4.2.8), 可以给出

$$
\begin{aligned}
&\sum_{k=1}^{\infty}\pi_{k1}\widetilde{W}_{k1}(s) \\
=&(1-\xi)\sigma\alpha(\xi-\gamma)\sum_{j=0}^{\infty}\xi^j\sum_{k=j+1}^{\infty}\gamma^{k-(j+1)}\left(\frac{\mu_b}{\mu_b+s}\right)^k \\
=&\sigma\alpha(\xi-\gamma)\frac{(\mu_b+s)(1-\xi)}{s+\mu_b(1-\xi)}\frac{\mu_b}{s+\mu_b(1-\gamma)} \\
=&H_1\frac{(\mu_b+s)(1-\xi)}{s+\mu_b(1-\xi)}\frac{\mu_b(1-\gamma)}{s+\mu_b(1-\gamma)}.
\end{aligned}
\tag{4.2.13}
$$

若顾客到达遇状态 $(k,0), k \geqslant 1$, 即系统有 k 个顾客, 且处于工作休假期. 在经典 GI/M/1 休假排队中, 休假期间不提供服务, 则此顾客的等待时间是剩余休假时间与 k 个服务时间之和. 但在工作休假策略下, 服务员休假期间也可接待顾客, 从而使得等待时间更加复杂. 设 S_v 为休假期间服务时间的随机变量, 显然服从参数为 μ_v 的指数分布, $S_v^{(j)}$ 为 j 次休假服务时间之和, 即为 S_v 的 j 重卷积, 服从参数为 j 和 μ_v 的 Γ 分布. 如果休假完成时恰好服务完 $j(0 \leqslant j < k)$ 个顾客, 即 $S_v^{(j)} \leqslant V < S_v^{(j+1)}, 0 \leqslant j < k$, 则在正常工作期内, 此顾客前还有 $k-j$ 个顾客等待服务. 由引理 4.2.8, 此顾客的条件等待时间为 $j+1$ 与 $\theta+\mu_v$ 的 Γ 分布随机变量与 $k-j$ 次正常服务时间之和 (也服从参数为 $k-j$ 与 μ_b 的 Γ 分布). 如果在休假完成前, k 个顾客已经服务完成, 即 $S_v^{(k)} < V$, 此顾客在休假结束前已经开始服务, 由引理 4.2.7, 条件等待时间服从参数为 k 与 $\theta+\mu_v$ 的 Γ 分布. 因此遇到状态 $(k,0), k \geqslant 1$ 时, 顾客的条件等待时间的 LST 表达式为

$$
\begin{aligned}
&\widetilde{W}_{k0}(s)\\
&=P\{S_v^{(k)} < V\}\left(\frac{\theta+\mu_v}{\theta+\mu_v+s}\right)^k\\
&\quad+\sum_{j=0}^{k-1} P\{S_v^{(j)} \leqslant V < S_v^{(j+1)}\}\left(\frac{\theta+\mu_v}{\theta+\mu_v+s}\right)^{j+1}\left(\frac{\mu_b}{\mu_b+s}\right)^{k-j}\\
&=\left(\frac{\mu_v}{\theta+\mu_v+s}\right)^k+\sum_{j=0}^{k-1}\frac{\theta}{\theta+\mu_v+s}\left(\frac{\mu_v}{\theta+\mu_v+s}\right)^j\left(\frac{\mu_b}{\mu_b+s}\right)^{k-j}.
\end{aligned}
$$

由此出发, 结合 δ 的表达式, 可计算得

$$
\begin{aligned}
&\sum_{k=1}^{\infty}\pi_{k0}\widetilde{W}_{k0}(s)\\
&=(1-\xi)\sigma\left(\frac{\mu_v\gamma}{\theta+\mu_v(1-\gamma)+s}+\frac{\theta}{\theta+\mu_v(1-\gamma)+s}\frac{\mu_b\gamma}{\mu_b(1-\gamma)+s}\right)\\
&=H_0\frac{\theta+\mu_v(1-\gamma)}{\theta+\mu_v(1-\gamma)+s}\left(\delta+(1-\delta)\frac{\mu_b(1-\gamma)}{\mu_b(1-\gamma)+s}\right),
\end{aligned}
\tag{4.2.14}
$$

显然

$$
\widetilde{W}(s)=\pi_{00}+\sum_{k=1}^{\infty}\pi_{k0}\widetilde{W}_{k0}(s)+\sum_{k=1}^{\infty}\pi_{k1}\widetilde{W}_{k1}(s).
$$

综合式 (4.2.13) 与式 (4.2.14), 给出式 (4.2.12).

注意到等式 (4.2.12) 有明确的概率解释, 稳态等待时间以概率 $1-H_0-H_1$ 等于零; 以概率 H_0 等于一个服从参数为 $\theta+\mu_v(1-\gamma)$ 的指数分布的随机变量与另一个服从修正的参数为 $\mu_b(1-\gamma)$ 指数分布的随机变量之和; 以概率 H_1 等于一个

服从参数为 $\mu_b(1-\gamma)$ 的指数分布的随机变量与另一个服从修正的参数为 $\mu_b(1-\xi)$ 的指数分布的随机变量之和.

由定理 4.2.9, 易得系统稳态下顾客的平均等待时间

$$E(W)=\frac{H_0}{\theta+\mu_v(1-\gamma)}\frac{\theta+\mu_b(1-\gamma)}{\mu_b(1-\gamma)}+H_1\frac{1-\gamma\xi}{\mu_b(1-\xi)(1-\gamma)}.$$

容易验证稳态等待时间 W 没有类似于其队长的完全随机分解结构, 引入下列条件等待时间 W_1, 表示稳态下系统在正常工作期内, 即 $J=1$, 任意顾客的等待时间, 即 $W_1=\{W|J=1\}$.

定理 4.2.10　在稳态条件下, 条件等待时间 W_1 可以分解成两个随机变量之和: $W_1=W_0+W_d$, 其中 W_0 为经典无休假的 GI/M/1 排队的等待时间, 条件附加延迟 W_d 服从参数为 $\mu_b(1-\gamma)$ 的指数分布.

证明　由定理 4.2.9 证明过程, 有

$$\begin{aligned}\widetilde{W}_1(s)&=\frac{1}{P\{J=1\}}\sum_{k=1}^{\infty}\pi_{k1}\widetilde{W}_{k1}(s)\\&=\frac{(\mu_b+s)(1-\xi)}{s+\mu_b(1-\xi)}\frac{\mu_b(1-\gamma)}{s+\mu_b(1-\gamma)}=\widetilde{W}_0(s)\widetilde{W}_d(s).\end{aligned}$$

由定理 4.1.3, $\widetilde{W}_0(s)$ 为经典无休假的 GI/M/1 排队的等待时间的 LST 形式, $\widetilde{W}_d(s)$ 为一个指数随机变量的 LST 表达式, 定理得证.

由此可得条件等待时间的期望值

$$E(W_1)=\frac{1}{\mu_b(1-\xi)}+\frac{\gamma}{\mu_b(1-\gamma)}=\frac{1-\gamma\xi}{\mu_b(1-\xi)(1-\gamma)}.$$

4.2.4　任意时刻的稳态队长

现讨论连续时间队长过程 $L(t)$, 引入半 Markov 过程 $\{(Z(t),K(t)),t\geqslant 0\}$, 其中 $Z(t)=L_n,\tau_n\leqslant t<\tau_{n+1}$, 表示时刻 t 前发生最后一次到达前夕系统中的顾客数; $K(t)=J_n,\tau_n\leqslant t<\tau_{n+1}$, 取值 0 或者 1, 取决于时刻 t 前最后一次到达发生于工作休假期还是正常工作期. 显然 $\{(Z(t),K(t)),t\geqslant 0\}$ 为连续时间队长过程 $L(t)$ 的半 Markov 过程, (L_n,J_n) 是它的基础 MC. 以 $\{p_k,k\geqslant 0\}$ 表示连续时间队长过程的极限分布: $p_k=\lim\limits_{t\to\infty}P\{L(t)=k\},k\geqslant 0$.

定理 4.2.11　当 $\rho<1$ 及 $\theta>0$ 时, 连续时间队长过程 $L(t)$ 的极限分布 $\{p_k,k\geqslant 0\}$ 存在, 且有

$$\begin{cases}p_0=1-\sigma\lambda\left\{\dfrac{\alpha}{\mu_b}+\dfrac{(1-\alpha)(1-\xi)}{\theta+\mu_v(1-\gamma)}\right\},\\ p_k=(1-\xi)\sigma\lambda\left\{\dfrac{\alpha}{\mu_b}\xi^{k-1}+\dfrac{(1-\alpha)(1-\gamma)}{\theta+\mu_v(1-\gamma)}\gamma^{k-1}\right\},\quad k\geqslant 1.\end{cases}$$

证明 由半 Markov 过程理论 (见 2.2 节), 如果基础 $\mathrm{MC}(L_n, J_n)$ 不可约、非周期、正常返, 则半 Markov 过程 $\{(Z(t), K(t)), t \geqslant 0\}$ 极限分布存在. 令 m_{ij} 表示 $(Z(t), K(t))$ 在状态 (i, j) 上的逗留时间, $j = 0, 1; i = j, j+1, \cdots$, 则 $P\{m_{ij} \leqslant t\} = A(t), E(m_{ij}) = \lambda^{-1}$. 令 v_{ij} 表示半 Markov 过程 $(Z(t), K(t))$ 在状态 (i, j) 的稳态分布, 则

$$v_{ij} = \frac{\pi_{ij}E(m_{ij})}{\sum\limits_{h=0}^{1}\sum\limits_{k=h}^{\infty}\pi_{kh}E(m_{kh})},$$

其中 $\{\pi_{ij}, j = 0, 1; i \geqslant j\}$ 由式 (4.2.8) 给出, 因为所有的 $E(m_{ij}) = \lambda^{-1}$, 对任意 (i, j), 可得 $v_{ij} = \pi_{ij}$. 连续时间队长过程与其半 Markov 过程的极限分布之间, 存在着关系式

$$p_k = \sum_{i=0}^{1}\sum_{j=i}^{\infty} v_{ji}\int_0^{\infty} P\{\text{长为}t\text{内由状态}(j,i)\text{转移到}(k,i)\}\lambda(1 - A(t))\mathrm{d}t.$$

对 $k \geqslant 1$, 这一表达式写成

$$\begin{aligned}
p_k = &\sum_{i=k-1}^{\infty}\pi_{i1}\int_0^{\infty}\frac{(\mu_b t)^{i+1-k}}{(i+1-k)!}\mathrm{e}^{-\mu_b t}\lambda(1 - A(t))\mathrm{d}t\\
&+\sum_{i=k-1}^{\infty}\pi_{i0}\int_0^{\infty}\mathrm{e}^{-\theta t}\frac{(u_v t)^{i+1-k}}{(i+1-k)!}\mathrm{e}^{-\mu_v t}\lambda(1 - A(t))\mathrm{d}t\\
&+\sum_{i=k-1}^{\infty}\pi_{i0}\int_0^{\infty}\sum_{j=0}^{i+1-k}\left\{\int_0^t \theta\mathrm{e}^{-(\theta+\mu_v)x}\frac{(\mu_v x)^j}{j!}\right.\\
&\left.\times\frac{(\mu_b(t-x))^{i-k+1-j}}{(i-k+1-j)!}\mathrm{e}^{-\mu_b(t-x)}\mathrm{d}x\right\}\lambda(1 - A(t))\mathrm{d}t.
\end{aligned}$$

将 π_{kj} 的表达式的代入上式, 给出

$$\begin{aligned}
p_k = &(1-\xi)\alpha\sigma\sum_{i=k-1}^{\infty}(\xi^i - \gamma^i)\int_0^{\infty}\frac{(\mu_b t)^{i+1-k}}{(i+1-k)!}\mathrm{e}^{-\mu_b t}\lambda(1 - A(t))\mathrm{d}t\\
&+(1-\xi)\sigma\sum_{i=k-1}^{\infty}\gamma^i\int_0^{\infty}\mathrm{e}^{-\theta t}\frac{(\mu_v t)^{i+1-k}}{(i+1-k)!}\mathrm{e}^{-\mu_v t}\lambda(1 - A(t))\mathrm{d}t\\
&+(1-\xi)\sigma\sum_{i=k-1}^{\infty}\gamma^i\int_0^{\infty}\sum_{j=0}^{i+1-k}\left\{\int_0^t \theta\mathrm{e}^{-(\theta+\mu_v)x}\frac{(\mu_v x)^j}{j!}\right.\\
&\left.\times\frac{(\mu_b(t-x))^{i-k+1-j}}{(i-k+1-j)!}\mathrm{e}^{-\mu_b(t-x)}\mathrm{d}x\right\}\lambda(1 - A(t))\mathrm{d}t.
\end{aligned}\tag{4.2.15}$$

分别计算 (4.2.15) 的各部分, 首先

$$
\begin{aligned}
&\sum_{i=k-1}^{\infty}\gamma^i\int_0^{\infty}\mathrm{e}^{-\theta t}\frac{(\mu_v t)^{i+1-k}}{(i+1-k)!}\mathrm{e}^{-\mu_v t}\lambda(1-A(t))\mathrm{d}t\\
=&\int_0^{\infty}\gamma^{k-1}\mathrm{e}^{-(\theta+\mu_v(1-\gamma))t}\lambda(1-A(t))\mathrm{d}t\\
=&\frac{\lambda\gamma^{k-1}[1-\widetilde{A}(\theta+\mu_v(1-\gamma))]}{\theta+\mu_v(1-\gamma)}\\
=&\frac{\lambda\gamma^{k-1}(1-\gamma)}{\theta+\mu_v(1-\gamma)},
\end{aligned}
\tag{4.2.16}
$$

其次,

$$
\begin{aligned}
&\sum_{i=k-1}^{\infty}(\xi^i-\gamma^i)\int_0^{\infty}\frac{(\mu_b t)^{i+1-k}}{(i+1-k)!}\mathrm{e}^{-\mu_b t}\lambda(1-A(t))\mathrm{d}t\\
=&\int_0^{\infty}(\xi^{k-1}\mathrm{e}^{-\mu_b(1-\xi)t}-\gamma^{k-1}\mathrm{e}^{-\mu_b(1-\gamma)t}\lambda(1-A(t)))\mathrm{d}t\\
=&\lambda\left\{\frac{\xi^{k-1}}{\mu_b(1-\xi)}[1-\widetilde{A}(\mu_b(1-\xi))]-\frac{\gamma^{k-1}}{\mu_b(1-\gamma)}[1-\widetilde{A}(\mu_b(1-\gamma))]\right\}\\
=&\lambda\left\{\frac{\xi^{k-1}}{\mu_b}-\frac{\gamma^{k-1}}{\mu_b(1-\gamma)}[1-\widetilde{A}(\mu_b(1-\xi))]\right\},
\end{aligned}
\tag{4.2.17}
$$

类似地, 有

$$
\begin{aligned}
&\sum_{i=k-1}^{\infty}\gamma^i\int_0^{\infty}\sum_{j=0}^{i+1-k}\left\{\int_0^t\theta\mathrm{e}^{-(\theta+\mu_v)x}\frac{(\mu_v x)^j}{j!}\right.\\
&\left.\times\frac{(\mu_b(t-x))^{i-k+1-j}}{(i-k+1-j)!}\mathrm{e}^{-\mu_b(t-x)}\mathrm{d}x\right\}\lambda(1-A(t))\mathrm{d}t\\
=&\gamma^{k-1}\int_0^{\infty}\int_0^t\theta\mathrm{e}^{-\theta x-\mu_v(1-\gamma)x-\mu_b(1-\gamma)(t-x)}\mathrm{d}x\lambda(1-A(t))\mathrm{d}t\\
=&\alpha\lambda\gamma^{k-1}\left\{\frac{1-\widetilde{A}(\mu_b(1-\gamma))}{\mu_b(1-\gamma)}-\frac{1-\gamma}{\theta+\mu_v(1-\gamma)}\right\}.
\end{aligned}
\tag{4.2.18}
$$

把式 (4.2.16) 到式 (4.2.18) 代入式 (4.2.15), 得到 $p_k, k\geqslant 1$ 的表达式, p_0 可通过类似地计算或直接使用正规化条件给出.

4.3 单重工作休假的 GI/M/1 型排队系统

4.3.1 模型描述

考虑一个经典 GI/M/1 排队系统, 到达间隔 T 有一般分布函数 $A(x)$ 和均值

λ^{-1}, $\widetilde{A}(s)$ 为 $A(x)$ 的 LST 表达式, 正常服务期内服务时间服从参数为 μ_b 的指数分布. 引入空竭服务, 单重工作休假的策略, 当一次服务完成, 系统变空时, 服务员进入休假, 在休假期内, 如果有新顾客到达系统, 则服务员以较慢的速率为顾客提供服务, 而非完全停止服务. 假设休假期间内的服务时间独立同分布, 服从参数为 μ_v 的指数分布, 且设 $\mu_v \leqslant \mu_b$. 当一次休假结束, 系统中无论是否有顾客, 服务员立刻转回正常工作状态, 若无顾客, 服务员处于闲期, 否则, 正在以服务率 μ_v 服务的顾客转化为以服务率 μ_b 进行服务, 开始正常工作. 设工作休假时间独立同分布, 服从参数为 θ 的指数分布. 此系统记为 GI/M/1(SWV) 模型.

假设到达时间间隔、服务时间、休假时间是相互独立的, 采用 FCFS 的服务规则.

令 $L(t)$ 为时刻 t 系统中的顾客数, $L_n = L(\tau_n - 0)$ 为第 n 次到达前瞬间系统顾客数, 定义

$$J_n = \begin{cases} 0, & \text{第 } n \text{ 次到达发生于工作休假期}, \\ 1, & \text{第 } n \text{ 次到达发生于正规服务期}, \end{cases}$$

则 $\{(L_n, J_n), n \geqslant 1\}$ 是一个嵌入 MC, 状态空间为

$$\Omega = \{(k, j), k \geqslant 0, j = 0, 1\}.$$

为了表示出 $\{(L_n, J_n), n \geqslant 1\}$ 的一步转移概率矩阵, 假设

$$p_{(i,j),(k,l)} = P\{L_{n+1} = k, J_{n+1} = l | L_n = i, J_n = j\}, \quad j, l = 0, 1.$$

下面, 考虑 $\{(L_n, J_n), n \geqslant 1\}$ 的转移概率. 首先, 正如无休假经典 GI/M/1 排队, 从状态 $(i,1)$ 转移到 $(j,1)$ 表明在正常服务期内, 到达间隔内 $i+1-j$ 个服务完成, 因此, 有

$$p_{(i,1),(j,1)} = \begin{cases} \displaystyle\int_0^{\infty} \mathrm{e}^{-\mu_b t} \frac{(\mu_b t)^{i+1-j}}{(i+1-j)!} \mathrm{d}A(t) = a_{i+1-j}, & 1 \leqslant j \leqslant i+1, \\ 0, & j \geqslant i+2. \end{cases} \tag{4.3.1}$$

从状态 $(i,1)$ 转移到 $(0,1)$ 表明完成 $i+1$ 正常服务后进入休假期, 当休假期完成时一次到达还没发生, 系统处于闲期, 则

$$\begin{aligned} p_{(i,1),(0,1)} &= P\left\{T \geqslant \sum_{k=0}^{i+1} S_k + V\right\} \\ &= \int_0^{\infty} \int_0^t \theta \mathrm{e}^{-\mu_b x} \left[1 - \sum_{k=0}^{i} \frac{(\mu_b(t-x))^k}{k!} \mathrm{e}^{-\mu_b(t-x)}\right] \mathrm{d}x \mathrm{d}A(t) \\ &= 1 - \widetilde{A}(\theta) - \sum_{k=0}^{i} \int_0^{+\infty} \int_0^t \theta \mathrm{e}^{-\theta x} \frac{(\mu_b(t-x))^k}{k!} \mathrm{e}^{-\mu_b(t-x)} \mathrm{d}x \mathrm{d}A(t) \\ &= 1 - \widetilde{A}(\theta) - \sum_{k=0}^{i} c_k', \quad 1 \leqslant j \leqslant i+1, \end{aligned} \tag{4.3.2}$$

其中 S_k 为一次正常服务时间 (服务率 μ_b) 的 k 重卷积, 即 k 个顾客的服务时间, 且 $S_0 \equiv 0$, V 为工作休假时间, T 为到达间隔变量.

从状态 $(i,1)$ 转移到 $(0,0)$ 表明到达间隔内正常服务完成 $i+1$ 个顾客, 进入休假期, 在休假期内发生到达, 则

$$\begin{aligned}
p_{(i,1),(0,0)} &= P\left\{\sum_{k=0}^{i+1} S_k < T < \sum_{k=0}^{i+1} S_k + V\right\} \\
&= \int_0^{\infty}\int_0^{+\infty} \theta \mathrm{e}^{-\theta x} p\left\{t - x < \sum_{k=0}^{i+1} S_k < t\right\} \mathrm{d}x\mathrm{d}A(t) \\
&= \int_0^{\infty}\int_0^{t} \theta \mathrm{e}^{-\theta x}\left[\sum_{k=0}^{i} \frac{(\mu_b(t-x))^k}{k!}\mathrm{e}^{-\mu_b(t-x)} - \sum_{k=0}^{i}\frac{(\mu_b t)^k}{k!}\mathrm{e}^{-\mu_b t}\right]\mathrm{d}x\mathrm{d}A(t) \\
&\quad + \int_0^{\infty} \mathrm{e}^{-\theta t}\left[1 - \sum_{k=0}^{i}\frac{(\mu_b t)^k}{k!}\mathrm{e}^{-\mu_b t}\right]\mathrm{d}A(t) \\
&= \widetilde{A}(\theta) + \sum_{k=0}^{i} c'_k - \sum_{k=0}^{i} a_k, \quad j = i+1.
\end{aligned} \tag{4.3.3}$$

从状态 $(i,0)$ 转移到 $(j,0)$ 表明工作休假时间大于到达间隔, 且到达间隔内 $i+1-j$ 个服务完成, 所有服务均以慢速完成. 因此, 当 $i \geqslant 0, 1 \leqslant j \leqslant i+1$ 时,

$$p_{(i,0),(j,0)} = \int_0^{\infty} \mathrm{e}^{-\theta t}\frac{(\mu_v t)^{i+1-j}}{(i+1-j)!}\mathrm{e}^{-\mu_v t}\mathrm{d}A(t) = b_{i+1-j}, \tag{4.3.4}$$

且 $j \geqslant i+2$ 时, $p_{(i,0),(j,0)} = 0$.

从状态 $(i,0)$ 转移到 $(j,1)$ 表明到达间隔大于休假时间, 则到达间隔内休假完成, 并且期间恰好服务 $i+1-j$ 个顾客, 假设工作休假期内服务 $k(k \leqslant i+1-j)$ 个顾客, 正常工作期内 $i+1-j-k$ 个服务完成, 则

$$\begin{aligned}
&p_{(i,0),(j,1)} \\
&= \int_0^{\infty}\int_0^{t} \theta \mathrm{e}^{-\theta x}\sum_{k=0}^{i+1-j}\frac{(\mu_v x)^k}{k!}\mathrm{e}^{-\mu_v x}\frac{(\mu_b(t-x))^{i+1-j-k}}{(i+1-j-k)!}\mathrm{e}^{-\mu_b(t-x)}\mathrm{d}x\mathrm{d}A(t) \\
&= c_{i+1-j}, \quad 1 \leqslant j \leqslant i+1,
\end{aligned} \tag{4.3.5}$$

从状态 $(i,0)$ 转移到 $(0,0)$ 有两种情况: ①若剩余休假时间长于一次到达间隔, 则在到达间隔内能以慢速服务完 $i+1$ 个顾客后, 休假还没结束; ②若剩余休假时间不长于一次到达间隔, 在到达间隔内服务完 $i+1$ 个顾客, 再次进入休假, 下一次到达发生在下一次休假期内. 因此

$$\begin{aligned}p_{(i,0),(0,0)}=&\int_0^\infty \mathrm{e}^{-\theta t}\left[1-\int_t^\infty \frac{\mu_v(\mu_v u)^i}{i!}\mathrm{e}^{-\mu_v u}\mathrm{d}u\right]\mathrm{d}A(t)\\&+\sum_{k=0}^{i}\int_0^\infty\int_0^t \theta\mathrm{e}^{-\theta x}\frac{(\mu_v x)^k}{k!}\mathrm{e}^{-\mu_v x}\\&\times\int_0^{t-x}\frac{\mu_b(\mu_b u)^{i-k}}{(i-k)!}\mathrm{e}^{-\mu_b u}\mathrm{e}^{-\theta(t-x-u)}\mathrm{d}u\mathrm{d}x\mathrm{d}A(t)\\=&\widetilde{A}(\theta)-\sum_{k=0}^{i}b_k+m_i,\end{aligned}$$

且经过一定变化后如下等式成立:

$$\int_t^\infty \frac{\mu_v(\mu_v u)^i}{i!}\mathrm{e}^{-\mu_v u}\mathrm{d}u\mathrm{d}A(t)=\sum_{k=0}^{i}b_k.$$

类似地, 从状态 $(i,0)$ 转移到 $(0,1)$ 也有两种情况: ① 休假期内所有的 $i+1$ 个顾客都被服务完, 之后休假结束, 下次到达时发生在闲期; ②$k(k<i+1)$ 个顾客在休假期内服务完成, 剩余顾客在正常服务期内服务完成, 此时还没有新到达, 则进入休假期, 休假期内仍未发生到达, 之后休假结束, 下次到达发生在闲期. 因此

$$\begin{aligned}&p_{(i,0),(0,1)}\\=&\int_0^\infty\int_0^t \theta\mathrm{e}^{-\theta x}\int_0^{t-x}\frac{\mu_v(\mu_v u)^i}{i!}\mathrm{e}^{-\mu_v u}\mathrm{d}u\mathrm{d}x\mathrm{d}A(t)\\&+\int_0^\infty\int_0^t \theta\mathrm{e}^{-\theta x}\left[\sum_{k=0}^{i}\frac{(\mu_v x)^k}{k!}\mathrm{e}^{-\mu_v x}\right.\\&\left.\times\int_0^{t-x}\frac{\mu_b(\mu_b u)^{i-k}}{(i-k)!}\mathrm{e}^{-\mu_b u}(1-\mathrm{e}^{-\theta(t-x-u)})\mathrm{d}u\mathrm{d}x\mathrm{d}A(t)\right]\\=&1-\widetilde{A}(\theta)-m_i-\sum_{k=0}^{i}c_k',\quad i\geqslant 0.\end{aligned}$$

上面的式子运算中, 用到了下列关系式:

$$\sum_{k=0}^{i}c_k'=\int_0^\infty\int_0^t \theta\mathrm{e}^{-\theta x}\sum_{k=0}^{i}\frac{(\mu_v x)^k}{k!}\mathrm{e}^{-\mu_v x}\sum_{l=0}^{i-k}\frac{(\mu_b(t-x))^l}{l!}\mathrm{e}^{-\mu_b(t-x)}\mathrm{d}x\mathrm{d}A(t).$$

综上, 若把状态按字典序排列, MC$\{(L_n,J_n),n\geqslant 1\}$ 的转移阵 $\widetilde{\boldsymbol{P}}$ 可写成分块形式形如式 (4.1.3), 其中, 对 $k\geqslant 0$, 有

$$\boldsymbol{A}_k=\begin{pmatrix}b_k & c_k\\ 0 & a_k\end{pmatrix},$$

$$
\boldsymbol{B}_k = \begin{pmatrix} \widetilde{A}(\theta) - \sum_{i=0}^{k} b_i + m_k & 1 - \widetilde{A}(\theta) - m_k - \sum_{i=0}^{k} c_i' \\ \widetilde{A}(\theta) + \sum_{i=0}^{k} c_i' - \sum_{i=0}^{k} a_i & 1 - \widetilde{A}(\theta) - \sum_{i=0}^{k} c_i' \end{pmatrix}.
$$

$\widetilde{\boldsymbol{P}}$ 的结构表明 $\{(L_n, J_n), n \geqslant 1\}$ 是不可约、非周期的.

4.3.2 稳态指标分析

下面给出稳态下系统正常返的充分必要条件.

定理 4.3.1 MC$\{(L_n, J_n), n \geqslant 1\}$ 正常返当且仅当 $\rho < 1$.

证明 由定理 4.1.8, $\{(L_n, J_n), n \geqslant 1\}$ 正常返当且仅当 $\boldsymbol{R}$ 的谱半径 $\mathrm{SP}(\boldsymbol{R}) < 1$, 并且矩阵 $\boldsymbol{B}[\boldsymbol{R}] = \sum_{k=0}^{\infty} \boldsymbol{R}^k \boldsymbol{B}_k$ 有正左不变向量. 由定理 4.2.3, 当 $\rho < 1$, $0 < \xi, \gamma < 1$ 时, $\mathrm{SP}(\boldsymbol{R}) < 1$. 直接计算可知

$$
\boldsymbol{B}[\boldsymbol{R}] = \begin{pmatrix} H_{11} & H_{12} \\ H_{21} & H_{22} \end{pmatrix},
$$

其中,

$$
\begin{aligned}
H_{11} &= \sum_{k=0}^{\infty} \left[\gamma^k \Psi_k + \alpha(\xi - \gamma) \sum_{j=0}^{k-1} \xi^j \gamma^{k-1-j} \left(\widetilde{A}(\theta) + \sum_{i=0}^{k} (c_i' - a_i) \right) \right], \\
H_{12} &= \sum_{k=0}^{\infty} \left[\gamma^k \Phi_k + \alpha(\xi - \gamma) \sum_{j=0}^{k-1} \xi^j \gamma^{k-1-j} \left(1 - \widetilde{A}(\theta) - \sum_{i=0}^{k} c_i' \right) \right], \\
H_{21} &= \sum_{k=0}^{\infty} \xi^k \left[\widetilde{A}(\theta) + \sum_{i=0}^{k} (c_i' - a_i) \right], \\
H_{22} &= \sum_{k=0}^{\infty} \xi^k \left[1 - \widetilde{A}(\theta) - \sum_{i=0}^{k} c_i' \right].
\end{aligned}
$$

假设

$$
\Psi_k = \widetilde{A}(\theta) - \sum_{i=0}^{k} b_i + m_k; \quad \Phi_k = 1 - \widetilde{A}(\theta) - \sum_{i=0}^{k} c_i - m_k,
$$

有

$$\begin{aligned}
&\sum_{k=0}^{\infty}\sum_{i=0}^{k}c_i'\xi^k\\
=&\sum_{i=0}^{\infty}\sum_{k=i}^{\infty}\xi^k\int_0^{\infty}\int_0^t\theta\mathrm{e}^{-\theta x}\frac{(\mu_b(t-x))^i}{i!}\mathrm{e}^{-\mu_b(t-x)}\mathrm{d}x\mathrm{d}A(t)\\
=&\frac{1}{1-\xi}\int_0^{\infty}\int_0^t\theta\mathrm{e}^{-\theta x}\mathrm{e}^{-\mu_b(t-x)(1-\xi)}\mathrm{d}x\mathrm{d}A(t)\\
=&\frac{1}{1-\xi}\frac{\theta(\xi-\widetilde{A}(\theta))}{\theta-\mu_b(1-\xi)}.
\end{aligned}$$

很容易得到 H_{21} 和 H_{22} 的表达式:

$$H_{22}=\frac{\theta-\mu_v(1-\widetilde{A}(\theta))}{\theta-\mu_b(1-\xi)}=\sigma;\quad H_{21}=1-\sigma.$$

同时, 为计算 H_{11},H_{12}, 首先有

$$\sum_{k=0}^{\infty}\sum_{i=0}^{k}c_i'\gamma^k=\frac{1}{1-\gamma}\sum_{i=0}^{\infty}c_i\gamma^i=\frac{\alpha(\widetilde{A}(\mu_b(1-\gamma))-\gamma)}{1-\gamma},$$

$$\sum_{k=0}^{\infty}\gamma^k\sum_{i=0}^{k}b_i=\frac{1}{1-\gamma}\int_0^{\infty}\mathrm{e}^{-(\theta+\mu_v(1-\gamma))t}\mathrm{d}A(t)=\frac{\gamma}{1-\gamma},$$

$$\begin{aligned}
&\sum_{k=0}^{\infty}m_k\gamma^k\\
=&\int_0^{\infty}\int_0^t\theta\mathrm{e}^{-(\theta+\mu_v(1-\gamma))x}\mathrm{e}^{-\theta(t-x)}\int_0^{t-x}\mu_b\mathrm{e}^{(\theta-\mu_b(1-\gamma))u}\mathrm{d}u\mathrm{d}x\mathrm{d}A(t)\\
=&\frac{\mu_b}{\theta-\mu_b(1-\gamma)}\left[\alpha(\widetilde{A}(\mu_b(1-\gamma))-\gamma)-\frac{\theta}{\mu_v(1-\gamma)}(\widetilde{A}(\theta)-\gamma)\right],
\end{aligned}$$

且

$$\begin{aligned}
&\alpha(\xi-\gamma)\sum_{k=0}^{\infty}\sum_{j=0}^{k-1}\xi^j\gamma^{k-1-j}\sum_{i=0}^{k}c_i'=\alpha\sum_{i=0}^{\infty}c_i'\sum_{k=0}^{i}(\xi^k-\gamma^k)\\
=&\alpha\left[\frac{1}{1-\xi}\frac{\theta(\xi-\widetilde{A}(\theta))}{\theta-\mu_b(1-\xi)}-\frac{1}{1-\gamma}\frac{\theta(\widetilde{A}(\mu_b(1-\gamma))-\widetilde{A}(\theta))}{\theta-\mu_b(1-\gamma)}\right].
\end{aligned}$$

因此有

$$H_{11}=\left(1-\alpha\frac{\mu_b}{\mu_v}\right)\frac{\widetilde{A}(\theta)-\gamma}{1-\gamma}-\alpha\frac{\mu_b(\widetilde{A}(\theta)-\xi)}{\theta-\mu_b(1-\xi)}=\delta,\quad H_{12}=1-\delta.$$

容易验证 $\boldsymbol{B}[\boldsymbol{R}]$ 有左不变向量:

$$K^*(1-\sigma,1-\delta),\tag{4.3.6}$$

其中 K^* 是任意正常数. 因此, 若 $\rho < 1$, $\widetilde{\boldsymbol{P}}$ 是正常返的.

若 $\rho < 1$, 令 (L, J) 为 Markov 过程 (L_n, J_n) 的稳态极限. 定义 $\widetilde{\boldsymbol{P}}$ 的稳态分布为

$$\boldsymbol{\pi}_k = (\pi_{k0}, \pi_{k1}), \quad k \geqslant 0;$$
$$\pi_{kj} = P\{L = k, J = j\} = \lim_{n\to\infty} P\{L_n = k, J_n = j\}, \quad (k, j) \in \Omega.$$

定理 4.3.2 当 $\rho < 1$ 时, $\widetilde{\boldsymbol{P}}$ 的稳态分布为

$$\begin{cases} \pi_{k0} = K(1-\sigma)\gamma^k, & k \geqslant 0, \\ \pi_{k1} = K\big[(1-\delta)\xi^k + (1-\sigma)\alpha(\xi^k - \gamma^k)\big], & k \geqslant 0, \end{cases} \tag{4.3.7}$$

其中

$$K = \frac{(1-\gamma)(1-\xi)}{(1-\delta)(1-\gamma) + (1-\sigma)(1-\xi+\alpha(\xi-\gamma))} = \beta(1-\gamma)(1-\xi).$$

证明 由定理 4.1.8, 若 $\widetilde{\boldsymbol{P}}$ 正常返, 则 (π_{00}, π_{01}) 由式 (4.3.6) 的正左不变向量式给出, 且有矩阵几何解

$$\boldsymbol{\pi}_k = (\pi_{k0}, \pi_{k1}) = (\pi_{00}, \pi_{01})\boldsymbol{R}^k, \quad k \geqslant 0, \tag{4.3.8}$$

替代 (π_{00}, π_{01}) 和 $\boldsymbol{R}$ 的表达式到式 (4.3.6), 易得 π_{k0} 和 π_{k1} 表达式, 由正规化条件得 K 的表达式.

由式 (4.3.7), 可以得到系统到达时刻处于各个状态的概率.

$$P\{\text{处于工作休假期}\} = P\{J=0\} = \sum_{k=0}^{\infty} \pi_{k0} = \beta(1-\sigma)(1-\xi),$$
$$P\{\text{处于正常工作期}\} = \sum_{k=1}^{\infty} \pi_{k1} = \beta\big[(1-\sigma)\alpha(\xi-\gamma) + (1-\delta)\xi(1-\gamma)\big].$$
$$P\{\text{处于闲期}\} = P\{J=0\} = \pi_{01} = \beta(1-\delta)(1-\gamma)(1-\xi).$$

稳态下系统在到达时刻的顾客数 L 的分布为

$$\begin{aligned} P\{L=k\} &= \pi_{k0} + \pi_{k1} \\ &= K\left[(1-\sigma)\gamma^k + (1-\delta)\xi^k + (1-\sigma)\alpha(\xi^k - \gamma^k)\right], \quad k \geqslant 0. \end{aligned}$$

对于到达时刻的稳态队长 L, 有如下的随机分解结构.

定理 4.3.3 若 $\rho < 1$, 到达时刻的稳态队长 L 可以分解成两个随机变量之和: $L = L_0 + L_d$, 其中 L_0 为经典 GI/M/1 排队在到达时刻的稳态队长, 服从参数为 ξ 的几何分布; 附加队长 L_d 服从修正的几何分布

$$P\{L_d = 0\} = \beta(1-\gamma)(1-\delta+1-\sigma) = q,$$
$$P\{L_d = k\} = (1-q)(1-\gamma)\gamma^{k-1}, \quad k \geqslant 1.$$

证明 由 L 的稳态分布, 取母函数, 有

$$
\begin{aligned}
Q(z) &= \sum_{k=0}^{\infty} z^k \pi_{k0} + \sum_{k=0}^{\infty} z^k \pi_{k1} \\
&= K\left[\frac{1-\sigma}{1-\gamma z} + \frac{1-\delta}{1-\xi z} + (1-\sigma)\alpha(\xi-\gamma)\frac{1}{1-\xi z}\frac{z}{1-\gamma z}\right] \\
&= \frac{1-\xi}{1-\xi z}\beta(1-\gamma)\left[1-\delta + \frac{(1-\sigma)}{1-\gamma z}(1-\xi z) + (1-\sigma)\alpha(\xi-\gamma)\frac{z}{1-\gamma z}\right] \\
&= \frac{1-\xi}{1-\xi z}\beta(1-\gamma)\left[1-\delta+1-\sigma+(1-\sigma)(\alpha-1)(\xi-\gamma)\frac{z}{1-\gamma z}\right] \\
&= \frac{1-\xi}{1-\xi z}\left[q+(1-q)\frac{(1-\gamma)z}{1-\gamma z}\right] = L_0(z)L_d(z).
\end{aligned} \tag{4.3.9}
$$

$L_0(z)$ 是经典无休假 GI/M/1 排队到达时刻稳态队长的母函数, 对于 $L_d(z)$, 可以验证 $L_d(z)$ 为一个母函数, 展开得到附加队长的分布. 结论得证.

等式 (4.3.9) 表明附加队长 L_d 可以写成两个随机变量的混合: $L_d = qX_0 + (1-q)X_1$, 其中 $X_0 \equiv 0$ 和 X_1 遵循参数为 $(1-\gamma)$ 的几何分布.

由随机分解结构得到到达时刻稳态队长的均值

$$
\begin{aligned}
E(L) &= \frac{\xi}{1-\xi} + \beta(1-\sigma)(\alpha-1)(\xi-\gamma)\frac{1}{1-\gamma} \\
&= \frac{\xi}{1-\xi} + \frac{\mu_b-\mu_v}{\theta}\frac{(1-\sigma)\alpha(\xi-\gamma)}{(1-\delta)\xi(1-\gamma)+(1-\sigma)\alpha(\xi-\gamma)}.
\end{aligned}
$$

定义 $p_k = \lim_{t\to\infty} P\{L(t)=k\}, k \geqslant 0$. 任意时刻的稳态队长分布如下.

定理 4.3.4 若 $\rho < 1$ 且 $\theta > 0$, 过程 $L(t)$ 的稳态极限存在, 且有

$$
\begin{cases}
p_0 = 1 - \beta\dfrac{\lambda}{\mu_b}(1-\delta+(1-\sigma)\alpha)(1-\gamma) \\
\qquad + \beta\dfrac{\lambda}{\mu_b}\dfrac{\mu_b-\mu_v}{\theta}(1-\sigma)\alpha[1-\widetilde{A}(\mu_b(1-\gamma))](1-\xi), \\
p_k = \beta(1-\xi)(1-\gamma)\dfrac{\lambda}{\mu_b}\bigg((1-\delta+(1-\sigma)\alpha)\xi^{k-1} \\
\qquad - \dfrac{\mu_b-\mu_v}{\theta}(1-\sigma)\alpha[1-\widetilde{A}(\mu_b(1-\gamma))]\gamma^{k-1}\bigg), \quad k \geqslant 1.
\end{cases}
$$

采用半 Markov 过程方法, 可以直接得到结果, 证明类似于定理 4.2.11.

当 $\mu_v = 0$ 时, 即休假期内不服务, 可以得到经典单重休假结果.

以 W 表示顾客的稳态等待时间, 给出 W 的分布是比较复杂的, 但采用引理 4.2.7 和引理 4.2.8 的 $\varGamma$ 分布的性质, 同样可得其分布.

考虑系统等待时间 W, $\widetilde{W}(s)$ 为其 LST 表达式, 以 $H_0(H_1)$ 为顾客到达时服务

台休假 (工作), 并需要排队等待的概率, 则

$$H_0 = \beta(1-\xi)(1-\sigma)\gamma,$$
$$H_1 = \beta\left[(1-\delta)\xi(1-\gamma)+(1-\sigma)\alpha(\xi-\gamma)\right].$$

定理 4.3.5　稳态等待时间 W 的 LST 表达式是

$$\begin{aligned}W^*(s) =& 1-H_0-H_1\\&+H_0\frac{\theta+\mu_v(1-\gamma)}{\theta+\mu_v(1-\gamma)+s}\left[p_0+(1-p_0)\frac{\mu_b(1-\gamma)}{\mu_b(1-\gamma)+s}\right]\\&+H_1\frac{(\mu_b+s)(1-\xi)}{s+\mu_b(1-\xi)}\frac{\mu_b}{\mu_b+s}\left[p_1+(1-p_1)\frac{(\mu_b+s)(1-\gamma)}{\mu_b(1-\gamma)+s}\right],\end{aligned} \tag{4.3.10}$$

其中

$$p_0=\frac{(1-\gamma)}{\theta+\mu_v(1-\gamma)},\quad p_1=\frac{(1-\delta)\xi(1-\gamma)}{(1-\delta)\xi(1-\gamma)+(1-\sigma)\alpha(\xi-\gamma)}.$$

证明　顾客到达不需要等待的概率为

$$\begin{aligned}P\{W=0\}&=\pi_{00}+\pi_{01}=\beta(1-\xi)(1-\gamma)(1-\sigma+1-\delta)\\&=1-H_0-H_1.\end{aligned}$$

首先, 顾客到达遇状态 $(k,1), k\geqslant 1$, 等待时间为 k 个正常服务时间, 服从参数为 μ_b 和 k 的 Γ 分布, 应用 π_{k1} 的概率表达式 (4.2.8), 可以给出

$$\begin{aligned}&\sum_{k=1}^{\infty}\pi_{k1}\widetilde{W}_{k1}(s)\\&=\sum_{k=1}^{\infty}\pi_{k1}\left(\frac{\mu_b}{\mu_b+s}\right)^k\\&=K\frac{\mu_b}{s+\mu_b(1-\xi)}\left[\xi(1-\delta)+(1-\sigma)\alpha(\xi-\gamma)\frac{\mu_b+s}{s+\mu_b(1-\gamma)}\right]\\&=H_1\frac{(\mu_b+s)(1-\xi)}{s+\mu_b(1-\xi)}\frac{\mu_b}{\mu_b+s}\left[p_1+(1-p_1)\frac{(\mu_b+s)(1-\gamma)}{\mu_b(1-\gamma)+s}\right],\end{aligned} \tag{4.3.11}$$

若顾客到达遇状态 $(k,0), k\geqslant 1$, 即系统有 k 个顾客, 且处于工作休假期. 在经典 GI/M/1 休假排队中, 休假期间不提供服务, 则此顾客的等待时间是剩余休假时间与 k 个服务时间之和, 但在工作休假策略下, 服务员休假期间也可接待顾客, 从而使得等待时间更加复杂. 设 S_v 为休假期间服务时间的随机变量, 显然服从参数为 μ_v 的指数分布, $S_v^{(j)}$ 为 j 次休假服务时间之和, 即为 S_v 的 j 重卷积, 服从参数为 j 和 μ_v 的 Γ 分布. 有下列两种情况: ①如果在休假完成前, k 个顾客已经服务完成, 即 $S_v^{(k)}<V$, 此顾客在休假结束前已经开始服务, 由引理 4.2.7, 条件等待时间服从

参数为 k 与 $\theta+\mu_v$ 的 Γ 分布. 由引理 4.2.7 有顾客的条件等待时间的 LST 表达式为

$$\begin{aligned}&\sum_{k=1}^{\infty}\pi_{k0}P\{V>S_{\mu_v}^{(k)}\}\left(\frac{\theta+\mu_v}{\theta+\mu_v+s}\right)^k\\&=K(1-\sigma)\sum_{k=1}^{\infty}\gamma^k\left(\frac{\mu_v}{\mu_v+\theta}\right)^k\left(\frac{\theta+\mu_v}{\theta+\mu_v+s}\right)^k\\&=K(1-\sigma)\frac{\mu_v\gamma}{s+\theta+\mu_v(1-\gamma)}=H_0\frac{\theta+\mu_v(1-\gamma)}{s+\theta+\mu_v(1-\gamma)}p_0.\end{aligned}$$

②如果休假完成时恰好服务完 $j(0\leqslant j<k)$ 个顾客, 即 $S_v^{(j)}\leqslant V<S_v^{(j+1)},0\leqslant j<k$, 则在正常工作期内, 此顾客前还有 $k-j$ 个顾客等待服务. 由引理 4.2.8, 此顾客的条件等待时间为 $j+1$ 与 $\theta+\mu_v$ 的 Γ 随机变量与 $k-j$ 次正常服务时间之和 (也服从参数为 $k-j$ 与 μ_b 的 Γ 分布). 因此遇到状态 $(k,0)$, 当 $k\geqslant 1$ 时, 顾客的条件等待时间的 LST 表达式为

$$\begin{aligned}&\sum_{k=1}^{\infty}\pi_{k0}\sum_{j=0}^{k-1}P\{S_{\mu_v}^{(j)}\leqslant V<S_{\mu_v}^{(j-1)}\}\left(\frac{\theta+\mu_v}{\theta+\mu_v+s}\right)^{j+1}\left(\frac{\mu_b}{\mu_b+s}\right)^{k-j}\\&=K(1-\sigma)\frac{\theta\gamma}{s+\theta+\mu_v(1-\gamma)}\frac{\mu_b}{s+\mu_b(1-\gamma)}\\&=H_0\frac{\theta+\mu_v(1-\gamma)}{s+\theta+\mu_v(1-\gamma)}(1-p_0)\frac{\mu_b(1-\gamma)}{s+\mu_b(1-\gamma)}.\end{aligned}$$

由此出发, 有

$$\begin{aligned}&\sum_{k=1}^{\infty}\pi_{k0}W_{k0}^*(s)\\&=H_0\frac{\theta+\mu_v(1-\gamma)}{\theta+\mu_v(1-\gamma)+s}\left[p_0+(1-p_0)\frac{\mu_b(1-\gamma)}{\mu_b(1-\gamma)+s}\right].\end{aligned}\tag{4.3.12}$$

进而由

$$W^*(s)=\pi_{00}+\sum_{k=1}^{\infty}\pi_{k1}W_{k1}^*(s)+\sum_{k=1}^{\infty}\pi_{k0}W_{k0}^*(s).$$

综合以上结果, 可得定理.

注意到等式 (4.3.10) 有明确的概率解释, 稳态等待时间以概率 $1-H_0-H_1$ 等于零; 以概率 H_0 等于一个服从参数为 $\theta+\mu_v(1-\gamma)$ 的指数分布的随机变量与另一个服从修正的参数为 $\mu_b(1-\gamma)$ 指数分布的随机变量之和; 以概率 H_1 等于三个随机变量之和, 其中一个服从参数为 $\mu_b(1-\gamma)$ 的修正指数分布, 另两个分别服从参数为 $\mu_b(1-\xi)$ 和 μ_b 的指数分布.

由定理 4.3.5, 可得系统稳态下顾客的平均等待时间

$$E(W)=H_0\frac{\theta+\mu_b(1-\gamma)}{\theta+\mu_v(1-\gamma)}\frac{1}{\mu_b(1-\gamma)}+H_1\frac{1}{\mu_b(1-\xi)}$$
$$+H_1\frac{(1-\sigma)\alpha(\xi-\gamma)}{(1-\delta)\xi(1-\gamma)+(1-\sigma)\alpha(\xi-\gamma)}\frac{\gamma}{\mu_b(1-\gamma)}.$$

容易验证稳态等待时间 W 没有类似于其队长的完全随机分解结构, 引入下列条件等待时间 W_1, 表示稳态下系统在正常工作期内, 即 $J=1$, 任意顾客的等待时间, 即 $W_1=\{W|J=1\}$.

定理 4.3.6　在稳态条件下, 条件等待时间 W_1 可以分解成两个随机变量之和: $W_1=W_0+W_d$, 其中 W_0 为经典无休假的 GI/M/1 排队的等待时间, 条件附加延迟 W_d 服从参数为 $\mu_b(1-\gamma)$ 的指数分布.

证明　由定理 4.3.5 的证明过程, 有

$$\widetilde{W}_1(s)=\frac{1}{P\{J=1\}}\sum_{k=1}^{\infty}\pi_{k1}\widetilde{W}_{k1}(s)$$
$$=\frac{(\mu_b+s)(1-\xi)}{s+\mu_b(1-\xi)}\frac{\mu_b(1-\gamma)}{s+\mu_b(1-\gamma)}=\widetilde{W}_0(s)\widetilde{W}_d(s).$$

由定理 4.1.3, $\widetilde{W}_0(s)$ 为经典无休假的 GI/M/1 排队的等待时间的 LST 形式, $\widetilde{W}_d(s)$ 为一个指数随机变量的 LST 表达式, 定理得证.

由此可得条件等待时间的期望值

$$E(W_1)=\frac{1}{\mu_b(1-\xi)}+\frac{\gamma}{\mu_b(1-\gamma)}.$$

4.4　工作休假和休假中断的 GI/M/1 型排队

4.4.1　模型描述

本节沿用前面的符号, 在经典 GI/M/1 排队系统中, 同时引入工作休假和休假中断策略: 当一次服务完成, 系统变空时, 服务员进入休假, 在休假期内, 若有新顾客到达系统, 则服务员以较慢的速率为顾客提供服务, 而非完全停止服务, 当休假期间的一次服务完成, 系统中仍有顾客, 则服务员立刻结束休假, 回到正常工作期, 以正常速率服务其他顾客, 即休假中断发生; 否则, 服务员继续休假. 当然在此系统中, 服务员可能休假未完成就回到正常服务. 同时, 当一次休假结束, 系统中无顾客, 则服务员进入另外一次休假. 假设休假期间的服务时间, 正常服务时间, 工作休假时间相互独立且均服从指数分布, 参数分别为 μ_v, μ_b 及 θ. 此系统记为 GI/M/1(MWV,VI) 模型.

类似于 4.2 节的定义, 令 $L(t)$ 为时刻 t 系统中的顾客数, $L_n = L(\tau_n - 0)$ 为第 n 次到达前瞬间系统顾客数, 且 J_n 取值 0 或 1, 取决于第 n 次到达发生于工作休假期或正规服务期, 则 $\{(L_n, J_n), n \geqslant 1\}$ 是一个嵌入 MC, 状态空间为

$$\Omega = \{(0,0)\} \bigcup \{(k,j), k \geqslant 1, j = 0,1\}.$$

为了表示出 $\{(L_n, J_n), n \geqslant 1\}$ 的转移概率矩阵, 引入三个概率表达

$$a_j = \int_0^\infty \mathrm{e}^{-\mu_b t} \frac{(\mu_b t)^j}{j!} \mathrm{d}A(t), \quad j \geqslant 0,$$

$$b'_j = \int_0^\infty \int_0^t \theta \mathrm{e}^{-(\theta+\mu_v)x} \frac{(\mu_b(t-x))^j}{j!} \mathrm{e}^{-\mu_b(t-x)} \mathrm{d}x \mathrm{d}A(t), \quad j \geqslant 1,$$

$$c'_j = \int_0^\infty \int_0^t \mu_v \mathrm{e}^{-(\theta+\mu_v)x} \frac{(\mu_b(t-x))^{j-1}}{(j-1)!} \mathrm{e}^{-\mu_b(t-x)} \mathrm{d}x \mathrm{d}A(t), \quad j \geqslant 0,$$

则 $\{a_j, j \geqslant 1\}$ 如 4.1.1 节定义, $\{b'_j, j \geqslant 1\}$ 是到达发生于工作休假期, 之后一次服务完成仍未休假结束, 但系统中有顾客. 休假中断发生, 直到下次到达的剩余到达时间内恰好以速率 μ_b 服务 $j-1$ 个的概率, 而 $\{c'_j, j \geqslant 0\}$ 是到达发生于工作休假期, 之后的剩余休假时间内未完成一次服务, 休假结束直到下次到达的剩余到达时间内恰好以速率 μ_b 服务 j 个的概率. 注意到

$$\sum_{j=1}^\infty b'_j = \frac{\mu_v}{\theta + \mu_v}(1 - \widetilde{A}(\theta + \mu_v)),$$

$$\sum_{j=0}^\infty c'_j = \frac{\theta}{\theta + \mu_v}(1 - \widetilde{A}(\theta + \mu_v)),$$

因此, $\{b'_j, j \geqslant 1\}$ 和 $\{c'_j, j \geqslant 0\}$ 是不完全概率分布.

考虑 $\{(L_n, J_n), n \geqslant 1\}$ 的一步转移概率. 类似于多重工作休假 GI/M/1 排队,

$$p_{(i,1),(j,1)} = \begin{cases} a_{i+1-j}, & 1 \leqslant j \leqslant i+1, \\ 0, & j \geqslant i+2. \end{cases} \tag{4.4.1}$$

从状态 $(i,0)$ 转移到 $(j,0)$ 只对 $j = i+1$ 才有可能, 这一转移当且仅当剩余休假时间内无服务完成, 且大于一个到达间隔才发生, 则

$$p_{(i,0),(j,0)} = \int_0^\infty \mathrm{e}^{-\theta t} \mathrm{e}^{-\mu_v t} \mathrm{d}A(t) = \widetilde{A}(\theta + \mu_v), \quad j = i+1. \tag{4.4.2}$$

状态 $(i,0)$ 转移到 $(j,1)(j \geqslant i)$ 可以由两种情况引发, 首先, 工作休假期间, 一次服务完成仍未休假结束, 但系统中有顾客, 则休假中断发生, 直到下次到达的剩余到达时间内恰好以速率 μ_b 服务 $i-j$ 个; 其次, 工作休假期间, 一次到达后的剩

余休假时间内未完成一次服务, 休假结束开始直到下次到达的剩余到达时间内恰好以速率 μ_b 服务 $i-j+1$ 个. 当然若 $j=i+1$, 只能由第二种情况引起, 因此

$$p_{(i,0),(j,1)}=\begin{cases}\displaystyle\int_0^\infty\int_0^t \mu_v \mathrm{e}^{-\mu_v x}\mathrm{e}^{-\theta x}\frac{(\mu_b(t-x))^{i-j}}{(i-j)!}\mathrm{e}^{-\mu_b(t-x)}\mathrm{d}x\mathrm{d}A(t)\\ \displaystyle\quad+\int_0^\infty\int_0^t \theta\mathrm{e}^{-\theta x}\mathrm{e}^{-\mu_v x}\frac{(\mu_b(t-x))^{i+1-j}}{(i+1-j)!}\mathrm{e}^{-\mu_b(t-x)}\mathrm{d}x\mathrm{d}A(t)\\ =b'_{i+1-j}+c'_{i+1-j},\quad 1\leqslant j\leqslant i,\\ \displaystyle\int_0^\infty\int_0^t \theta\mathrm{e}^{-\theta x}\mathrm{e}^{-\mu_v x}\mathrm{e}^{-\mu_b(t-x)}\mathrm{d}x\mathrm{d}A(t)=c'_0,\quad j=i+1.\end{cases}\tag{4.4.3}$$

类似地,

$$\begin{aligned}&p_{(i,0),(0,0)}\\ =&\int_0^\infty\int_0^t \mu_v \mathrm{e}^{-\mu_v x}\mathrm{e}^{-\theta x}\left(1-\sum_{k=0}^{i-1}\frac{(\mu_b(t-x))^k}{k!}\mathrm{e}^{-\mu_b(t-x)}\right)\mathrm{d}x\mathrm{d}A(t)\\ &+\int_0^\infty\int_0^t \theta\mathrm{e}^{-\theta x}\mathrm{e}^{-\mu_v x}\left(1-\sum_{k=0}^{i}\frac{(\mu_b(t-x))^k}{k!}\mathrm{e}^{-\mu_b(t-x)}\right)\mathrm{d}x\mathrm{d}A(t)\\ =&1-\widetilde{A}(\theta+\mu_v)-\sum_{k=1}^{i}(c'_k+b'_k)-c'_0,\quad i\geqslant 1.\end{aligned}\tag{4.4.4}$$

由此得到

$$p_{(0,0),(0,0)}=1-\widetilde{A}(\theta+\mu_v)-c_0,\quad p_{(i,1),(0,0)}=1-\sum_{k=0}^{i}a_k,\quad i\geqslant 1.$$

因此, MC$\{(L_n,J_n),n\geqslant 1\}$ 的转移阵形如式 (4.1.7), 其中

$$\boldsymbol{B}_{00}=1-\widetilde{A}(\theta+\mu_v)-c'_0;\quad \boldsymbol{A}_{01}=(\widetilde{A}(\theta+\mu_v),c'_0);$$

$$\boldsymbol{A}_0=\begin{pmatrix}\widetilde{A}(\theta+\mu_v) & c'_0\\ 0 & a_0\end{pmatrix};\quad \boldsymbol{A}_k=\begin{pmatrix}0 & b'_k+c'_k\\ 0 & a_k\end{pmatrix},\quad k\geqslant 1;$$

$$\boldsymbol{B}_k=\begin{pmatrix}1-\widetilde{A}(\theta+\mu_v)-\displaystyle\sum_{i=1}^{k}(c'_i+b'_i)-c'_0\\ 1-\displaystyle\sum_{i=0}^{k}a_i.\end{pmatrix},\quad k\geqslant 1.$$

$\widetilde{\boldsymbol{P}}$ 的结构表明 $\{(L_n,J_n),n\geqslant 1\}$ 是不可约、非周期的.

4.4.2 稳态指标分析

为了得到系统的常返性条件及其稳态分布, 需要下列引理.

引理 4.4.1 若 $\rho=\lambda/\mu_b<1$ 和 $\theta>0$, 矩阵方程 $\boldsymbol{R}=\sum\limits_{k=0}^{\infty}\boldsymbol{R}^k\boldsymbol{A}_k$ 存在最小非负解

$$\boldsymbol{R}=\begin{pmatrix}\widetilde{A}(\theta+\mu_v) & \alpha(\xi-\widetilde{A}(\theta+\mu_v))\\ 0 & \xi\end{pmatrix}, \tag{4.4.5}$$

其中 ξ 为等式 $z=\widetilde{A}(\mu_b(1-z))$ 在 $0<z<1$ 内的唯一解, 且

$$\alpha=\frac{\theta+\mu_v\widetilde{A}(\theta+\mu_v)}{\theta+\mu_v-\mu_b(1-\widetilde{A}(\theta+\mu_v))},\quad \alpha(\xi-\widetilde{A}(\theta+\mu_v))>0.$$

采用类似于引理 4.2.2 和定理 4.2.3 的证明方法, 可以得到此引理的结论.

定理 4.4.2 $\mathrm{MC}\{(L_n,J_n),n\geqslant 1\}$ 正常返当且仅当 $\rho<1$.

证明 由定理 4.1.8, $\{(L_n,J_n),n\geqslant 1\}$ 正常返当且仅当 $\boldsymbol{R}$ 的谱半径 $\mathrm{SP}(\boldsymbol{R})<1$, 并且矩阵

$$\boldsymbol{B}[\boldsymbol{R}]=\begin{pmatrix}\boldsymbol{B}_{00} & \boldsymbol{A}_{01}\\ \sum\limits_{k=1}^{\infty}\boldsymbol{R}^{k-1}\boldsymbol{B}_k & \sum\limits_{k=1}^{\infty}\boldsymbol{R}^{k-1}\boldsymbol{A}_k\end{pmatrix}$$

有正左不变向量. 由引理 4.4.1, 当 $\rho<1$, $0<\xi,\widetilde{A}(\theta+\mu_v)<1$ 时, $\mathrm{SP}(\boldsymbol{R})<1$. 直接计算可知

$$\boldsymbol{B}[\boldsymbol{R}]=\begin{pmatrix}1-\widetilde{A}(\theta+\mu_v)-c_0' & \widetilde{A}(\theta+\mu_v) & c_0'\\ 1-\psi(\theta+\mu_v) & 0 & \psi(\theta+\mu_v)\\ \dfrac{a_0}{\xi} & 0 & 1-\dfrac{a_0}{\xi}\end{pmatrix},$$

其中

$$\psi(\theta+\mu_v)=\frac{a_0}{\xi\widetilde{A}(\theta+\mu_v)}\alpha(\xi-\widetilde{A}(\theta+\mu_v))-\frac{c_0'}{\widetilde{A}(\theta+\mu_v)}.$$

很容易验证 $\boldsymbol{B}[\boldsymbol{R}]$ 有左不变向量,

$$x_0(1,\widetilde{A}(\theta+\mu_v),\alpha(\xi-\widetilde{A}(\theta+\mu_v))), \tag{4.4.6}$$

其中 x_0 为任意正常数. 从而说明 $\{(L_n,J_n),n\geqslant 1\}$ 正常返当且仅当 $\rho<1$.

定义 $\widetilde{\boldsymbol{P}}$ 的稳态分布为

$$\begin{aligned}&\boldsymbol{\pi}_0=\pi_{00};\quad \boldsymbol{\pi}_k=(\pi_{k0},\pi_{k1}),\quad k\geqslant 1;\\ &\pi_{kj}=P\{L=k,J=j\}=\lim_{n\to\infty}P\{L_n=k,J_n=j\},\quad (k,j)\in\Omega.\end{aligned}$$

定理 4.4.3 当 $\rho<1$ 时, $\widetilde{\boldsymbol{P}}$ 的稳态分布为

$$\begin{cases} \pi_{k0}=\sigma(1-\xi)(\widetilde{A}(\theta+\mu_v))^k, & k\geqslant 0, \\ \pi_{k1}=\sigma(1-\xi)\alpha(\xi^k-(\widetilde{A}(\theta+\mu_v))^k), & k\geqslant 1, \end{cases} \tag{4.4.7}$$

其中

$$\sigma=\frac{1-\widetilde{A}(\theta+\mu_v)}{1-\xi+\alpha(\xi-\widetilde{A}(\theta+\mu_v))}.$$

证明 由定理 4.1.8, 若 $\widetilde{\boldsymbol{P}}$ 正常返, 则 $(\pi_{00},\pi_{10},\pi_{11})$ 由正左不变向量式 (4.4.6) 给出, 并且满足正规化条件

$$\pi_{00}+(\pi_{10},\pi_{11})(\boldsymbol{I}-\boldsymbol{R})^{-1}\boldsymbol{e}=1.$$

替代 $\boldsymbol{R}$ 的表达式到上式, 易得 $\pi_{00}=\sigma(1-\xi)$. 因此, 有

$$(\pi_{10},\pi_{11})=\sigma(1-\xi)(\widetilde{A}(\theta+\mu_v),\alpha(\xi-\widetilde{A}(\theta+\mu_v))).$$

由矩阵几何解

$$\boldsymbol{\pi}_k=(\pi_{k0},\pi_{k1})=(\pi_{10},\pi_{11})\boldsymbol{R}^{k-1},\quad k\geqslant 1, \tag{4.4.8}$$

易得式 (4.4.7), 定理得证.

由式 (4.4.7), 可以得到系统到达时刻处于各个状态的概率.

$$P\{\text{处于工作休假期}\}=\sum_{k=0}^{\infty}\pi_{k0}=\frac{1-\xi}{1-\xi+\alpha(\xi-\widetilde{A}(\theta+\mu_v))},$$
$$P\{\text{处于正常工作期}\}=\sum_{k=1}^{\infty}\pi_{k1}=\frac{\alpha(\xi-\widetilde{A}(\theta+\mu_v))}{1-\xi+\alpha(\xi-\widetilde{A}(\theta+\mu_v))}.$$

稳态下系统在到达时刻的顾客数 L 的分布为

$$\begin{aligned} P\{L=0\}&=\pi_{00}=\sigma(1-\xi), \\ P\{L=k\}&=\pi_{k0}+\pi_{k1} \\ &=\sigma(1-\xi)((\widetilde{A}(\theta+\mu_v))^k+\alpha(\xi^k-(\widetilde{A}(\theta+\mu_v))^k)),\quad k\geqslant 1. \end{aligned}$$

设任意时刻的稳态队长分布为 $\{p_k,k\geqslant 0\}$, 利用 2.2 节的半 Markov 过程方法, 可以得到连续时间队长过程的稳态分布.

定理 4.4.4 当 $\rho<1$ 时, 连续时间队长过程 $L(t)$ 的极限分布 $\{p_k,k\geqslant 0\}$ 存在, 且有

$$\begin{cases} p_0 = -\sigma\left\{\dfrac{\lambda}{\mu_b}\alpha + \dfrac{\lambda}{\theta+\mu_v}(1-\alpha)(1-\xi)\right\}, \\ p_k = (1-\xi)\sigma\dfrac{\lambda}{\mu_b}\beta\xi^{k-1} \\ \qquad +(1-\xi)\sigma\dfrac{\lambda}{\theta+\mu_v}(1-\alpha)(1-\widetilde{A}(\theta+\mu_v))(\widetilde{A}(\theta+\mu_v))^{k-1}, \quad k \geqslant 1. \end{cases}$$

在此系统中, 随机分解规律仍然存在. 对于到达时刻的稳态队长 L, 有下列随机分解结构.

定理 4.4.5 若 $\rho < 1$, 到达时刻的稳态队长 L 可以分解成两个随机变量之和: $L = L_0 + L_d$, 其中 L_0 为经典 GI/M/1 排队在到达时刻的稳态队长, 服从参数为 ξ 的几何分布; 附加队长 L_d 服从修正的几何分布

$$\begin{aligned} &P\{L_d = 0\} = \sigma, \\ &P\{L_d = k\} = (1-\sigma)(1-\widetilde{A}(\theta+\mu_v))(\widetilde{A}(\theta+\mu_v))^{k-1}, \quad k \geqslant 1. \end{aligned}$$

由 L 的稳态分布, 取母函数, 适当整理后可得

$$L(z) = \sum_{k=0}^{\infty} z^k \pi_{k0} + \sum_{k=1}^{\infty} z^k \pi_{k1} = L_0(z)L_d(z),$$

其中 $L_0(z)$ 是经典无休假 GI/M/1 排队到达时刻稳态队长的母函数, 对于 $L_d(z)$, 可以验证

$$\sigma + \sigma\frac{(\alpha-1)(\xi-\widetilde{A}(\theta+\mu_v))}{1-\widetilde{A}(\theta+\mu_v)} = 1,$$

则说明 $L_d(z)$ 为一个母函数, 展开得到附加队长的分布.

由随机分解结构得到到达时刻稳态队长的均值

$$\begin{aligned} E(L) &= E(L_0) + E(L_d) \\ &= \frac{\xi}{1-\xi} + \frac{\mu_b - \mu_v}{\theta + \mu_v\widetilde{A}(\theta+\mu_v)}\frac{\alpha(\xi-\widetilde{A}(\theta+\mu_v))}{1-\xi+\alpha(\xi-\widetilde{A}(\theta+\mu_v))}. \end{aligned}$$

以 W 表示顾客的稳态等待时间, 以 $\widetilde{W}(s)$ 表示其 LST 表达式, 以 $H_0(H_1)$ 表示顾客到达时服务台休假 (工作), 并需要排队等待的概率, 则

$$H_0 = \sum_{v=1}^{\infty} \pi_{v0} = \frac{(1-\xi)\widetilde{A}(\theta+\mu_v)}{1-\xi+\alpha(\xi-\widetilde{A}(\theta+\mu_v))},$$

$$H_1 = \sum_{v=1}^{\infty} \pi_{v1} = \frac{\alpha(\xi-\widetilde{A}(\theta+\mu_v))}{1-\xi+\alpha(\xi-\widetilde{A}(\theta+\mu_v))}.$$

定理 4.4.6 稳态等待时间 W 的 LST 表达式是

$$\begin{aligned}\widetilde{W}(s)=&1-H_0-H_1+H_1\frac{\mu_b(1-\xi)}{s+\mu_b(1-\xi)}\frac{(\mu_b+s)(1-\widetilde{A}(\theta+\mu_v))}{s+\mu_b(1-\widetilde{A}(\theta+\mu_v))}\\&+H_0\frac{1}{\theta+\mu_v+s}\frac{(\mu_b+s)(1-\widetilde{A}(\theta+\mu_v))}{s+\mu_b(1-\widetilde{A}(\theta+\mu_v))}\frac{(\theta+\mu_v)\mu_b+\mu_v s}{\mu_b+s}.\end{aligned}\tag{4.4.9}$$

证明 顾客到达不需要等待的概率为

$$P\{W=0\}=\pi_{00}=1-H_0-H_1.$$

首先, 顾客到达遇状态 $(k,1),k\geqslant 1$, 等待时间为 k 个正常服务时间, 服从参数为 μ_b 和 k 的 $\varGamma$ 分布, 应用式 (4.4.7) 中 π_{k1} 的表达式, 可以给出

$$\begin{aligned}&\sum_{k=1}^{\infty}\pi_{k1}\widetilde{W}_{k1}(s)=\sum_{k=1}^{\infty}\pi_{k1}\left(\frac{\mu_b}{\mu_b+s}\right)^k\\&=\frac{\alpha(\xi-\widetilde{A}(\theta+\mu_v))}{1-\xi+\alpha(\xi-\widetilde{A}(\theta+\mu_v))}\frac{\mu_b(1-\xi)}{s+\mu_b(1-\xi)}\frac{(\mu_b+s)(1-\widetilde{A}(\theta+\mu_v))}{s+\mu_b(1-\widetilde{A}(\theta+\mu_v))}\\&=H_1\frac{(\mu_b+s)(1-\xi)}{s+\mu_b(1-\xi)}\frac{\mu_b(1-\gamma)}{s+\mu_b(1-\gamma)}.\end{aligned}\tag{4.4.10}$$

若顾客到达遇状态 $(k,0),k\geqslant 1$, 即系统有 k 个顾客, 处于工作休假期间. 设 S_v 为休假期间服务时间的随机变量, 显然服从参数为 μ_v 的指数分布. 顾客的等待时间将可能有两种不同情形. 第一种情形, 如果剩余休假时间 V 大于休假期间的一次服务时间, 即 $V\geqslant S_v$, 则服务完成, 系统中仍有顾客, 服务员将中断休假回到正常工作期, 这种情形下, 顾客的等待时间为条件休假服务时间和 $k-1$ 次正常服务时间之和. 先计算条件概率和条件服务时间 $(S_v|V\geqslant S_v)$,

$$P\{V\geqslant S_v\}=\int_0^{\infty}\mu_v\mathrm{e}^{-\mu_v x}\mathrm{e}^{-\theta x}\mathrm{d}x=\frac{\mu_v}{\theta+\mu_v},$$

$$P\{S_v<t|V\geqslant S_v\}=\frac{\theta+\mu_v}{\mu_v}\int_0^{t}\mu_v\mathrm{e}^{-\mu_v x}\mathrm{e}^{-\theta x}\mathrm{d}x=1-\mathrm{e}^{-(\mu_v+\theta)t}.$$

显然, 条件服务时间 $(S_v|V\geqslant S_v)$ 服从参数为 $\mu_v+\theta$ 的指数分布, 则有

$$\begin{aligned}&\sum_{k=1}^{\infty}\pi_{k0}P\{V\geqslant S_v\}\widetilde{W}_{k0}^{a}(s)\\&=\sum_{k=1}^{\infty}(1-\xi)\sigma(\widetilde{A}(\theta+\mu_v))^k\frac{\mu_v}{\mu_v+\theta}\frac{\theta+\mu_v}{\theta+\mu_v+s}\left(\frac{\mu_b}{\mu_b+s}\right)^{k-1}\\&=H_0\frac{\mu_v}{\theta+\mu_v}\frac{\theta+\mu_v}{\theta+\mu_v+s}\frac{(\mu_b+s)(1-\widetilde{A}(\theta+\mu_v))}{s+\mu_b(1-\widetilde{A}(\theta+\mu_v))}.\end{aligned}\tag{4.4.11}$$

第二种情形, 如果剩余休假时间 V 小于休假期间的一次服务时间, 即 $V < S_v$, 则在剩余休假时间内无顾客服务完成, 休假结束, 回到正常工作期, 顾客的等待时间为条件剩余休假时间和 k 次正常服务时间之和. 计算条件概率和条件休假时间 $(V|V < S_v)$,

$$P\{V < S_v\} = \int_0^{\infty} \theta \mathrm{e}^{-\mu_v x}\mathrm{e}^{-\theta x}\mathrm{d}x = \frac{\theta}{\theta+\mu_v},$$

$$P\{V < t|V < S_v\} = \frac{\theta+\mu_v}{\theta}\int_0^t \theta \mathrm{e}^{-\mu_v x}\mathrm{e}^{-\theta x}\mathrm{d}x = 1-\mathrm{e}^{-(\mu_v+\theta)t}.$$

类似地, 条件休假时间 $(V|V < S_v)$ 服从参数为 $\mu_v+\theta$ 的指数分布, 则有

$$\begin{aligned}
&\sum_{k=1}^{\infty}\pi_{k0}P\{V < S_v\}\widetilde{W}_{k0}^b(s) \\
&=\sum_{k=1}^{\infty}(1-\xi)\sigma(\widetilde{A}(\theta+\mu_v))^k\frac{\theta}{\mu_v+\theta}\frac{\theta+\mu_v}{\theta+\mu_v+s}\left(\frac{\mu_b}{\mu_b+s}\right)^k \\
&=H_0\frac{\theta}{\theta+\mu_v}\frac{\theta+\mu_v}{\theta+\mu_v+s}\frac{\mu_b(1-\widetilde{A}(\theta+\mu_v))}{s+\mu_b(1-\widetilde{A}(\theta+\mu_v))}. \qquad (4.4.12)
\end{aligned}$$

显然

$$\begin{aligned}
\widetilde{W}(s) = {}&\pi_{00}+\sum_{k=1}^{\infty}\pi_{k1}\widetilde{W}_{k1}(s) \\
&+\sum_{k=1}^{\infty}\pi_{k0}\left(P\{V \geqslant S_v\}\widetilde{W}_{k0}^a(s)+P\{V < S_v\}\widetilde{W}_{k0}^b(s)\right).
\end{aligned}$$

综合式 (4.4.10) 到式 (4.4.12), 给出等式 (4.4.9).

注意到等式 (4.4.9) 有明确的概率解释, 等待时间以概率 $1-H_0-H_1$ 等于零; 以概率 H_1 等于一个服从参数为 $\mu_b(1-\xi)$ 的指数分布的随机变量与另一个服从修正的参数为 $\mu_b(1-\widetilde{A}(\theta+\mu_v))$ 的指数分布的随机变量之和; 以概率 H_0 等于三个随机变量之和, 一个参数为 $\theta+\mu_v$ 的指数随机变量和两个参数分别为 $\mu_b(1-\widetilde{A}(\theta+\mu_v))$ 和 μ_b 的修正指数随机变量. 由定理 4.4.6, 易得系统稳态下顾客的平均等待时间

$$\begin{aligned}
E(W) = {}&H_1\left\{\frac{1}{\mu_b(1-\xi)}+\frac{\widetilde{A}(\theta+\mu_v)}{\mu_b(1-\widetilde{A}(\theta+\mu_v))}\right\} \\
&+H_0\left\{\frac{\widetilde{A}(\theta+\mu_v)}{\mu_b(1-\widetilde{A}(\theta+\mu_v))}+\frac{\theta+\mu_b}{\mu_b(\theta+\mu_v)}\right\}.
\end{aligned}$$

容易验证稳态等待时间 W 没有类似于其队长的完全随机分解结构, 引入下列条件等待时间 W_1, 表示稳态下, 系统处于正常工作期时, 即 $J=1$, 任意顾客的等待时间.

定理 4.4.7 稳态条件等待时间 W_1 可以分解成两个独立随机变量之和: $W_1 = W_0 + W_d$, 其中 W_0 为经典无休假的 GI/M/1 排队的等待时间, 条件附加延迟 W_d 服从参数为 $\mu_b(1-\widetilde{A}(\theta+\mu_v))$ 的修正指数分布.

证明 由定理 4.4.6 证明过程, 有

$$\begin{aligned}\widetilde{W}_1(s) &= \frac{1}{P\{J=1\}}\sum_{k=1}^{\infty}\pi_{k1}\widetilde{W}_{k1}(s)\\ &= \frac{(\mu_b+s)(1-\xi)}{s+\mu_b(1-\xi)}\frac{(\mu_b+s)(1-\widetilde{A}(\theta+\mu_v))}{s+\mu_b(1-\widetilde{A}(\theta+\mu_v))} = \widetilde{W}_0(s)\widetilde{W}_d(s).\end{aligned}$$

由定理 4.1.3, $\widetilde{W}_0(s)$ 为经典无休假 GI/M/1 排队的等待时间 LST 表达式, $\widetilde{W}_d(s)$ 为一个指数随机变量的 LST 表达式. 定理得证.

4.5 数 值 分 析

不同的到达过程和服务速率将会对系统产生不同的影响, 下面采用图表的形式给出不同系统的性能分析.

首先, 考虑一种特殊到达过程, 具有固定到达间隔, 则 4.2 节和 4.4 节所考虑的两种模型可记为 D/M/1(MWV) 和 D/M/1(MWV,VI) 排队. 假设 $\lambda = 1.25$, 正常服务率 $\mu_b = 2.0$, 且休假服务率 $\mu_v = 0.6$ 固定, 则表 4.1 和表 4.2 给出了 k 取不同值时, 系统在到达时刻和任意时刻的稳态概率 $\pi_{k1}(\pi_{k0}), p_k$ 的值. 显然, 到达时刻与任意时刻的稳态概率一般是不同的.

表 4.1 D/M/1(MWV) 系统的稳态概率分析表

k	π_{k0}	π_{k1}	$\pi_{k0}+\pi_{k1}$	p_k
0	0.3486	—	0.3486	0.1579
1	0.1133	0.2096	0.3229	0.3644
2	0.0368	0.1431	0.1799	0.2494
3	0.0120	0.0734	0.0854	0.1279
4	0.0039	0.0335	0.0374	0.0584
5	0.0013	0.0143	0.0156	0.0250
6	0.0004	0.0059	0.0063	0.0103
7	0.0001	0.0024	0.0025	0.0041
8	0.0000	0.0009	0.0009	0.0016
9	0.0000	0.0004	0.0004	0.0006
$\sum$	0.5164	0.4834	0.9998	0.9996

表 4.2 D/M/1(MWV,VI) 系统的稳态概率分析表

k	π_{k0}	π_{k1}	$\pi_{k0}+\pi_{k1}$	p_k
0	0.3738	—	0.3738	0.1706
1	0.1039	0.2235	0.3274	0.3812
2	0.0289	0.1422	0.1711	0.2457
3	0.0080	0.0682	0.0762	0.1183
4	0.0022	0.0292	0.0314	0.0508
5	0.0006	0.0118	0.0124	0.0205
6	0.0001	0.0046	0.0047	0.0080
7	0.0000	0.0017	0.0017	0.0030
8	0.0000	0.0006	0.0006	0.0011
9	0.0000	0.0002	0.0002	0.0004
$\sum$	0.5175	0.4818	0.9993	0.9992

考虑第二个特殊例子, 假设系统的到达间隔服从二阶 Erlang 分布, 均值为 $1/\lambda=0.8$, 且参数 $\mu_b=2.0$ 是固定的. 图 4.1 描绘了E_2/M/1(MWV) 系统中, 当 $\theta=1.0$ 固定时, 稳态性能指标, 即平均队长 $E(L)$ 与等待时间 $E(W)$, 随休假服务率 μ_v 变化的曲线, 同时展示了系统负载 ρ 对性能指标的影响. 显然, 在负载较大的系统中, 如 $\rho=0.70$, 稳态顾客数和等待时间相对较大. 图 4.2 描绘了 E_2/M/1(MWV,VI) 系统中, 当系统负载 $\rho=0.625$ 固定时, 稳态下平均队长和等待时间随 μ_v 的变化趋势, 而休假率 θ 对指标也有一定的影响. 从而说明休假时间越长, 即 θ 越小, 系统队长和等待时间越大.

由图 4.1 和图 4.2, 可以发现无论在哪种休假策略下, 随着休假服务率 μ_v 的递增, 稳态平均队长和等待时间相应较小, 从而说明在休假期保持一定的服务能力, 可以减少系统浪费, 增加顾客的满意度.

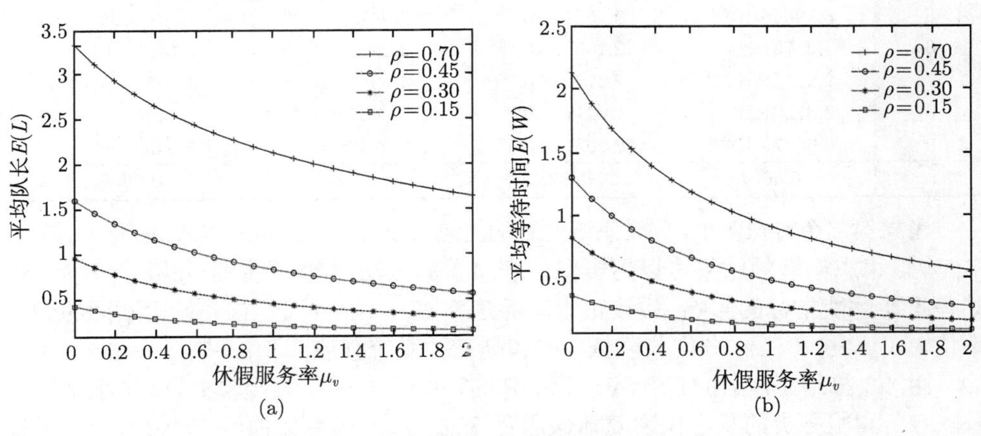

图 4.1 $E(L)$ 与 $E(W)$ 随 μ_v 的变化趋势 (E_2/M/1(MWV))

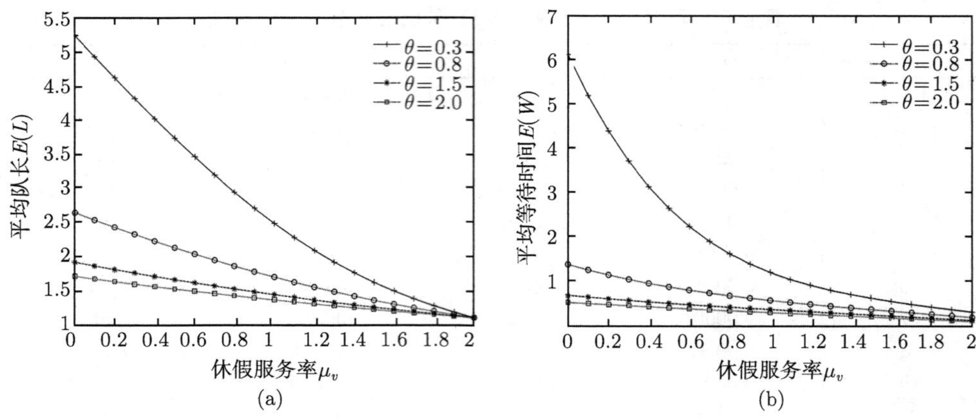

图 4.2 $E(L)$ 与 $E(W)$ 随 μ_v 的变化趋势 (E_2/M/1(MWV,VI))

进而考虑一种单重工作休假机制 (见 4.3 节), 具有固定到达间隔, 记为 D/M/1 (SWV) 排队, 其中 D 表示固定到达间隔. 假设 $\lambda=0.75, \mu_b=1.5, \theta=0.8$ 和 $\mu_v=0.6$ 固定, 此排队的稳态队长和等待时间为 $E(L)=1.0732$ 和 $E(W)=0.3503$, 表 4.3 给出 k 取不同值时, 系统在到达时刻和任意时刻的稳态概率 $\pi_{k1}(\pi_{k0}), p_k$ 的值. 显然, 到达时刻与任意时刻的稳态概率一般是不同的.

表 4.3 D/M/1(SWV) 排队的稳态指标分析表

k	π_{k0}	π_{k1}	$\pi_k(\pi_{k0}+\pi_{k0})$	p_k
0	0.3783	0.2789	0.6571	0.4487
1	0.0675	0.1808	0.2483	0.3707
2	0.0120	0.0589	0.0709	0.1317
3	0.0021	0.0159	0.0181	0.0368
4	3.8275×10^{-4}	0.0039	0.0043	0.0093
5	6.8265×10^{-6}	9.2587×10^{-4}	9.9413×10^{-4}	0.0022
6	1.2175×10^{-5}	2.1053×10^{-4}	2.2271×10^{-4}	5.0467×10^{-4}
7	2.1715×10^{-6}	4.6775×10^{-5}	4.8947×10^{-5}	1.1271×10^{-4}
8	3.8730×10^{-7}	1.0217×10^{-5}	1.0664×10^{-5}	2.4715×10^{-5}
9	6.9077×10^{-8}	2.2031×10^{-6}	2.2722×10^{-6}	5.3453×10^{-6}
$\sum$	0.4604	0.5395	0.9999	0.9999

考虑第二个特殊例子, 假设系统的到达间隔服从二阶 Erlang 分布, 记为 E_2/M/1 (SWV), 稳态概率的结果可以用类似于表 4.3 的方法得到, 集中于分析系统参数对某些重要性能指标的影响. 假设正常服务速率 $\mu_b=1.5$ 固定, 首先使用不同的到达率值 0.3, 0.75 和 1.2, 分别代表低、中和高三种系统强度, 即 $\rho=\lambda/\mu=0.2, 0.5$ 和 0.8. 图 4.3 描绘了E_2/M/1(SWV) 系统中, 当 $\theta=0.8$ 固定时, 稳态性能指标平均队长 $E(L)$ 和服务员的状态概率随休假服务率 μ_v 递增的变化曲线, 同时展示了系统负载 ρ 对性能指标的影响. 显然, 若休假服务率 μ_v 相同, 在负载较大的系统中, 如

$\rho=0.8$, 稳态顾客数 $E(L)$ 相对较大, 同时 μ_v 的增大导致了 $E(L)$ 的变小, 这表明在休假期保持一定的服务能力, 可以减少系统浪费, 增加顾客的满意度, 提升系统效率. 同时, 随着 μ_v 的递增, 服务员处在工作休假期和闲期的概率不断增大, 而相反状态 (正常工作) 的概率减小. 通过简单的忙期分析, 这个现象可以得到解释, 在单重工作休假系统中, 休假期的时间 (V) 是固定的, 当工作休假服务率增大时, 整个循环期 (休假期、下个闲期和正常服务期之和) 将减少, 服务员处于工作休假期的概率可以看为休假期和整个循环期的比率, 这就解释了图 4.3 中展示的状态概率变换趋势.

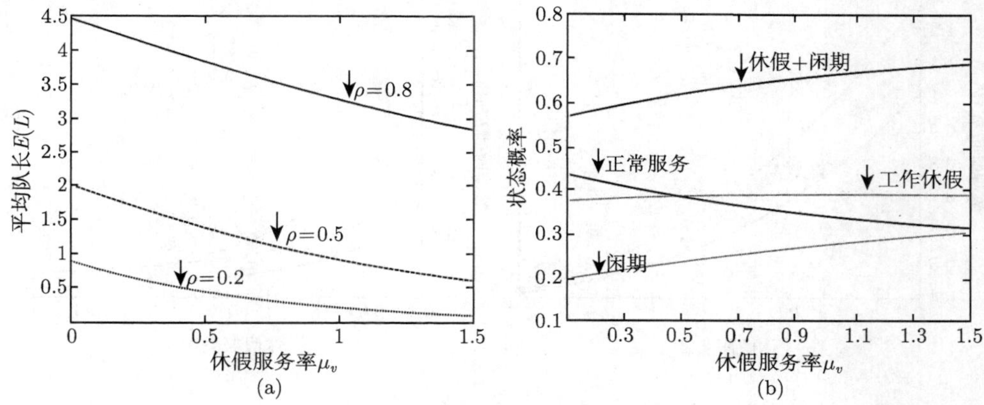

图 4.3 稳态队长 $E(L)$ 和状态概率随慢速率的变化趋势

从实际角度看, 非常有用和重要的一个系统指标是任意顾客的等待时间, 因此下面的数值结果将考虑 $\mathrm{E}_2/\mathrm{M}/1(\mathrm{SWV})$ 系统中稳态等待时间 $E(W)$ 随参数的变化趋势. 图 4.4 描绘了 $E(W)$ 在不同 $\theta=0.4,0.8,1.3$ 情形的变化趋势, 类似于稳态队长, 等待时间随着休假服务率的增大不断减小. 同时, 若休假服务率固定, 较大的休

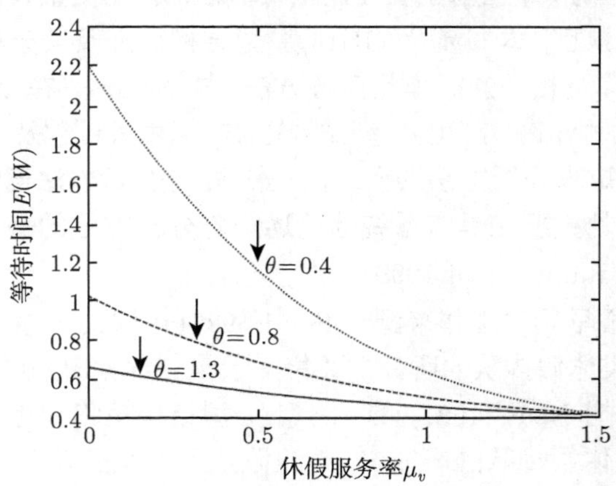

图 4.4 稳态等待时间 $E(W)$ 随慢速率的变化趋势

假率具有较小的等待时间, 因为较大的休假率代表较短的休假时间. 当休假服务率为 1.5 时, 稳态等待时间对应于无休假情形, θ 的值对 $E(W)$ 没有影响.

为展示单重工作休假的优势, 图 4.5 描绘了两个对比结果, 图 (a) 展示了多重工作休假 (MWV) 和单重工作休假 (SWV) 的对比结果. 显然, 在单重工作休假下, 顾客的等待时间将更小. 图 (b) 增加了经典单重休假, 记为 SV, 考虑了 θ 对系统的影响. 显然, 无论系统如何, 随着休假时间 θ^{-1} 的减少, 稳态等待时间也将减少, 且当 θ 固定时, 单重工作休假的等待时间最小.

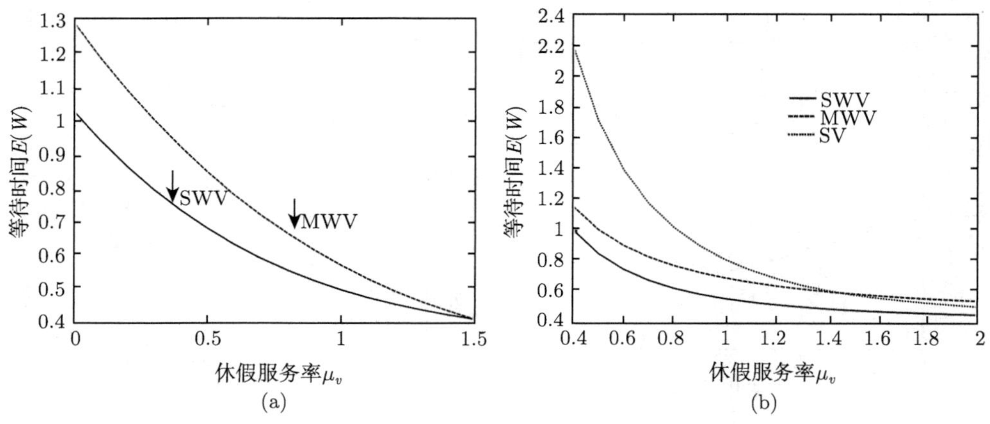

图 4.5 不同策略下稳态等待时间 $E(W)$ 的对比 (GI/M/1 型)

4.6 文献评述

GI/M/1 排队的分析, 当前主要使用两种方法: 补充变量方法和 GI/M/1 型矩阵解析方法. 限于题目, 本书涉及 GI/M/1 型结构矩阵及其分析. 4.1.2 节介绍的 GI/M/1 型结构矩阵及相关的矩阵几何解方法, 是 Neuts 等在 20 世纪后期发展起来的. GI/M/1 型结构矩阵、M/G/1 型结构矩阵、拟生灭过程及 PH 分布理论一起, 构成了随机模型的矩阵分析方法. 近二十年来, 矩阵分析方法已经成为复杂随机系统建模与解析处理的主要工具. 系统地论述矩阵分析方法的著作, 见 Neuts(1981, 1989), Latouche 和 Ramaswami(1999).

GI/M/1 排队最早期的工作来源于 Servi(1986), 引入了一类等待时间依赖于系统状态的模型. 这类休假排队的研究主要集中于国内学者田乃硕等的工作. Tian 等 (1989) 首次成功地把 Neuts(1981) 的 GI/M/1 型结构矩阵和矩阵几何解的分析方法引入到 GI/M/1 休假排队的研究中, 把矩阵几何解从数值形式推广到矩阵形式, 推进了 GI/M/1 型休假排队系统和多服务台休假排队系统的研究. 之后田乃硕在

GI/M/1 休假排队方面作了一系列的工作, 如田乃硕 (1993a,1993b,1993c) 分别研究了单重休假、启动时间和 PH 休假的 GI/M/1 排队, 并在田乃硕 (1993d) 中验证了 GI/PH/1 休假排队系统队长的随机分解规律. Tian 和 Zhang(2003) 研究了带有 PH 休假和启动时间的 GI/M/1 排队, Zhang 和 Tian(2004b) 进行了带有 N 策略的 GI/M/1 排队分析. 田乃硕 (2001) 出版了《休假随机服务系统》一书, 不仅对 M/G/1 型休假系统, 还对各种 GI/M/1 和多服务台休假排队系统, 均给出了详细论述, 其中大量不同休假策略的 GI/M/1 型休假排队系统, 其中包括离散时间情形, 得到了系统稳态指标的随机分解规律, 建立了 GI/M/1 型休假排队的理论体系. 岳德权和赵玮 (1994) 研究了具有延误休假的 GI/M/1 型排队系统, 朱翼隽等 (2004) 给出了一个带有负顾客的 GI/M/1 休假排队的分析.

与国内研究成果相比, 国外对于 GI/M/1 型休假排队研究相对较少, 同样在 1989 年, Chatterjee 和 Mukherjee(1990) 提出采用经典嵌入 MC 的方法研究 GI/M/1 型休假排队的思想, 并给出了稳态分析. 随后研究同样集中于带有不同休假策略的排队, 可见 Machihara(1995), Dukhorny(1997), Karaesman 和 Gupta(1996), Laxmi 和 Guipta(1999), Ke(2003) 等. 在这些工作中, 使用不同方法研究了多类型的 GI/M/1 休假排队, Machihara(1995) 研究了一类具有 PH 到达和半 Markov 服务的 GI/M/1 休假排队, Dukhorny(1997) 给出了批到达和批服务的 GI/M/1 休假排队稳态结果, Karaesman 和 Gupta(1996) 分析了具有批到达和有限容量的 GI/M/1/K 休假排队, Laxmi 和 Guipta(1999) 采用补充变量方法给出了具有批到达和有限容量的 GI/M/1 休假排队结果, Ke(2003) 同样采用补充变量方法给出了带有 N 策略和有限容量的 GI/M/1/休假排队结果. 专著 Tian 和 Zhang(2006b), 以随机分解为核心, 构建了休假排队理论框架; 对国内外休假排队研究 30 年的主要成果, 给出了系统的论述, 其中包括 GI/M/1 休假排队.

在 2005 年, Baba(2005) 采用矩阵几何解方法研究了带有多重工作休假的GI/M/1 排队, 得出了这个系统中到达时刻和任意时刻队长以及顾客等待时间的稳态分布, 此文首次将矩阵分析方法应用到工作休假排队中, 为进一步的研究工作提供了重要思想. 4.2 节中使用矩阵几何解分析方法, 更加简单和方便, 并首次给出了等待时间的具体表达式及随机分解结构. Banik 等 (2007) 分析了一个有限源工作休假的 GI/M/1/N 排队, 给出了稳态指标的计算程序, 从数值结分析的角度给出系统稳态指标的变化趋势. 国内学者 Yu 等 (2009) 采用补充变量方法分析了一个有限源带有批到达和批服务的 $\mathrm{GI}/^{\mathrm{X}}/\mathrm{M}^{\mathrm{b}}/1/\mathrm{L}$ 工作休假排队, 进一步扩展了 GI/M/1 型工作休假排队的理论成果. Li 等 (2008b) 将工作休假和休假中断策略引入到 GI/M/1 排队中, 采用矩阵几何解方法, 分析了指数工作休假, 给出了稳态指标分析, 构成了 4.4 节的内容. Chae 等 (2009) 给出了连续时间和离散时间的 GI/M/1 单重工作休假排队分析, 采用嵌入 MC 平衡方程得到了稳态队长和逗留时间分析, 进而 Li 和

Tian(2011) 采用 GI/M/1 型结构矩阵方法研究了单重工作休假排队, 进而扩展了 GI/M/1 型工作休假排队的研究方法, 此为 4.3 节内容. Laxmi 等 (2013) 将工作休假和休假中断引入到服务依赖于系统状态的 GI/M(n)/1/N 排队, 采用补充变量方法给出了稳态指标.

第 5 章　工作休假的 GI/Geo/1 型排队系统

顾客的到达和离去只能发生在有固定间隔的离散时刻, 称为离散时间排队. 在这类型的排队模型中, 到达间隔与服务时间都是非负整值随机变量. 计算机通信网络中, 顾客的服务工作量通常指到达程序中数据单位的个数, 而这些数据单位通常是一些号码组, 服务台则是由计算机、信道或终端等排队构成信息的存储或记忆. 在这样的系统中, 最自然的基本时间是比特 (bit) 或单位电脉冲的持续时间, 因此, 所有的事件只能在有固定间隔的离散时刻发生. 离散时间排队正是刻画计算机通信网络的最理想模型. 因此, 我们研究离散时间工作休假排队系统是必要的. 本章平行于第 4 章的结果, 将采用矩阵几何解方法, 得到工作休假的 GI/M/1 排队的离散时间变体 GI/Geo/1 模型的一系列稳态指标及其随机分解结果. 为建立工作休假系统与经典排队之间的关系, 先简要描述离散时间无休假的 GI/Geo/1 排队, 具体可见 Hunter(1983).

5.1　GI/Geo/1 排队系统

假设顾客到达只能发生于离散时刻 $t = n^+, n = 1, 2, \cdots$, 到达间隔 $\{T_k, k \geqslant 1\}$ 是独立同分布的离散随机变量, 服从一般分布

$$P\{T_k = j\} = \lambda_j, \quad j = 1, 2, \cdots,$$

并有均值和母函数

$$E(T_k) = \lambda^{-1}, \quad A(z) = \sum_{j=1}^{\infty} z^j \lambda_j.$$

顾客的服务时间相互独立并服从同一几何分布

$$P\{S = j\} = (1 - \mu)^{j-1}\mu, \quad j = 1, 2, \cdots, \quad 0 < \mu < 1.$$

约定服务的开始和结束只能发生于离散时刻 $t = n^-, n = 1, 2, \cdots$. 把到达时刻与服务起止时刻分别安排在 n^+ 和 n^-, 是为了使时刻 n 系统中的顾客数完全确定的含义. 到达间隔与顾客的服务时间相互独立, 称这一系统为早到达 (Early Arrival) 离散时间 GI/Geo/1 排队. 同时存在到达时刻与服务起止时刻正好相反的另一晚到达 (Late Arrival) 系统, 由于分析方法的类似性, 我们在此只考虑早到达系统. 对这两类系统的详细描述可见 Hunter(1983).

令 $L(t)$ 是时刻 t 系统中的顾客数, L_n 是第 n 个顾客到达前夕系统中的顾客数, $\{L_n, n \geqslant 1\}$ 是队长过程的嵌入 MC, 记

$$a_j = \sum_{r=j}^{\infty} \lambda_r \binom{r}{j} \mu^j (1-\mu)^{r-j}, \quad j \geqslant 0,$$

则 a_j 是一个离散到达间隔内恰好完成 j 个顾客服务的概率. $\{a_j, j \geqslant 0\}$ 是一个概率分布, 有母函数和均值

$$\sum_{j=0}^{\infty} a_j z^j = A(1-\mu(1-z)), \quad \sum_{j=1}^{\infty} j a_j = \frac{\mu}{\lambda} = \rho^{-1}.$$

$\{L_n, n \geqslant 1\}$ 的一步转移概率阵可表示为

$$\boldsymbol{P} = \begin{pmatrix} b_0 & a_0 & & & & \\ b_1 & a_1 & a_0 & & & \\ b_2 & a_2 & a_1 & a_0 & & \\ b_3 & a_3 & a_2 & a_1 & a_0 & \\ \vdots & \vdots & \vdots & \vdots & \vdots & \ddots \end{pmatrix}, \tag{5.1.1}$$

其中

$$b_j = 1 - \sum_{k=0}^{j} a_k, \quad j \geqslant 0.$$

与连续时间 GI/M/1 排队系统类似, 可以证明系统正常返当且仅当 $\rho = \lambda\mu^{-1} < 1$.

引理 5.1.1　若 $\rho < 1$, 则方程

$$z = A(1-\mu(1-z))$$

在 $(0,1)$ 内存在唯一根.

证明　设

$$g(z) = A(1-\mu(1-z)),$$

则 $g(0) = A(1-\mu) < 1$ 及 $g(1) = 1$, 而且

$$g'(z) = \mu A'(1-\mu(1-z)) > 0, \quad g''(z) = \mu^2 A''(1-\mu(1-z)) > 0,$$

可以说明 $g(z)$ 在 $(0,1)$ 内为递增凸函数, 且 $g(0) = A(1-\mu) < g(z) < g(1) = 1$. 若 $\rho < 1, g'(1) = \rho^{-1} > 1$, 说明在 $(0,1)$ 内, 方程 $g(z) = z$ 存在唯一根, 引理得证.

定理 5.1.2 当 $\rho<1$ 时, $\{L_n, n\geqslant 1\}$ 的稳态分布是

$$\pi_j=(1-\xi)\xi^j,\quad j\geqslant 0,$$

其中 ξ 是方程 $z=A(1-\mu(1-z))$ 在 $(0,1)$ 内的唯一根.

显然, GI/Geo/1 排队在到达时刻的稳态队长服从参数为 $1-\xi$ 的几何分布, 母函数表示为

$$L(z)=\frac{1-\xi}{1-\xi z}. \tag{5.1.2}$$

定理 5.1.3 当 $\rho<1$ 时, GI/Geo/1 排队系统的稳态等待时间 W 有母函数

$$W(z)=\frac{(1-\xi)(1-(1-\mu)z)}{1-(1-\mu(1-\xi))z}.$$

引理 5.1.1 和定理 5.1.2 的证明具体可见田乃硕 (1994). 稳态下到达时刻的平均队长及顾客的平均等待时间分别是

$$E(L)=\frac{\xi}{1-\xi},\quad E(W)=\frac{\xi}{\mu(1-\xi)}. \tag{5.1.3}$$

5.2 多重工作休假的 GI/Geo/1 排队

5.2.1 模型描述

考虑一个 GI/Geo/1 排队系统, 到达间隔 $\{T_n, n\geqslant 1\}$ 服从一般分布 $\{\lambda_j, j\geqslant 1\}$, 母函数和均值分别为 $A(z)$ 和 $1/\lambda$. 正常服务期内任意顾客的服务时间 $\{S_n, n\geqslant 1\}$ 独立同分布, 服从参数为 μ_b 的几何分布. 约定到达只发生于离散时刻 $t=n^+, n=1,2,\cdots$, 服务的开始与结束发生于离散时刻 $t=n^-, n=1,2,\cdots$, 即我们只考虑早到达系统. 引入空竭服务, 多重工作休假的策略, 当一次服务完成, 系统变空时, 服务员进入休假, 在休假期内, 若有新顾客到达系统, 则服务员以较慢的速率为顾客提供服务, 假设休假期间内的服务时间 $\{S_{vn}, n\geqslant 1\}$ 独立同分布, 服从参数为 μ_v 的几何分布, 设 $0\leqslant\mu_v\leqslant\mu_b<1$. 当一次休假结束, 系统中无顾客, 服务员进入另外一次休假, 否则, 正在以服务率 μ_v 服务的顾客转化为以服务率 μ_b 进行服务, 开始正常工作. 设工作休假时间独立同分布, 服从几何分布

$$P\{V=j\}=(1-\theta)^{j-1}\theta,\quad j=1,2,\cdots,\quad 0<\theta<1.$$

休假的开始和结束只发生于时刻 $t=n^+$. 此系统记为离散时间 GI/Geo/1(MWV) 模型.

假设到达时间间隔、工作休假时间、正常服务期和工作休假期内的服务时间彼此独立, 且遵循 FCFS 的服务规则.

令 $L(t)$ 为时刻 t 系统中的顾客数, L_n 为时刻 $t=n^+$, 第 n 次到达前瞬间系统顾客数, 定义

$$J_n=\begin{cases}0, & \text{第}n\text{次到达发生于工作休假期},\\ 1, & \text{第}n\text{次到达发生于正规服务期},\end{cases}$$

则 $\{(L_n,J_n),n\geqslant 1\}$ 是一个嵌入 Markov 过程, 状态空间为

$$\Omega=\{(0,0)\}\bigcup\{(k,j),k\geqslant 1,j=0,1\}.$$

为了表示出 $\{(L_n,J_n),n\geqslant 1\}$ 的转移概率阵, 假设

$$p_{(i,j),(k,l)}=P\{L_{n+1}=k,J_{n+1}=l|L_n=i,J_n=j\},\quad j,l=0,1.$$

引入下列三个概率表达

$$\begin{aligned}
a_j&=\sum_{r=j}^{\infty}\lambda_r\begin{pmatrix}r\\j\end{pmatrix}\mu_b^j(1-\mu_b)^{r-j},\quad j\geqslant 0,\\
b_j&=\sum_{r=j}^{\infty}\lambda_r(1-\theta)^r\begin{pmatrix}r\\j\end{pmatrix}\mu_v^j(1-\mu_v)^{r-j},\quad j\geqslant 0,\\
c_j&=\sum_{r=j}^{\infty}\lambda_r\sum_{i=1}^{r}\theta(1-\theta)^{i-1}\sum_{k=\Delta}^{\min(i,j)}\begin{pmatrix}i\\k\end{pmatrix}\mu_v^k(1-\mu_v)^{i-k}\\
&\quad\times\begin{pmatrix}r-i\\j-k\end{pmatrix}\mu_b^{j-k}(1-\mu_b)^{r-i-j+k},\quad j\geqslant 0,
\end{aligned}$$

其中假设

$$\begin{pmatrix}i\\k\end{pmatrix}:=0;\quad k<0,k>i;\quad \lambda_0=0;\quad \Delta=\max(0,i+j-r),$$

a_j 是正常工作期内, 一个到达间隔内恰好以速率 μ_b 服务 j 个顾客的概率, b_j 是工作休假期内, 休假时间大于到达间隔, 且一个到达间隔内恰好以速率 μ_v 服务 j 个顾客的概率, c_j 是到达间隔大于休假时间, 且到达间隔内恰好服务 j 个顾客的概率, 当然部分顾客以速率 μ_v 接受服务, 其他以正常工作速率 μ_b 接受服务. 注意到

$$\sum_{j=0}^{\infty}b_j=A(1-\theta),\quad \sum_{j=0}^{\infty}c_j=1-A(1-\theta),$$

因此, $\{b_j,j\geqslant 0\}$ 和 $\{c_j,j\geqslant 0\}$ 是不完全概率分布.

下面, 考虑 $\{(L_n,J_n),n\geqslant 1\}$ 的一步转移概率. 首先, 正如无休假经典 GI/Geo/1 排队一样, 从状态 $(i,1)$ 转移到 $(j,1)$ 表明在正常服务期内, 到达间隔内 $i+1-j$ 个

服务完成, 因此, 有

$$p_{(i,1),(j,1)} = \begin{cases} a_{i+1-j}, & 1 \leqslant j \leqslant i+1, \\ 0, & j \geqslant i+2. \end{cases} \tag{5.2.1}$$

从状态 $(i,0)$ 转移到 $(j,0)$ 表明工作休假时间大于到达间隔, 且到达间隔内 $i+1-j$ 个服务完成. 因此

$$p_{(i,0),(j,0)} = \begin{cases} b_{i+1-j}, & 1 \leqslant j \leqslant i+1, \\ 0, & j \geqslant i+2. \end{cases} \tag{5.2.2}$$

从状态 $(i,0)$ 转移到 $(j,1)$ 表明到达间隔大于休假时间, 则到达间隔内休假完成, 并且到达间隔内恰好服务 $i+1-j$ 个顾客, 假设工作休假期内服务 $k(k \leqslant i+1-j)$ 个顾客, 正常工作期内 $i+1-j-k$ 个服务完成, 则

$$p_{(i,0),(j,1)} = \begin{cases} c_{i+1-j}, & 1 \leqslant j \leqslant i+1, \\ 0, & j \geqslant i+2. \end{cases} \tag{5.2.3}$$

由式 (5.2.1) 到式 (5.2.3), 得到

$$p_{(i,1),(0,0)} = 1 - \sum_{k=0}^{i} a_k, \quad i \geqslant 1; \quad p_{(i,0),(0,0)} = 1 - \sum_{k=0}^{i} (b_k + c_k), \quad i \geqslant 0.$$

综上, 若把状态按字典序排列, $\mathrm{MC}\{(L_n, J_n), n \geqslant 1\}$ 的转移阵可写成分块形式

$$\widetilde{\boldsymbol{P}} = \begin{pmatrix} \boldsymbol{B}_{00} & \boldsymbol{A}_{01} & & & & \\ \boldsymbol{B}_1 & \boldsymbol{A}_1 & \boldsymbol{A}_0 & & & \\ \boldsymbol{B}_2 & \boldsymbol{A}_2 & \boldsymbol{A}_1 & \boldsymbol{A}_0 & & \\ \boldsymbol{B}_3 & \boldsymbol{A}_3 & \boldsymbol{A}_2 & \boldsymbol{A}_1 & \boldsymbol{A}_0 & \\ \vdots & \vdots & \vdots & \vdots & \vdots & \ddots \end{pmatrix}, \tag{5.2.4}$$

其中

$$\boldsymbol{B}_{00} = 1 - b_0 - c_0; \quad \boldsymbol{A}_{01} = (b_0, c_0);$$

$$\boldsymbol{A}_k = \begin{pmatrix} b_k & c_k \\ 0 & a_k \end{pmatrix}, \quad k \geqslant 0; \quad \boldsymbol{B}_k = \begin{pmatrix} 1 - \sum_{i=0}^{k} (c_i + b_i) \\ 1 - \sum_{i=0}^{k} a_i \end{pmatrix}, \quad k \geqslant 1.$$

显然, $\widetilde{\boldsymbol{P}}$ 为 4.1.2 节的 GI/M/1 型结构矩阵, 表明 $\{(L_n, J_n), n \geqslant 1\}$ 是不可约、非周期的.

5.2.2 稳态队长

为了得到系统的常返性条件及其稳态分布, 需要下列两个引理.

引理 5.2.1 若 $0<\theta<1$, 等式 $z=A((1-\theta)(1-\mu_v(1-z)))$ 在 $(0,1)$ 内存在唯一根.

证明 令 $\varphi(z)=A((1-\theta)(1-\mu_v(1-z)))$, 则有

$$0<\varphi(0)=A((1-\theta)(1-\mu_v))<\varphi(1)=A(1-\theta)<1,$$

且当 $0<z<1$ 时,

$$\varphi'(z)=\mu_v(1-\theta)A'((1-\theta)(1-\mu_v(1-z)))>0;$$
$$\varphi''(z)=\mu_v^2(1-\theta)^2A''((1-\theta)(1-\mu_v(1-z)))>0.$$

可以说明 $\varphi(z)$ 在 $(0,1)$ 内为递增凸函数, 说明在 $(0,1)$ 内, 方程 $\varphi(z)=z$ 存在唯一根, 引理得证.

引理 5.2.2 若 $\rho=\lambda/\mu_b<1$ 和 $0<\theta<1$, 则

$$\beta(\gamma-\xi)=\frac{\theta(1-\mu_v(1-\gamma))}{(1-\theta)(1-\mu_v(1-\gamma))-(1-\mu_b(1-\gamma))}(\gamma-\xi)>0,$$

其中 ξ,γ 分别为等式 $z=A(1-\mu_b(1-z)), z=A((1-\theta)(1-\mu_v(1-z)))$ 在 $0<z<1$ 内的唯一根.

证明 由引理 5.1.1, 假设 ξ 是 $z=A(1-\mu_b(1-z))$ 在 $(0,1)$ 内的唯一根, 则

(1) $0<z<\xi$ 时, $A(1-\mu_b(1-z))>z$;

(2) $\xi<z<1$ 时, $A(1-\mu_b(1-z))<z$.

先设 $0<(1-\theta)(1-\mu_v(1-\gamma))<1-\mu_b(1-\xi)$, 取母函数, 得到

$$0<A((1-\theta)(1-\mu_v(1-\gamma)))<A(1-\mu_b(1-\xi))=\xi,$$

即 $0<\gamma<\xi$. 此时必有 $(1-\theta)(1-\mu_v(1-\gamma))<1-\mu_b(1-\gamma)$, 否则, 若 $(1-\theta)(1-\mu_v(1-\gamma))\geqslant 1-\mu_b(1-\gamma)$, 导致

$$\gamma=A((1-\theta)(1-\mu_v(1-\gamma)))\geqslant A(1-\mu_b(1-\gamma)),$$

这与上述 (1) 矛盾. 于是, 有 $\gamma-\xi<0$ 及 $(1-\theta)-(1-(\mu_b-\mu_v)(1-\gamma))<0$, 从而 $\beta(\gamma-\xi)>0$. 当假设 $1-\mu_b(1-\xi)<(1-\theta)(1-\mu_v(1-\gamma))<1$ 时, 证明类似.

定理 5.2.3 若 $\rho=\lambda/\mu_b<1$ 和 $0<\theta<1$, 矩阵方程 $\boldsymbol{R}=\sum\limits_{k=0}^{\infty}\boldsymbol{R}^k\boldsymbol{A}_k$ 存在最小非负解

$$\boldsymbol{R}=\begin{pmatrix}\gamma & \beta(\gamma-\xi)\\ 0 & \xi\end{pmatrix}. \tag{5.2.5}$$

证明 所有 $\boldsymbol{A}_k$ 是上三角阵, 如果矩阵方程有解 $\boldsymbol{R}$, $\boldsymbol{R}$ 也是上三角的. 可设

$$\boldsymbol{R}=\begin{pmatrix} r_{11} & r_{12} \\ 0 & r_{22} \end{pmatrix},$$

将 $\boldsymbol{R}^k$ 代入矩阵方程得到 $\boldsymbol{R}$ 中元素的代数方程组

$$\begin{cases} r_{11}=\displaystyle\sum_{k=0}^{\infty} b_k r_{11}^k, \\ r_{12}=\displaystyle\sum_{k=0}^{\infty} r_{11}^k c_k + r_{12}\sum_{k=1}^{\infty} a_k \sum_{j=0}^{k-1} r_{11}^j r_{22}^{k-1-j}, \\ r_{22}=\displaystyle\sum_{k=0}^{\infty} a_k r_{22}^k = A(1-\mu_b(1-z)). \end{cases} \tag{5.2.6}$$

由引理 5.1.1 当 $\rho=\lambda/\mu_b<1$ 时, 式 (5.2.6) 中第三个等式在 $(0,1)$ 内有唯一根 $r_{22}=\xi$, 对第一式计算

$$\begin{aligned} r_{11}&=\sum_{k=0}^{\infty}\sum_{r=k}^{\infty}\lambda_r\sum_{i=r+1}^{\infty}\theta(1-\theta)^{i-1}\begin{pmatrix} r \\ k \end{pmatrix}\mu_v^k(1-\mu_v)^{r-k}r_{11}^k \\ &=\sum_{r=1}^{\infty}\lambda_r\sum_{i=r+1}^{\infty}\theta(1-\theta)^{i-1}\sum_{k=0}^{r}\begin{pmatrix} r \\ k \end{pmatrix}\mu_v^k(1-\mu_v)^{r-k}r_{11}^k \\ &=\sum_{r=1}^{\infty}\lambda_r(1-\theta)^r(1-\mu_v(1-r_{11}))^r \\ &=A((1-\theta)(1-\mu_v(1-r_{11}))), \end{aligned}$$

由引理 5.2.1, $r_{11}=\gamma$. 将其代入式 (5.2.6) 中第二式, 得

$$r_{12}\left(1-\sum_{k=1}^{\infty}a_k\sum_{j=0}^{k-1}\xi^j\gamma^{k-1-j}\right)=\sum_{k=0}^{\infty}\gamma^k c_k. \tag{5.2.7}$$

计算得到

$$\begin{aligned} &\sum_{k=0}^{\infty}\gamma^k c_k \\ =&\sum_{r=0}^{\infty}\lambda_r(1-\mu_b(1-\gamma))^r\sum_{i=1}^{r}\theta(1-\theta)^{i-1}\left(\frac{1-\mu_v(1-\gamma)}{1-\mu_b(1-\gamma)}\right)^i \\ =&\beta(\gamma-A(1-\mu_b(1-\gamma))) \end{aligned}$$

及

$$1-\sum_{k=0}^{\infty}a_k\sum_{j=0}^{k-1}\gamma^j\xi^{k-1-j}=1-\sum_{k=0}^{\infty}a_k\frac{\xi^k-\gamma^k}{\xi-\gamma}=\frac{\gamma-A(1-\mu_b(1-\gamma))}{\gamma-\xi}.$$

替代以上两式到式 (5.2.7) 中, 得到 $\boldsymbol{R}$ 的表达式 (5.2.5). 由引理 5.2.2, 若 $\rho<1$ 且 $0<\theta<1$, 有 $\beta(\gamma-\xi)>0$, 定理得证.

下面得到稳态下系统正常返的充分必要条件.

定理 5.2.4　$\mathrm{MC}\{(L_n,J_n),n\geqslant 1\}$ 正常返当且仅当 $\rho<1$.

证明　由定理 4.1.8, $\{(L_n,J_n),n\geqslant 1\}$ 正常返当且仅当 $\boldsymbol{R}$ 的谱半径 $\mathrm{SP}(\boldsymbol{R})<1$, 并且矩阵

$$\boldsymbol{B}[\boldsymbol{R}]=\begin{pmatrix}\boldsymbol{B}_{00} & \boldsymbol{A}_{01}\\ \sum\limits_{k=1}^{\infty}\boldsymbol{R}^{k-1}\boldsymbol{B}_k & \sum\limits_{k=1}^{\infty}\boldsymbol{R}^{k-1}\boldsymbol{A}_k\end{pmatrix}$$

有正左不变向量. 由定理 5.2.3, 当 $\rho<1$, $0<\xi,\gamma<1$ 时, $\mathrm{SP}(\boldsymbol{R})<1$. 直接计算可知

$$\boldsymbol{B}[\boldsymbol{R}]=\begin{pmatrix}1-b_0-c_0 & b_0 & c_0\\ \dfrac{b_0}{\gamma}+\dfrac{c_0}{\gamma}-\dfrac{a_0\beta(\gamma-\xi)}{\gamma\xi} & 1-\dfrac{b_0}{\gamma} & \dfrac{a_0\beta(\gamma-\xi)}{\gamma\xi}-\dfrac{c_0}{\gamma}\\ \dfrac{a_0}{\xi} & 0 & 1-\dfrac{a_0}{\xi}\end{pmatrix}.$$

很容易验证 $\boldsymbol{B}[\boldsymbol{R}]$ 有左不变向量,

$$x_0(1,\gamma,\beta(\gamma-\xi)),\tag{5.2.8}$$

其中 x_0 为任意正常数. 从而说明 $\{(L_n,J_n),n\geqslant 1\}$ 正常返当且仅当 $\rho<1$.

定义 $\widetilde{\boldsymbol{P}}$ 的稳态分布为

$$\begin{aligned}&\boldsymbol{\pi}_0=\pi_{00};\quad \boldsymbol{\pi}_k=(\pi_{k0},\pi_{k1}),\quad k\geqslant 1;\\ &\pi_{kj}=P\{L=k,J=j\}=\lim_{n\to\infty}P\{L_n=k,J_n=j\},\quad (k,j)\in\Omega.\end{aligned}$$

定理 5.2.5　当 $\rho<1$ 时, $\widetilde{\boldsymbol{P}}$ 的稳态分布为

$$\begin{cases}\pi_{k0}=\sigma(1-\xi)\gamma^k, & k\geqslant 0,\\ \pi_{k1}=\sigma(1-\xi)\beta(\gamma^k-\xi^k), & k\geqslant 1,\end{cases}\tag{5.2.9}$$

其中

$$\sigma=\frac{1-\gamma}{1-\xi+\beta(\gamma-\xi)}.$$

证明　由定理 4.1.8, 若 $\widetilde{\boldsymbol{P}}$ 正常返, $(\pi_{00},\pi_{10},\pi_{11})$ 由正左不变向量 (5.2.8) 给出, 并且满足正规化条件

$$\pi_{00}+(\pi_{10},\pi_{11})(\boldsymbol{I}-\boldsymbol{R})^{-1}\boldsymbol{e}=1.$$

替代 $\boldsymbol{R}$ 的表达式到上式, 易得

$$\pi_{00} = (1-\xi)\frac{1-\gamma}{1-\xi+\beta(\gamma-\xi)} = \sigma(1-\xi).$$

因此, 有

$$(\pi_{10}, \pi_{11}) = \sigma(1-\xi)(\gamma, \beta(\gamma-\xi)).$$

由矩阵几何解

$$\boldsymbol{\pi}_k = (\pi_{k0}, \pi_{k1}) = (\tau_{10}, \pi_{11})\boldsymbol{R}^{k-1}, \quad k \geqslant 1,$$

易得式 (5.2.9), 定理得证.

由式 (5.2.9), 可以得到系统到达时刻处于各个状态的概率.

$$P\{\text{处于工作休假期}\} = \sum_{k=0}^{\infty} \pi_{k0} = \frac{1-\xi}{1-\xi+\beta(\gamma-\xi)},$$

$$P\{\text{处于正常工作期}\} = \sum_{k=1}^{\infty} \pi_{k1} = \frac{\beta(\gamma-\xi)}{1-\xi+\beta(\gamma-\xi)}.$$

稳态下系统在到达时刻的顾客数 L 的分布为

$$\begin{aligned}
&P\{L=0\} = \pi_{00} = \sigma(1-\xi), \\
&P\{L=k\} = \pi_{k0} + \pi_{k1} = \sigma(1-\xi)(\gamma^k + \beta(\gamma^k - \xi^k)), \quad k \geqslant 1.
\end{aligned}$$

对于到达时刻的稳态队长 L, 有如下的随机分解结构.

定理 5.2.6 若 $\rho < 1$, 到达时刻的稳态队长 L 可以分解成两个独立随机变量之和: $L = L_0 + L_d$, 其中 L_0 为经典无休假的 GI/Geo/1 早到达排队在到达时刻的稳态队长, 服从参数为 ξ 的几何分布; 附加队长 L_d 服从修正的几何分布

$$\begin{aligned}
&P\{L_d=0\} = \sigma, \\
&P\{L_d=k\} = \sigma\beta(\gamma-\xi)\frac{\mu_b-\mu_v}{\theta(1-\mu_v(1-\gamma))}(1-\gamma)\gamma^{k-1}, \quad k \geqslant 1.
\end{aligned}$$

证明 对 L 的稳态分布, 取母函数, 有

$$\begin{aligned}
L(z) &= \sum_{k=0}^{\infty} z^k \pi_{k0} + \sum_{k=1}^{\infty} z^k \pi_{k1} \\
&= \sigma(1-\xi)\left\{1 + \frac{\gamma z}{1-\gamma z} + \beta(\gamma-\xi)\frac{1}{1-\xi z}\frac{z}{1-\gamma z}\right\} \\
&= \frac{1-\xi}{1-\xi z}\sigma\left\{1 + (\beta+1)(\gamma-\xi)\frac{z}{1-\gamma z}\right\} \\
&= \frac{1-\xi}{1-\xi z}\left\{\sigma + \sigma\frac{(\beta+1)(\gamma-\xi)}{1-\gamma}\frac{(1-\gamma)z}{1-\gamma z}\right\} = L_0(z)L_d(z), \qquad (5.2.10)
\end{aligned}$$

其中 $L_0(z)$ 是经典无休假 GI/Geo/1 早到达系统到达时刻稳态队长的母函数, 对于 $L_d(z)$, 可以验证

$$\sigma+\sigma\frac{(\beta+1)(\gamma-\xi)}{1-\gamma}=\sigma+\sigma\beta(\gamma-\xi)\frac{\mu_b-\mu_v}{\theta(1-\mu_v(1-\gamma))}=1,$$

则说明 $L_d(z)$ 为一个母函数, 展开得到附加队长的分布.

由随机分解结构很容易得到到达时刻稳态队长的均值

$$E(L)=E(L_0)+E(L_d)=\frac{\xi}{1-\xi}+\frac{\mu_b-\mu_v}{\theta(1-\mu_v(1-\gamma))}\frac{\beta(\gamma-\xi)}{1-\xi+\beta(\gamma-\xi)}.$$

5.2.3 等待时间

以 W 表示顾客的稳态等待时间, 给出 W 的分布是比较复杂的. 平行于连续时间情形, 首先证明几个引理, 它们涉及负二项分布的若干有趣性质.

假设 $X^{(r)}$ 服从参数为 r 和 η 的负二项分布, V 服从参数为 θ 的几何分布, 即

$$P\{X^{(r)}=m\}=\begin{pmatrix} m \\ r \end{pmatrix}\eta^r(1-\eta)^{m-r}, \quad m\geqslant r;$$
$$P\{V=k\}=\theta(1-\theta)^k, \quad k\geqslant 0,$$

且设 $X^{(r)}$ 和 V 相互独立, 由两个引理说明负二项分布的条件概率封闭性.

引理 5.2.7 在 $X^{(r)}\leqslant V, r\geqslant 1$ 条件下, $X^{(r)}$ 的条件分布是参数为 r 和 $\theta+\eta(1-\theta)$ 的负二项分布.

证明 首先, 计算条件概率

$$\begin{aligned}
&P\{X^{(r)}\leqslant V\}\\
=&\sum_{m=r}^{\infty}P\{X^{(r)}=m\}P\{V\geqslant m\}\\
=&\sum_{m=r}^{\infty}\begin{pmatrix} m \\ r \end{pmatrix}\eta^r(1-\eta)^{m-r}(1-\theta)^m \quad (k=m-r+1)\\
=&[\eta(1-\theta)]^r\sum_{k=1}^{\infty}\begin{pmatrix} k-1+r \\ r \end{pmatrix}[(1-\eta)(1-\theta)]^{k-1}\\
=&\left(\frac{\eta(1-\theta)}{\theta+\eta(1-\theta)}\right)^r.
\end{aligned}$$

由独立性, 有

$$\begin{aligned}
&P\{X^{(r)}=k|X^{(r)}\leqslant V\}\\
=&\frac{P\{X^{(r)}=k,X^{(r)}\leqslant V\}}{P\{X\leqslant V\}}\\
=&\left(\frac{\theta+\eta(1-\theta)}{\eta(1-\theta)}\right)^r\begin{pmatrix}k\\r\end{pmatrix}\eta^r(1-\eta)^{k-r}(1-\theta)^k\\
=&\begin{pmatrix}k\\r\end{pmatrix}[\theta+\eta(1-\theta)]^r\{1-[\theta+\eta(1-\theta)]\}^{k-r}.
\end{aligned}$$

因此, 在 $X^{(r)}\leqslant V$ 的条件下, $X^{(r)}$ 服从参数为 r 和 $\theta+\eta(1-\theta)$ 的负二项分布, 且母函数表示为

$$\Psi_r(z)=\left(\frac{[\theta+\eta(1-\theta)]z}{1-[1-(\theta+\eta(1-\theta))]z}\right)^r. \tag{5.2.11}$$

同时, 假设 X 服从几何分布, 即

$$P\{X=j\}=\eta(1-\eta)^{j-1},\quad j\geqslant 1,$$

且 $X^{(r)},V$ 和 X 彼此独立. 采用相同的概率分析法, 可以得到另外一个负二项分布条件概率封闭性.

引理 5.2.8 在 $X^{(r)}\leqslant V<X^{(r)}-X,r\geqslant 1$ 条件下, V 的条件随机变量可以分解成两个随机变量之和, X^*,Y^*: 其中 X^* 服从参数为 $\theta+\eta(1-\theta)$ 的几何分布, Y^* 服从参数为 r 和 $\theta+\eta(1-\theta)$ 的负二项分布.

证明 首先, 计算条件概率

$$\begin{aligned}
&P\{X^{(r)}\leqslant V<X^{(r)}+X\}\\
=&\sum_{k=r}^{\infty}\begin{pmatrix}k\\r\end{pmatrix}\eta^r(1-\eta)^{k-r}\sum_{j=k}^{\infty}\theta(1-\theta)^j(1-\eta)^{j-k}\\
=&\frac{\theta}{\theta+\eta(1-\theta)}\left(\frac{\eta(1-\theta)}{\theta+\eta(1-\theta)}\right)^r,
\end{aligned}$$

则有

$$\begin{aligned}
&P\{V=k|X^{(r)}\leqslant V<X^{(r)}+X\}\\
=&\frac{P\{V=k,X^{(r)}\leqslant V<X^{(r)}+X\}}{P\{X^{(r)}\leqslant V<X^{(r)}+X\}}\\
=&[\theta+\eta(1-\theta)]^{r+1}\sum_{j=r}^{k}\begin{pmatrix}j\\r\end{pmatrix}(1-\eta)^{k-r}(1-\theta)^{k-r}.
\end{aligned}$$

对上式取母函数,

$$\begin{aligned}\Phi_r(z) &= [\theta+\eta(1-\theta)]^{r+1}\sum_{k=r}^{\infty} z^k \sum_{j=r}^{k}\begin{pmatrix} j \\ r \end{pmatrix}(1-\eta)^{k-r}(1-\theta)^{k-r} \\ &= \frac{\theta+\eta(1-\theta)}{1-[1-(\theta+\eta(1-\theta))]z}\left(\frac{[\theta+\eta(1-\theta)]z}{1-[1-(\theta+\eta(1-\theta))]z}\right)^r.\end{aligned}$$

显然这是两个引理中定义的随机变量之和的母函数乘积. 引理得证.

下面考虑系统等待时间 W, 以 $W(z)$ 表示其母函数, 以 $H_0(H_1)$ 表示顾客到达时服务台休假 (工作), 并需要排队等待的概率, 则

$$H_0 = \sum_{v=1}^{\infty}\pi_{v0} = \frac{(1-\xi)\gamma}{1-\xi+\beta(\gamma-\xi)}, \quad H_1 = \sum_{v=1}^{\infty}\pi_{v1} = \frac{\beta(\gamma-\xi)}{1-\xi+\beta(\gamma-\xi)}.$$

定理 5.2.9　稳态等待时间 W 的母函数是

$$\begin{aligned}W(z) &= 1-H_0-H_1+H_1\frac{\mu_b(1-\gamma)z}{1-[1-\mu_b(1-\gamma)]z}\frac{(1-\xi)[1-(1-\mu_b)z]}{1-[1-\mu_b(1-\xi)]z} \\ &\quad + H_0\frac{[1-(1-\theta)(\mu_v\gamma+1-\mu_v)]z}{1-(1-\theta)(\mu_v\gamma+1-\mu_v)z}\left[1-q+q\frac{\mu_b(1-\gamma)}{1-[1-\mu_b(1-\gamma)]z}\right],\end{aligned} \tag{5.2.12}$$

其中

$$q = \frac{\theta}{1-(1-\theta)(\mu_v\gamma+1-\mu_v)} = \frac{\theta}{\theta+\mu_v(1-\theta)(1-\gamma)}.$$

证明　顾客到达不需要等待的概率为

$$P\{W=0\} = \pi_{00} = 1-H_0-H_1.$$

首先, 顾客在时刻 $t=m^+$ 到达时, 如果系统状态为 $(k,1), k\geqslant 1$, 等待时间为 k 个正常服务时间之和, 服从参数为 μ_b 和 k 的负二项分布, 相应的概率母函数表达式为

$$W_{k1}(z) = \left(\frac{\mu_b z}{1-(1-\mu_b)z}\right)^k, \quad k\geqslant 1.$$

应用 π_{k1} 的表达式 (5.2.9), 可以计算

$$\begin{aligned}&\sum_{k=1}^{\infty}\pi_{k1}W_{k1}(z) \\ &= \sigma(1-\xi)\sum_{k=1}^{\infty}\beta(\gamma^k-\xi^k)\left(\frac{\mu_b z}{1-(1-\mu_b)z}\right)^k \\ &= \frac{(1-\xi)[1-(1-\mu_b)z]}{1-[1-\mu_b(1-\xi)]z}\sigma\left[\beta(\gamma-\xi)\frac{\mu_b z}{1-[1-\mu_b(1-\gamma)]z}\right] \\ &= H_1\frac{(1-\xi)[1-(1-\mu_b)z]}{1-[1-\mu_b(1-\xi)]z}\frac{\mu_b(1-\gamma)z}{1-[1-\mu_b(1-\gamma)]z}.\end{aligned} \tag{5.2.13}$$

若顾客到达时, 如果系统状态为 $(k,0),k\geqslant 1$, 即到达时系统有 k 个顾客, 且处于工作休假期. 定义 S_v 为稳态下休假期间服务时间的随机变量, 显然服从参数为 μ_v 的几何分布, $S_v^{(j)}$ 为 j 次休假服务时间之和, 即为 S_v 的 j 重卷积, 服从参数为 j 和 μ_v 的负二项分布. 如果休假完成时恰好服务 $j(0\leqslant j<k)$ 个顾客, 即 $S_v^{(j)}\leqslant V<S_v^{(j+1)},0\leqslant j\leqslant k-1$, 则进入正常工作期后, 此顾客前还有 $k-j$ 个顾客等待服务. 由引理 5.2.8, 此顾客的条件等待时间为三个随机变量之和, 参数为 j 与 $\theta+\mu_v(1-\theta)$ 的服从负二项分布的随机变量, 参数为 $\theta+\mu_v(1-\theta)$ 的几何随机变量和 $k-j$ 次正常服务时间之和 (也服从参数为 $k-j$ 与 μ_b 的负二项分布). 如果在休假完成前, k 个顾客已经服务完成, 即 $V\geqslant S_v^{(k)}$, 此顾客在休假结束前已经开始服务, 由引理 5.2.7, 条件等待时间服从参数为 k 与 $\theta+\mu_v(1-\theta)$ 的负二项分布. 因此遇到状态 $(k,0),k\geqslant 1$ 时顾客的条件等待时间的母函数表达式为

$$\begin{aligned}W_{k0}(z)=&P\{V\geqslant S_v^k\}\Psi_k(z)\\&+\sum_{j=0}^{k-1}P\{S_v^{(j)}\leqslant V<S_v^{(j+1)}\}\Phi_j(z)\left[\frac{\mu_b z}{1-(1-\mu_b)z}\right]^{k-j}\\=&\left[\frac{\mu_v(1-\theta)z}{1-(1-\theta)(1-\mu_v)z}\right]^k+\sum_{j=0}^{k-1}\frac{\theta}{1-(1-\theta)(1-\mu_v)z}\\&\times\left[\frac{\mu_v(1-\theta)z}{1-(1-\theta)(1-\mu_v)z}\right]^j\left[\frac{\mu_b z}{1-(1-\mu_b)z}\right]^{k-j}.\end{aligned}$$

由此出发, 可计算得

$$\begin{aligned}&\sum_{k=1}^{\infty}\pi_{k0}W_{k0}(z)\\=&H_0\frac{[1-(1-\theta)(\mu_v\gamma+1-\mu_v)]z}{1-(1-\theta)(\mu_v\gamma+1-\mu_v)z}\left[1-q+q\frac{\mu_b(1-\gamma)}{1-[1-\mu_b(1-\gamma)]z}\right].\end{aligned}\quad(5.2.14)$$

显然,

$$W(z)=\pi_{00}+\sum_{k=1}^{\infty}\pi_{k1}W_{k1}(z)+\sum_{k=1}^{\infty}\pi_{k0}W_{k0}(z),$$

综合式 (5.2.13) 与 (5.2.14), 给出式 (5.2.12).

注意到等式 (5.2.12) 有明确的概率解释, 等待时间以概率 $1-H_0-H_1$ 等于零; 以概率 H_0 等于一个服从参数为 $(1-\theta)(\mu_v(1-\gamma)+1)$ 的几何分布的随机变量与另一个服从修正的参数为 $1-\mu_b(1-\gamma)$ 的几何分布的随机变量之和; 以概率 H_1 等于一个服从参数为 $1-\mu_b(1-\gamma)$ 的几何分布的随机变量与另一个服从修正的参数为 $1-\mu_b(1-\xi)$ 的几何分布的随机变量之和. 由定理 5.2.9, 可得系统稳态下顾客的平

均等待时间

$$E(W)=H_1\left[\frac{\xi}{\mu_b(1-\xi)}+\frac{1}{\mu_b(1-\gamma)}\right]+H_0\frac{\theta+\mu_b(1-\theta)(1-\gamma)}{\theta+\mu_v(1-\theta)(1-\gamma)}\frac{1}{\mu_b(1-\gamma)}.$$

容易验证稳态等待时间 W 没有类似于其队长的完全随机分解结构, 引入下列条件等待时间 W_1, 表示系统在正常工作期内, 即 $J=1$, 任意顾客的等待时间.

定理 5.2.10　稳态条件等待时间 W_1 可以分解成两个随机变量之和: $W_1=W_0+W_d$, 其中 W_0 为经典无休假 GI/Geo/1 早到达系统的的等待时间, 条件附加延迟 W_d 服从参数为 $1-\mu_b(1-\gamma)$ 的几何分布.

证明　由定理 5.2.9 证明的分析, 系统处于正常工作期时, 且有 $k(k>0)$ 个顾客时, 到达顾客的等待时间为 k 个正常服务时间之和, 有

$$\begin{aligned}W_1(z)&=\frac{1}{P\{J=1\}}\sum_{k=1}^{\infty}\pi_{k1}\left(\frac{\mu_b z}{1-(1-\mu_b)z}\right)^k\\&=\frac{(1-\xi)[1-(1-\mu_b)z]}{1-[1-\mu_b(1-\xi)]z}\frac{\mu_b(1-\gamma)z}{1-[1-\mu_b(1-\gamma)]z}\\&=W_0(z)W_d(z).\end{aligned}$$

具体计算与式 (5.2.13) 相同, 由定理 5.1.3, $W_0(z)$ 为经典无休假的 GI/Geo/1 排队的等待时间的母函数, $W_d(z)$ 为一个几何随机变量的母函数. 定理得证.

由此可得条件等待时间的期望值

$$E(W_1)=\frac{\xi}{\mu_b(1-\xi)}+\frac{1}{\mu_b(1-\gamma)}.$$

5.3　工作休假和休假中断的 GI/Geo/1 排队

5.3.1　模型描述

类似于 5.2.1 节的假设, 顾客到达只能发生于离散时刻 $t=n^+$, 到达间隔 $\{T_k,k\geqslant 1\}$ 是独立同分布的离散随机变量, 服从一般分布 $\{\lambda_j,j=1,2,\cdots\}$, 并有均值 λ^{-1} 和母函数 $A(z)$. 正常服务期内顾客的服务时间相互独立并服从参数为 μ_b 的几何分布. 约定服务的开始和结束只能发生于离散时刻 $t=n^-$, 即为早到达系统. 引入工作休假和休假中断服务规则: 当一次服务完成, 系统变空时, 服务员进入休假, 在休假期内, 如果有新顾客到达系统, 服务员以较慢的速率为顾客提供服务, 假设休假期间内的服务时间独立同分布, 服从参数为 μ_v 的几何分布, 且 $0\leqslant\mu_v\leqslant\mu_b<1$. 当休假期间的一个顾客服务完成, 系统中仍有顾客, 服务员立刻结束休假, 回到正常工作期, 以速率 μ_b 服务其他顾客, 开始正常工作, 即休假中断

发生, 否则, 服务员继续休假. 当然在此系统中, 服务员不一定休假完成才能回到正常服务. 同时, 当一次休假结束, 系统中无顾客, 则服务员进入另外一次休假, 否则, 正在以服务率 μ_v 服务的顾客转化为以服务率 μ_b 进行服务, 开始正常工作. 工作休假时间独立同分布, 服从参数为 θ 的几何分布. 此系统记为 GI/Geo/1(MWV,VI) 模型.

假设到达过程、休假期间和正常服务时间、工作休假时间彼此独立, 且遵循 FCFS 的服务规则.

令 $L(t)$ 为时刻 t 系统中的顾客数, L_n 为第 n 次到达前瞬间系统顾客数, 且 J_n 取值 0 或 1, 取决于第 n 次到达发生于工作休假期或正规服务期, 则 $\{(L_n, J_n), n \geqslant 1\}$ 是一个嵌入 Markov 过程, 状态空间为

$$\Omega = \{(0,0)\} \bigcup \{(k,j), k \geqslant 1, j = 0,1\}.$$

为了表示出 $\{(L_n, J_n), n \geqslant 1\}$ 的转移概率矩阵, 引入另外两个概率表达

$$b'_j = \sum_{r=j}^{\infty} \lambda_r \sum_{i=1}^{r-(j-1)} \mu_v(1-\mu_v)^{i-1}(1-\theta)^{i-1} \begin{pmatrix} r-i \\ j-1 \end{pmatrix} \mu_b^j (1-\mu_b)^{r-i-j+1}, \quad j \geqslant 1,$$

$$c'_j = \sum_{r=j+1}^{\infty} \lambda_r \sum_{i=1}^{r-j} \theta(1-\theta)^{i-1}(1-\mu_v)^i \begin{pmatrix} r-i \\ j \end{pmatrix} \mu_b^j (1-\mu_b)^{r-i-j}, \quad j \geqslant 0,$$

其中 $\{b'_j, j \geqslant 1\}$ 是工作休假期间, 到达后的剩余服务时间内休假未完成, 但系统中有顾客, 休假中断发生, 直到下次到达的剩余到达时间内恰好以速率 μ_b 服务 $j-1$ 个的概率, 且 $\{c'_j, j \geqslant 0\}$ 是工作休假期间, 到达后的剩余休假时间内未完成一次服务, 则休假结束, 直到下次到达的剩余到达时间内恰好以速率 μ_b 服务 j 个的概率. 注意到

$$\sum_{j=1}^{\infty} b'_j = \frac{\mu_v}{1-(1-\theta)(1-\mu_v)} \Big(1 - A((1-\theta)(1-\mu_v))\Big),$$

$$\sum_{j=0}^{\infty} c'_j = \frac{\theta(1-\mu_v)}{1-(1-\theta)(1-\mu_v)} \Big(1 - A((1-\theta)(1-\mu_v))\Big).$$

因此, $\{b'_j, j \geqslant 1\}$ 和 $\{c'_j, j \geqslant 0\}$ 是不完全概率分布.

下面考虑 $\{(L_n, J_n), n \geqslant 1\}$ 的一步转移概率. 首先, 类似于多重工作休假的 GI/Geo/1 排队,

$$p_{(i,1),(j,1)} = \begin{cases} a_{i+1-j}, & 1 \leqslant j \leqslant i+1, \\ 0, & j \geqslant i+2, \end{cases} \tag{5.3.1}$$

其中 $\{a_j, j \geqslant 0\}$ 的定义如 5.2.1 节中.

从状态 $(i,0)$ 转移到 $(j,0)$ 只对 $j=i+1$ 才有可能, 这一转移当且仅当剩余休假时间内无服务完成, 且大于一个到达间隔才发生, 则

$$p_{(i,0),(j,0)}=A((1-\theta)(1-\mu_v)),\quad j=i+1. \tag{5.3.2}$$

状态 $(i,0)$ 转移到 $(j,1)(j\geqslant i)$ 可以由两种情况引发: 第一种情况, 到达后的剩余服务时间内休假未完成, 但系统中有顾客, 休假中断发生, 直到下次到达的剩余到达时间内恰好以速率 μ_b 服务 $i-j$ 个. 第二种情况, 工作休假期间, 一次到达后的剩余休假时间内未完成一次服务, 休假结束开始直到下次到达的剩余到达时间内恰好以速率 μ_b 服务 $i-j+1$ 个. 当然若 $j=i+1$, 只能由第二种情况引起, 因此

$$p_{(i,0),(j,1)}=\begin{cases} b'_{i+1-j}+c'_{i+1-j}, & 1\leqslant j\leqslant i,\\ c'_0, & j=i+1.\end{cases} \tag{5.3.3}$$

类似地,

$$\begin{aligned}p_{(i,0),(0,0)}&=\sum_{j=i}^{\infty}b'_{j+1}+\sum_{j=i+1}^{\infty}c'_j\\&=1-A((1-\theta)(1-\mu_v))-\sum_{j=1}^{i}(c'_j+b'_j)-c'_0,\quad i\geqslant 1.\end{aligned} \tag{5.3.4}$$

由此得到

$$p_{(0,0),(0,0)}=1-A((1-\theta)(1-\mu_v))-c'_0,\quad p_{(i,1),(0,0)}=1-\sum_{k=0}^{i}a_k,\quad i\geqslant 1.$$

因此, $\mathrm{MC}\{(L_n,J_n),n\geqslant 1\}$ 的转移阵形如式 (5.2.4), 其中

$$\boldsymbol{B}_{00}=1-A((1-\theta)(1-\mu_v))-c'_0;$$
$$\boldsymbol{A}_{01}=(A((1-\theta)(1-\mu_v)),c'_0);$$

$$\boldsymbol{A}_0=\begin{pmatrix} A((1-\theta)(1-\mu_v)) & c'_0\\ 0 & a_0\end{pmatrix};\quad \boldsymbol{A}_k=\begin{pmatrix} 0 & b'_k+c'_k\\ 0 & a_k\end{pmatrix},\quad k\geqslant 1;$$

$$\boldsymbol{B}_k=\begin{pmatrix} 1-A((1-\theta)(1-\mu_v))-\sum_{i=1}^{k}(c'_i+b'_i)-c'_0\\ 1-\sum_{i=0}^{k}a_i\end{pmatrix},\quad k\geqslant 1.$$

显然, $\widetilde{\boldsymbol{P}}$ 是一个 GI/M/1 型结构矩阵, 它的结构表明 $\{(L_n,J_n),n\geqslant 1\}$ 是不可约、非周期的.

5.3.2 稳态指标分析

为了得到系统的常返性条件及其稳态分布, 需要下列引理.

引理 5.3.1 若 $\rho=\lambda/\mu_b<1$, 矩阵方程 $\boldsymbol{R}=\sum\limits_{k=0}^{\infty}\boldsymbol{R}^k\boldsymbol{A}_k$ 存在最小非负解

$$\boldsymbol{R}=\begin{pmatrix}\gamma & \beta(\gamma-\xi)\\ 0 & \xi\end{pmatrix}, \tag{5.3.5}$$

其中 ξ 为等式 $z=A(1-\mu_b(1-z))$ 在 $0<z<1$ 内的唯一解及

$$\beta=\frac{\theta(1-\mu_v)+\mu_v\gamma}{(1-\theta)(1-\mu_v)-(1-\mu_b(1-\gamma))},$$

$$\gamma=A((1-\theta)(1-\mu_v)),\quad \beta(\gamma-\xi)>0.$$

采用类似于引理 5.2.2 和定理 5.2.3 的证明方法, 可以得到此引理的结论.

下面得到稳态下系统正常返的充分必要条件.

定理 5.3.2 MC$\{(L_n,J_n),n\geqslant 1\}$ 正常返当且仅当 $\rho<1$.

证明 由定理 4.1.8, $\{(L_n,J_n),n\geqslant 1\}$ 正常返当且仅当 $\boldsymbol{R}$ 的谱半径 $\mathrm{SP}(\boldsymbol{R})<1$, 并且矩阵

$$\boldsymbol{B}[\boldsymbol{R}]=\begin{pmatrix}\boldsymbol{B}_{00} & \boldsymbol{A}_{01}\\ \sum\limits_{k=1}^{\infty}\boldsymbol{R}^{k-1}\boldsymbol{B}_k & \sum\limits_{k=1}^{\infty}\boldsymbol{R}^{k-1}\boldsymbol{A}_k\end{pmatrix}$$

有正左不变向量. 由引理 5.3.1, 当 $\rho<1$, $0<\xi,\gamma<1$ 时, $\mathrm{SP}(\boldsymbol{R})<1$. 直接计算可知

$$\boldsymbol{B}[\boldsymbol{R}]=\begin{pmatrix}1-\gamma-c_0' & \gamma & c_0'\\ 1-\dfrac{a_0\beta(\gamma-\xi)}{\gamma\xi}+\dfrac{c_0'}{\gamma} & 0 & \dfrac{a_0\beta(\gamma-\xi)}{\gamma\xi}-\dfrac{c_0'}{\gamma}\\ \dfrac{a_0}{\xi} & 0 & 1-\dfrac{a_0}{\xi}\end{pmatrix}.$$

很容易验证 $\boldsymbol{B}[\boldsymbol{R}]$ 有左不变向量,

$$x_0(1,\gamma,\beta(\gamma-\xi)), \tag{5.3.6}$$

其中 x_0 为任意正常数. 从而说明 $\{(L_n,J_n),n\geqslant 1\}$ 正常返当且仅当 $\rho<1$.

对于 $\widetilde{\boldsymbol{P}}$ 的稳态分布有下列定理.

定理 5.3.3 当 $\rho<1$ 时, $\widetilde{\boldsymbol{P}}$ 的稳态分布为

$$\begin{cases}\pi_{k0}=\sigma(1-\xi)\gamma^k, & k\geqslant 0,\\ \pi_{k1}=\sigma(1-\xi)\beta(\gamma^k-\xi^k), & k\geqslant 1,\end{cases} \tag{5.3.7}$$

其中

$$\gamma = A((1-\theta)(1-\mu_v)), \quad \sigma = \frac{1-\gamma}{1-\xi+\beta(\gamma-\xi)}.$$

证明　由定理 4.1.8, 若 $\widetilde{\boldsymbol{P}}$ 正常返, $(\pi_{00}, \pi_{10}, \pi_{11})$ 由正左不变向量 (5.3.6) 给出, 并且满足正规化条件

$$\pi_{00} + (\pi_{10}, \pi_{11})(\boldsymbol{I}-\boldsymbol{R})^{-1}\boldsymbol{e} = 1.$$

替代 $\boldsymbol{R}$ 的表达式到上式, 易得 $\pi_{00} = \sigma(1-\xi)$. 因此, 有

$$(\pi_{10}, \pi_{11}) = \sigma(1-\xi)(\gamma, \beta(\gamma-\xi)).$$

由矩阵几何解

$$\boldsymbol{\pi}_k = (\pi_{k0}, \pi_{k1}) = (\pi_{10}, \pi_{11})\boldsymbol{R}^{k-1}, \quad k \geqslant 1, \tag{5.3.8}$$

易得式 (5.3.7), 定理得证.

由式 (5.3.7), 可以得到系统到达时刻处于各个状态的概率:

$$P\{J=0\} = \sum_{k=0}^{\infty} \pi_{k0} = \frac{1-\xi}{1-\xi+\beta(A((1-\theta)(1-\mu_v))-\xi)},$$

$$P\{J=1\} = \sum_{k=1}^{\infty} \pi_{k1} = \frac{\beta(A((1-\theta)(1-\mu_v))-\xi)}{1-\xi+\beta(A((1-\theta)(1-\mu_v))-\xi)}.$$

稳态下系统在到达时刻的顾客数 L 的分布为

$$P\{L=0\} = \pi_{00} = \sigma(1-\xi),$$
$$P\{L=k\} = \pi_{k0} + \pi_{k1} = \sigma(1-\xi)(\gamma^k + \beta(\gamma^k - \xi^k)), \quad k \geqslant 1.$$

对于到达时刻的稳态队长 L, 有如下的随机分解结构.

定理 5.3.4　若 $\rho < 1$, 到达时刻的稳态队长 L 可以分解成两个独立随机变量之和: $L = L_0 + L_d$, 其中 L_0 为经典无休假 GI/Geo/1 排队早到达系统在到达时刻的稳态队长, 服从参数为 ξ 的几何分布; 附加队长 L_d 服从修正的几何分布

$$P\{L_d = 0\} = \sigma,$$
$$P\{L_d = k\} = \sigma\frac{\mu_b - \mu_v}{\theta(1-\mu_v)+\mu_v\gamma}\beta(\gamma-\xi)(1-\gamma)\gamma^{k-1}, \quad k \geqslant 1,$$

其中

$$\sigma = \frac{1-\gamma}{1-\xi+\beta(\gamma-\xi)}.$$

证明 由 L 的稳态分布, 取母函数, 有

$$
\begin{aligned}
L(z) &= \sum_{k=0}^{\infty} z^k \pi_{k0} + \sum_{k=1}^{\infty} z^k \pi_{k1} \\
&= (1-\xi)\sigma\left(\frac{1}{1-\gamma z} + \beta(\gamma-\xi)\frac{1}{1-\xi z}\frac{z}{1-\gamma z}\right) \\
&= \frac{1-\xi}{1-\xi z}\left(\sigma + \frac{(\beta+1)(\gamma-\xi)}{1-\xi+\beta(\gamma-\xi)}\frac{(1-\gamma)z}{1-\gamma z}\right) \\
&= \frac{1-\xi}{1-\xi z}\left(\sigma + \sigma\frac{\mu_b-\mu_v}{\theta(1-\mu_v)+\mu_v\gamma}\beta(\gamma-\xi)\frac{(1-\gamma)z}{1-\gamma z}\right) \\
&= L_0(z)L_d(z),
\end{aligned} \tag{5.3.9}
$$

其中 $L_0(z)$ 是经典无休假 GI/Geo/1 排队早到达系统在到达时刻稳态队长的母函数, 对于 $L_d(z)$, 可以验证

$$
\sigma + \frac{(\beta+1)(\gamma-\xi)}{1-\xi+\beta(\gamma-\xi)} = \sigma + \sigma\frac{\mu_b-\mu_v}{\theta(1-\mu_v)+\mu_v\gamma}\beta(\gamma-\xi) = 1,
$$

则说明 $L_d(z)$ 为一个母函数, 展开得到附加队长的分布. 定理得证.

由随机分解结构可得到到达时刻的稳态队长的均值

$$
\begin{aligned}
E(L) &= E(L_0) + E(L_d) \\
&= \frac{\xi}{1-\xi} + \frac{\mu_b-\mu_v}{\theta(1-\mu_v)+\mu_v\gamma}\frac{\beta(\gamma-\xi)}{1-\xi+\beta(\gamma-\xi)}.
\end{aligned}
$$

考虑已知顾客在正常工作期到达的条件下看到的排队等待顾客数, 即

$$
L^{(1)} = \{L-1|J=1\}.
$$

定理 5.3.5 若 $\rho<1$, 条件随机变量 $L^{(1)}$ 可以分解成两个随机变量之和: $L^{(1)} = L_0 + L_d^{(1)}$, 其中 L_0 服从参数为 $1-\xi$ 的几何分布; 附加队长 $L_d^{(1)}$ 服从参数为 $1-A((1-\theta)(1-\mu_v))$ 的几何分布.

证明 条件随机变量的分布是

$$
\begin{aligned}
P\{L^{(1)}=j\} &= P\{L=j-1|J=1\} = \frac{\pi_{j+1}}{P\{J=1\}} \\
&= \frac{1-\xi+\beta(\gamma-\xi)}{\beta(\gamma-\xi)}\sigma(1-\xi)\beta(\gamma^{j+1}-\xi^{j+1}) \\
&= (1-\xi)(1-\gamma)\sum_{k=0}^{j}\xi^k\gamma^{j-k},
\end{aligned}
$$

使用关系式 $\gamma = A((1-\theta)(1-\mu_v))$, 且取母函数得

$$
L^{(1)}(z) = \frac{1-\xi}{1-\xi z}\frac{1-A((1-\theta)(1-\mu_v))}{1-A((1-\theta)(1-\mu_v))z}.
$$

显然得到 $L^{(1)}$ 可以分解成两个随机变量之和.

以 W 表示顾客的稳态等待时间, 以 $W(z)$ 表示其概率母函数, $H_0(H_1)$ 表示顾客到达时服务台休假 (工作), 并需要排队等待的概率, 则

$$H_0=\sum_{v=1}^{\infty}\pi_{v0}=\frac{(1-\xi)\gamma}{1-\xi+\beta(\xi-\gamma)},\quad H_1=\sum_{v=1}^{\infty}\pi_{v1}=\frac{\beta(\gamma-\xi)}{1-\xi+\beta(\gamma-\xi)}.$$

定理 5.3.6 稳态等待时间 W 的母函数是

$$\begin{aligned}W(z)=&1-H_0-H_1\\&+H_1\frac{(1-\xi)(1-(1-\mu_b)z)}{1-(1-\mu_b(1-\xi))z}\frac{\mu_b(1-\gamma)z}{1-(1-\mu_b(1-\gamma))z}\\&+H_0\frac{(1-\gamma)(1-(1-\mu_b)z)}{1-(1-\mu_b(1-\gamma))z}\frac{(1-(1-\theta)(1-\mu_v))z}{1-(1-\theta)(1-\mu_v)z}\\&\times\left(\frac{\mu_v(1-\theta)}{\theta+\mu_v(1-\theta)}+\frac{\theta}{\theta+\mu_v(1-\theta)}\frac{\mu_b}{1-(1-\mu_b)z}\right).\end{aligned}\tag{5.3.10}$$

证明 顾客到达不需要等待的概率为

$$P\{W=0\}=\pi_{00}=1-H_0-H_1.$$

首先, 顾客到达时, 如果系统状态为 $(k,1),k\geqslant 1$, 等待时间为 k 个正常服务时间之和, 服从参数为 μ_b 和 k 的负二项分布, 应用 π_{k1} 的概率表达式 (5.3.7), 有

$$\begin{aligned}&\sum_{k=1}^{\infty}\pi_{k1}W_{k1}(z)=\sum_{k=1}^{\infty}\pi_{k1}\left(\frac{\mu_b z}{1-(1-\mu_b)z}\right)^{k-1}\\=&\frac{\beta(\gamma-\xi)}{1-\xi+\beta(\gamma-\xi)}\frac{(1-\xi)(1-(1-\mu_b)z)}{1-(1-\mu_b(1-\xi))z}\frac{\mu_b(1-\gamma)z}{1-(1-\mu_b(1-\gamma))z}\\=&H_1\frac{(1-\xi)(1-(1-\mu_b)z)}{1-(1-\mu_b(1-\xi))z}\frac{\mu_b(1-\gamma)z}{1-(1-\mu_b(1-\gamma))z}.\end{aligned}\tag{5.3.11}$$

若顾客到达时, 系统状态为 $(k,0),k\geqslant 1$, 即系统有 k 个顾客, 处于休假期间. 设 S_v 为稳态下休假期间服务时间的随机变量, 服从参数为 μ_v 的几何分布. 顾客的等待时间将可能有两种不同情形. 第一种情形, 如果剩余休假时间 V 不小于休假期间的一次服务时间, 即 $V\geqslant S_v$, 则服务完成, 系统中仍有顾客, 服务员将中断休假回到正常工作期, 这种情形下, 顾客的等待时间为条件休假服务时间和 $k-1$ 次正常服务时间之和. 先计算条件概率和条件服务时间 $(S_v|V\geqslant S_v)$,

$$P\{V\geqslant S_v\}=\sum_{k=1}^{\infty}(1-\mu_v)^{k-1}\mu_v(1-\theta)^k=\frac{\mu_v(1-\theta)}{\theta+\mu_v(1-\theta)},$$

$$
\begin{aligned}
P\{S_v=k|V\geqslant S_v\}&=\frac{P\{S_v=k,V\geqslant S_v\}}{P\{V\geqslant S_v\}}\\
&=[1-(\theta+\mu_v(1-\theta))]^{k-1}[\theta+\mu_v(1-\theta)].
\end{aligned}
$$

显然, 条件服务时间 $(S_v|V\geqslant S_v)$ 服从参数为 $\theta+\mu_v(1-\theta)$ 的几何分布, 则有

$$
\begin{aligned}
&\sum_{k=1}^{\infty}\pi_{k0}P\{V\geqslant S_v\}W_{k0}^a(z)\\
&=(1-\xi)\sigma\sum_{k=1}^{\infty}\frac{\gamma^k\mu_v(1-\theta)}{\theta+\mu_v(1-\theta)}\frac{(1-(1-\theta)(1-\mu_v))z}{1-(1-\theta)(1-\mu_v)z}\left(\frac{\mu_b z}{1-(1-\mu_b)z}\right)^{k-1}\\
&=H_1\frac{\mu_v(1-\theta)}{\theta+\mu_v(1-\theta)}\frac{(1-(1-\theta)(1-\mu_v))z}{1-(1-\theta)(1-\mu_v)z}\frac{(1-\gamma)(1-(1-\mu_b)z)}{1-(1-\mu_b(1-\gamma))z}.
\end{aligned}
\tag{5.3.12}
$$

第二种情形, 如果剩余休假时间 V 小于休假期间的一次服务时间, 即 $V<S_v$, 则在剩余休假时间内无顾客服务完成, 休假结束, 回到正常工作期, 顾客的等待时间为条件剩余休假时间和 k 次正常服务时间之和. 先计算条件概率和条件休假时间 $(V|V<S_v)$, 可得

$$
P\{V<S_v\}=\frac{\theta}{\theta+\mu_v(1-\theta)},
$$

$$
P\{V=k|V<S_v\}=[1-(\theta+\mu_v(1-\theta))]^k[\theta+\mu_v(1-\theta)],\quad k\geqslant 0.
$$

类似, 条件休假时间 $(V|V<S_v)$ 服从参数为 $\theta+\mu_v(1-\theta)$ 的几何分布, 可计算得

$$
\begin{aligned}
&\sum_{k=1}^{\infty}\pi_{k0}P\{V<S_v\}W_{k0}^b(z)\\
&=H_0\frac{\theta}{\theta+\mu_v(1-\theta)}\frac{(1-(1-\theta)(1-\mu_v))z}{1-(1-\theta)(1-\mu_v)z}\frac{\mu_b(1-\gamma)}{1-(1-\mu_b(1-\gamma))z}.
\end{aligned}
\tag{5.3.13}
$$

显然

$$
\begin{aligned}
W(z)=\pi_{00}&+\sum_{k=1}^{\infty}\pi_{k1}W_{k1}(z)\\
&+\sum_{k=1}^{\infty}\pi_{k0}\Big(P\{V\geqslant S_v\}W_{k0}^a(z)+P\{V<S_v\}W_{k0}^b(z)\Big).
\end{aligned}
$$

综合式 (5.3.11) 到式 (5.3.13), 给出式 (5.3.10).

注意到等式 (5.3.10) 有明确的概率解释, 等待时间以概率 $1-H_0-H_1$ 等于零; 以概率 H_1 等于一个服从参数为 $1-\mu_b(1-\xi)$ 的几何分布的随机变量与另一个服从修正的参数为 $1-\mu_b(1-\gamma)$ 的几何分布的随机变量之和; 以概率 H_0 等于三个随机变量之和, 一个参数为 $\theta+\mu_v(1-\theta)$ 的几何随机变量和两个参数分别为 $1-\mu_b(1-\gamma)$ 和 μ_b 的修正几何随机变量.

由定理 5.3.6, 易得系统稳态下顾客的平均等待时间

$$E(W)=H_1\left(\frac{\xi}{\mu_b(1-\xi)}+\frac{1}{\mu_b(1-\gamma)}\right)+H_0\left(\frac{\gamma}{\mu_b(1-\gamma)}+\frac{\theta+\mu_b(1-\theta)}{\theta+\mu_v(1-\theta)}\frac{1}{\mu_b}\right).$$

容易验证稳态等待时间 W 没有类似于其队长的完全随机分解结构, 引入下列条件等待时间 W_1, 表示系统在正常工作期内, 即 $J=1$, 任意顾客的等待时间.

定理 5.3.7　稳态条件等待时间 W_1 可以分解成两个随机变量之和: $W_1=W_0+W_d$, 其中 W_0 为经典无休假的 GI/Geo/1 排队早到达系统的等待时间, 条件附加延迟 W_d 服从参数为 $\mu_b(1-\gamma)$ 的修正几何分布.

证明　由定理 5.3.6 证明过程, 有

$$\begin{aligned}W_1(z)&=\frac{1}{P\{J=1\}}\sum_{k=1}^{\infty}\pi_{k1}W_{k1}(z)\\&=\frac{(1-\xi)(1-(1-\mu_b)z)}{1-(1-\mu_b(1-\xi))z}\frac{\mu_b(1-\gamma)z}{1-(1-\mu_b(1-\gamma))z}\\&=W_0(z)W_d(z).\end{aligned}$$

由定理 5.1.3, $W_0(z)$ 为经典无休假 GI/Geo/1 排队早到达系统等待时间的母函数, $W_d(z)$ 为一个几何随机变量的母函数. 定理得证.

由此可得条件等待时间的期望值

$$E(W_1)=\frac{\xi}{\mu_b(1-\xi)}+\frac{1}{\mu_b(1-\gamma)}.$$

5.4　多重工作休假的 Geo/Geo/1 排队

这类排队系统的运行规则同多重工作休假的 M/M/1 排队相同, 只是时间是离散的. 在早到达系统中, 约定顾客到达只能发生于 $t=n^+, n=1,2,\cdots$, 到达间隔服从参数为 p 的几何分布. 当一次服务完成, 若系统中无顾客, 服务员进入一个休假期, 在休假期内, 若有新顾客到达, 服务员以慢速服务相继到达的顾客. 一次休假结束, 若系统中有顾客, 则正在以低速服务的顾客转到以正常速度进行服务, 否则继续另一次休假, 即遵循多重工作休假策略. 假设正常工作期和工作休假期的服务时间 S_b, S_v 分别服从参数为 μ_b, μ_v 的几何分布, 休假时间为独立同分布的离散随机变量, 服从参数为 θ 的几何分布, 到达间隔、服务时间和休假时间彼此独立, 且服从 FCFS 的服务规则, 该系统简记为 Geo/Geo/1(MWV) 模型, 已由 Tian 等 (2008) 给出分析.

令 L_n 为时刻 n 系统中的顾客数, 假设 J_n 取值 0 或 1, 取决于在时刻 n 服务员处于工作休假期或正常工作期, 则$\{(L_n,J_n),\ n \geqslant 0\}$是为一个二维 MC, 状态空间为

$$\Omega = \{(0,0)\} \bigcup \{(k,j):\ k \geqslant 1,\ j = 0,1\}.$$

类似于 3.2.1 节转移情况分析, 可得到系统的一步转移阵

$$\boldsymbol{P} = \begin{pmatrix} \boldsymbol{B}_{00} & \boldsymbol{A}_{01} & & & \\ \boldsymbol{B}_1 & \boldsymbol{A} & \boldsymbol{C} & & \\ & \boldsymbol{B} & \boldsymbol{A} & \boldsymbol{C} & \\ & & \boldsymbol{B} & \boldsymbol{A} & \boldsymbol{C} \\ & & & \ddots & \ddots & \ddots \end{pmatrix}, \tag{5.4.1}$$

其中各子块如下

$$\boldsymbol{B}_{00} = \overline{p}, \quad \boldsymbol{A}_{01} = (p\,\overline{\theta}, p\,\theta), \quad \boldsymbol{B}_1 = (\mu_v, \mu_b)^{\mathrm{T}},$$

$$\boldsymbol{B} = \begin{pmatrix} \overline{\theta}\overline{p}\mu_v & \theta\overline{p}\mu_v \\ 0 & \overline{p}\mu_b \end{pmatrix}, \quad \boldsymbol{C} = \begin{pmatrix} \overline{\theta}\,p\,\overline{\mu}_v & \theta\,p\,\overline{\mu}_v \\ 0 & p\overline{\mu}_b \end{pmatrix},$$

$$\boldsymbol{A} = \begin{pmatrix} \overline{\theta}(1 - p\overline{\mu}_v - \overline{p}\mu_v) & \theta(1 - p\,\overline{\mu}_v - \overline{p}\,\mu_v) \\ 0 & 1 - p\,\overline{\mu}_b - \overline{p}\,\mu_b \end{pmatrix},$$

其中 $\overline{p} = 1 - p, \overline{\mu}_b = 1 - \mu_b, \overline{\mu}_v = 1 - \mu_v$ 及 $\overline{\theta} = 1 - \theta$.

具有此类型的转移阵 $\boldsymbol{P}$ 的模型称为拟生灭链, 是 GI/M/1 型结构矩阵 (4.1.7) 的特殊情形, 其中 $\boldsymbol{B}_k = \boldsymbol{0}, k \geqslant 2; \boldsymbol{A}_k = \boldsymbol{0}, k \geqslant 3$. 此时, 矩阵方程 (4.1.4) 退化为二次方程

$$\boldsymbol{R}^2\boldsymbol{B} + \boldsymbol{R}\boldsymbol{A} + \boldsymbol{C} = \boldsymbol{0}. \tag{5.4.2}$$

假设

$$\alpha = \frac{p\overline{\mu}_b}{\overline{p}\mu_b},$$

则有下列引理.

引理 5.4.1 若 $\alpha < 1$, 方程 (5.4.2) 有最小非负解

$$\boldsymbol{R} = \begin{pmatrix} r & \dfrac{\theta\, r}{\overline{\theta}\overline{p}\mu_b(1 - r)} \\ 0 & \alpha \end{pmatrix}, \tag{5.4.3}$$

其中

$$r = \frac{1}{2p\overline{\mu}_v}\left(\frac{\theta}{\overline{\theta}} + p\overline{\mu}_v + \overline{p}\mu_v - \sqrt{\left(\frac{\theta}{\overline{\theta}} + p\overline{\mu}_v + \overline{p}\mu_v\right)^2 - 4p\overline{p}\mu_v\overline{\mu}_v}\right),$$

且存在关系式

$$\frac{\theta r}{\overline{\theta}(1-r)} = p\overline{\mu}_v - r\overline{p}\mu_v. \tag{5.4.4}$$

定理 5.4.2　过程$\{(L_n,J_n),\ n \geqslant 0\}$正常返当且仅当 $\alpha < 1$, 或等价地 $p < \mu_b$.

采用与 4.2.2 节类似的证明方法, 可以得到引理 5.4.1 与定理 5.4.2 的结果. 对稳态分布, 有如下定理.

定理 5.4.3　若 $\alpha < 1$, (L_n,J_n) 的稳态极限 (L,J) 的联合概率分布函数为

$$\begin{cases} \pi_{00} = K\left[\theta + \overline{\theta}\overline{p}\mu_v(1-r)\right], \\ \pi_{k0} = Kp\overline{\theta}(1-r)r^{k-1}, & k \geqslant 1, \\ \pi_{k1} = K\dfrac{p\theta}{\overline{p}\mu_b}\displaystyle\sum_{j=0}^{k-1} r^j \alpha^{k-1-j}, & k \geqslant 1, \end{cases} \tag{5.4.5}$$

其中

$$K = \frac{\overline{p}\mu_b(1-\alpha)(1-r)}{\overline{p}\mu_b(1-r)(1-\alpha)\left[\theta + \overline{\theta}\overline{p}\mu_v(1-r) + \overline{\theta}p\right] + p\theta}.$$

证明　由定理 4.1.8, 有

$$\boldsymbol{\pi}_k = (\pi_{k0}, \pi_{k1}) = (\pi_{10}, \pi_{11})\boldsymbol{R}^{k-1}, \quad k \geqslant 1.$$

而 $(\pi_{00}, \pi_{10}, \pi_{11})$ 满足方程组

$$(\pi_{00}, \pi_{10}, \pi_{11})\boldsymbol{B}[\boldsymbol{R}] = (\pi_{00}, \pi_{10}, \pi_{11}),$$

其中

$$\boldsymbol{B}[\boldsymbol{R}] = \begin{pmatrix} \overline{p} & p\overline{\theta} & p\theta \\ \overline{p}\mu_v & \overline{\theta}(1-\overline{p}\mu_v) - \dfrac{\theta r}{\overline{\theta}(1-r)} & \theta(1-\overline{p}\mu_v) + \dfrac{\theta r}{\overline{\theta}(1-r)} \\ \overline{p}\mu_b & 0 & 1-\overline{p}\mu_b \end{pmatrix}.$$

从而给出

$$\begin{cases} \pi_{00} = \pi_{00}\overline{p} + \pi_{10}\overline{p}\mu_v + \pi_{11}\overline{p}\mu_b, \\ \pi_{10} = \pi_{00}p\overline{\theta} + \pi_{10}\left[\overline{\theta}(1-\overline{p}\mu_v) - \dfrac{\theta r}{1-r}\right], \\ \pi_{11} = \pi_{00}p\theta + \pi_{10}\left[\theta(1-\overline{p}\mu_v) - \dfrac{\theta r}{1-r}\right] + \pi_{11}(1-\overline{p}\mu_b). \end{cases}$$

取 π_{00} 为待定常数, 可得

$$\pi_{10} = \pi_{00}\frac{p\overline{\theta}(1-r)}{\theta + \overline{\theta}\overline{p}\mu_v(1-r)}, \quad \pi_{11} = \pi_{00}\frac{p\theta}{\overline{p}\mu_b}\frac{1}{\theta + \overline{\theta}\overline{p}\mu_v(1-r)}.$$

将 $\boldsymbol{\pi}_1$ 和 $\boldsymbol{R}^{k-1}$ 代入矩阵几何解表达式, 经过计算, 得到 π_{k0} 和 π_{k1} 的表达式, 使用正规化条件, 可确定

$$\pi_{00} = \frac{\overline{p}\mu_b(1-r)(1-\alpha)\left[\theta+\overline{\theta}\overline{p}\mu_v(1-r)\right]}{\overline{p}\mu_b(1-r)(1-\alpha)\left[\theta+\overline{\theta}\overline{p}\mu_v(1-r)+p\overline{\theta}\right]+p\theta}.$$

选取常数 K 如定理 5.4.3 所示, 给出稳态分布 (5.4.5).

容易给出系统稳态下处于工作休假期和正常工作期的概率.

$$\begin{aligned} P\{J=0\} &= \sum_{k=0}^{\infty}\pi_{k0} = \frac{\overline{p}\mu_b(1-r)(1-\alpha)\left[\theta+\overline{\theta}\overline{p}\mu_v(1-r)+p\overline{\theta}\right]}{\overline{p}\mu_b(1-r)(1-\alpha)\left[\theta+\overline{\theta}\overline{p}\mu_v(1-r)+p\overline{\theta}\right]+p\theta}, \\ P\{J=1\} &= \sum_{k=1}^{\infty}\pi_{k1} = \frac{p\theta}{\overline{p}\mu_b(1-r)(1-\alpha)\left[\theta+\overline{\theta}\overline{p}\mu_v(1-r)+p\overline{\theta}\right]+p\theta}. \end{aligned} \tag{5.4.6}$$

稳态下系统中顾客数 L 的分布是

$$P\{L=0\}=\pi_{00},\quad P\{L=k\}=\pi_{k0}+\pi_{k1},\quad k\geqslant 0.$$

可以给出稳态顾客数 L 的母函数及其随机分解规律.

定理 5.4.4 若 $\alpha<1$, 系统中稳态顾客数 L 可以分解成两个独立随机变量之和: $L=L_0+L_d$, 其中 L_0 是经典无休假 Geo/Geo/1 排队早到达系统中稳态顾客数, 服从参数 $1-\alpha$ 的几何分布; 附加队长 L_d 有母函数

$$L_d(z)=K^*\left(\delta_0+\delta_1 z+\delta_2\frac{z(1-r)}{1-rz}\right),$$

其中

$$\begin{aligned} \delta_0 &= \overline{p}\mu_b(1-r)\Big[\theta+\overline{\theta}\overline{p}\mu_v(1-r)\Big], \\ \delta_1 &= p\overline{\mu}_b(1-r)p\overline{\theta}\mu_v\frac{1-r}{r}, \\ \delta_2 &= p\overline{\theta}(p+r\overline{p})\frac{1-r}{r}(\mu_b-\mu_v), \\ K^* &= \left(\overline{p}\mu_b(1-r)(1-\alpha)\Big[\theta+\overline{\theta}\overline{p}\mu_v(1-r)+p\overline{\theta}\Big]+p\theta\right)^{-1}. \end{aligned} \tag{5.4.7}$$

经过适当的数学变换, 易得此结果. 定理 5.4.4 说明当 $\mu_b>\mu_v$ 时, 附加队长 L_d 是三个随机变量的混合: $L_d=K^*\delta_0X_0+K^*\delta_1X_1+K^*\delta_2X_2$, 其中 $X_0\equiv 0$, $X_1\equiv 1$, 且 X_2 服从参数为 $1-r$ 的几何分布. 由上述的随机分解规律, 得到系统稳态平均队长

$$E(L)=E(L_0)+E(L_d)=\frac{\alpha}{1-\alpha}+K^*\left(\delta_1+\frac{\delta_2}{1-r}\right).$$

假设 S 和 $S(s)$ 为稳态下, 任意顾客的逗留时间及其母函数, 则 L 和 S 有如下关系式:

$$L(z) = S(\overline{p} + pz).$$

表达式同多重工作休假的 M/M/1 排队有类似的解释: 任一顾客服务完成时刻系统中的顾客数, 即为其逗留时间内到达顾客数. 这里, 无休假的 Geo/Geo/1 排队的稳态逗留时间的母函数为

$$S_0(s) = \frac{s(1-p)}{1-ps}. \tag{5.4.8}$$

定理 5.4.5 　若 $\alpha < 1$ 和 $\mu_b > \mu_v$, 任一顾客的逗留时间 S 可以分解成两个独立随机变量之和: $S = S_0 + S_d$, 其中 S_0 是经典无休假 Geo/Geo/1 系统中稳态逗留时间, 式 (5.4.8) 为其母函数表达式; 附加延迟 S_d 有母函数

$$S_d(s) = K^*\left(\beta_0 + \beta_1 \frac{1-\sigma}{1-\sigma s}\right), \tag{5.4.9}$$

其中

$$\begin{aligned} \beta_0 &= \delta_1 p^{-1} = p\overline{\mu}_b(1-r)\overline{\theta}\mu_v\frac{1-r}{r}, \\ \beta_1 &= \delta_2 p^{-1}(1-\overline{p}\sigma) = p\overline{\theta}\frac{1-r}{r}(\mu_b - \mu_v), \end{aligned}$$

且 $\sigma = r(p + r\overline{p})^{-1}$.

由关系式 $1 - \lambda = \mu_b(1-\alpha)$, 可得稳态下平均逗留时间

$$E(S) = E(S_0) + E(S_d) = \frac{1}{\mu_b(1-\alpha)} + K^*\beta_1\frac{\sigma}{1-\sigma}.$$

5.5 单重工作休假的 Geo/Geo/1 排队

本节沿用 5.4 节的记号, 在 Geo/Geo/1 排队中引入单重工作休假策略: 在休假期内, 若有新顾客到达, 服务员以慢速服务相继到达的顾客. 服务员只休假一次, 休假结束, 若系统中有顾客, 则正在以低速服务的顾客转到以正常速度进行服务, 若系统中无顾客, 则服务员进入闲期, 等待新顾客到达, 立刻开始服务. 其他假设与多重工作休假相同, 该系统简记为 Geo/Geo/1(SWV) 模型. 显然在此系统中, 服务员可以处于正常工作期、闲期和工作休假期三种状态.

令 L_n 为时刻 n 系统中的顾客数, J_n 取值 0 或 1, 取决于在时刻 n 服务员处于工作休假期或正常工作期 (包括闲期), 则$\{(L_n, J_n),\ n \geqslant 0\}$是另外一个 MC, 状态空间为

$$\Omega = \{(k,j) : k \geqslant 0, j = 0, 1\}.$$

此 MC 的一步转移阵形如多重工作休假的式 (5.4.1), 子块的不同只在于

$$\boldsymbol{B}_{00}=\begin{pmatrix}\overline{\theta}\,\overline{p} & \theta\overline{p}\\ 0 & \overline{p}\end{pmatrix},\quad \boldsymbol{A}_{01}=\begin{pmatrix}\overline{\theta}\,p & \theta p\\ 0 & p\end{pmatrix},$$

$$\boldsymbol{B}_{1}=\begin{pmatrix}\overline{p}\,\mu_v & 0\\ \overline{p}\,\mu_b & 0\end{pmatrix}.$$

由于 $\boldsymbol{B},\boldsymbol{A}$ 和 $\boldsymbol{C}$ 的表达式与多重工作休假模型相同, 率阵 $\boldsymbol{R}$ 的表达式仍为式 (5.4.3), 而系统的正常返条件仍然是 $\alpha<1$, 或等价地 $p<\mu_b$.

下面给出系统的稳态分布表达式.

定理 5.5.1 若 $\alpha<1$, (L,J) 的联合概率分布函数为

$$\begin{cases}\pi_{00}=Kp\left[\theta+\overline{\theta}\overline{p}\mu_v(1-r)\right],\\ \pi_{01}=K\overline{p}\theta\left[\theta+\overline{\theta}\overline{p}\mu_v(1-r)\right],\\ \pi_{k0}=Kp p\overline{\theta}(1-r)r^{k-1}, & k\geqslant 1,\\ \pi_{k1}=Kp\left[\dfrac{p\theta}{\overline{p}\mu_b}\displaystyle\sum_{j=0}^{k-1}r^j\alpha^{k-1-j}+\dfrac{\overline{p}\theta\left[\theta+\overline{\theta}\overline{p}\mu_v(1-r)\right]\alpha^{k-1}}{\overline{p}\mu_b}\right], & k\geqslant 1,\end{cases}\tag{5.5.1}$$

其中 K 可由正规化条件得到.

由定理 5.5.1, 可由下列关系式计算出系统稳态下处于正规忙期、工作休假期和闲期的概率:

$$P\{系统处于闲期\}=\pi_{01},\quad P\{系统处于工作休假期\}=\sum_{k=0}^{\infty}\pi_{k0},$$

$$P\{系统处于正规忙期\}=\sum_{k=1}^{\infty}\pi_{k1}.\tag{5.5.2}$$

稳态下系统中顾客数 L 的分布是

$$P\{L=k\}=\pi_{k0}+\pi_{k1},\quad k\geqslant 0.$$

稳态顾客数 L 和任意顾客的逗留时间 S 存在类似于多重工作休假排队结果中定理 5.4.4 和定理 5.4.5 的随机分解规律. 附加队长 L_d 有母函数

$$L_d(z)=K^*\left\{\delta_0-\delta_1 z+\delta_2\frac{z(1-r)}{1-rz}\right\},$$

其中

$$\delta_0=\overline{p}\mu_b(1-r)\left[\theta+\overline{\theta}\overline{p}\mu_v(1-r)\right](p+\overline{p}\theta),$$

$$\delta_1 = p\overline{p}\mu_b(1-r)p\overline{\theta}\frac{1-r}{r}(\alpha\mu_v + \theta\overline{\mu}_v),$$

$$\delta_2 = pp\overline{\theta}(p+r\overline{p})\frac{1-r}{r}(\mu_b - \mu_v),$$

$$K^* = (\delta_0 + \delta_1 + \delta_2)^{-1}.$$

任一顾客附加延迟的母函数为

$$S_d(s) = K^*\left\{\beta_0 + \beta_1\frac{(1-\sigma)s}{1-\sigma s}\right\},$$

其中

$$\beta_0 = \delta_1 p^{-1} + \delta_2 p^{-1}(1-\sigma) = (1-r)p\overline{\theta}\frac{1-r}{r}[(p+\overline{p}\theta)\overline{\mu}_v\mu_b],$$

$$\beta_1 = \sigma\delta_2 p^{-1}(1-\overline{p}\sigma) = pp\overline{\theta}\frac{1-r}{r}(\mu_b - \mu_v).$$

由上述的随机分解规律, 得到系统稳态平均队长和逗留时间

$$E(L) = E(L_0) + E(L_d) = \frac{\alpha}{1-\alpha} + K^*\left(\delta_1 + \frac{\delta_2}{1-r}\right),$$

$$E(S) = E(S_0) + E(S_d) = \frac{1}{\mu_b(1-\alpha)} + K^*\beta_1\frac{1}{1-\sigma}.$$

5.6 数 值 分 析

考虑下列两种特殊离散时间到达过程: ①到达间隔服从几何分布, 记为 Geo; ②固定到达间隔, 记为 D. 在图 5.1 与图 5.2 中, 给出了当 $\lambda = 0.3$ 和 $\mu_b = 0.5$ 固定时, 三种不同休假率下, μ_v 的变化对平均队长 $E(L)$ 和等待时间 $E(W)$ 的影响. 当 μ_v 增大时, 性能指标相应较少, 而当 $\mu_v = \mu_b$ 时, 无论 θ 取值怎样, 性能指标达到同一值, 即系统转化为无休假情形.

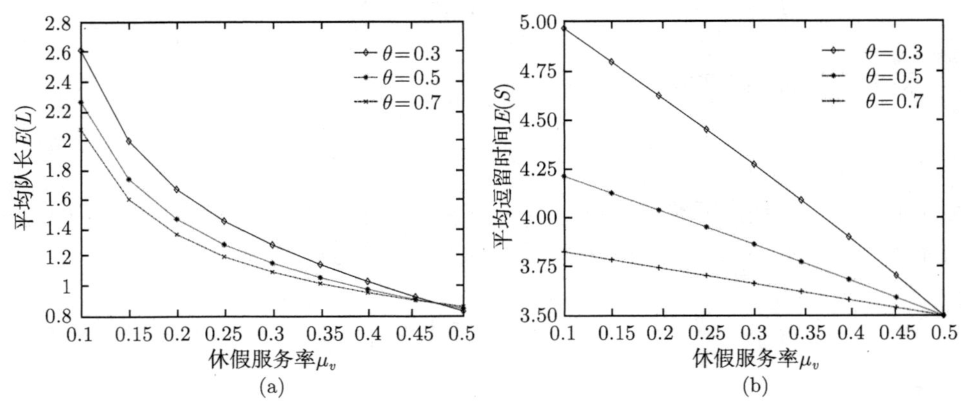

图 5.1 $E(L)$ 与 $E(S)$ 随 μ_v 的变化趋势 (Geo/Geo/1(MWV))

图 5.3 展示了 $\theta = 0.4$ 固定时, 在三种不同系统负载下, μ_v 的变化对 D/Geo/1 (MWV) 系统性能指标的影响. 显然, 在负载较大的系统中, 平均队长和等待时间较大.

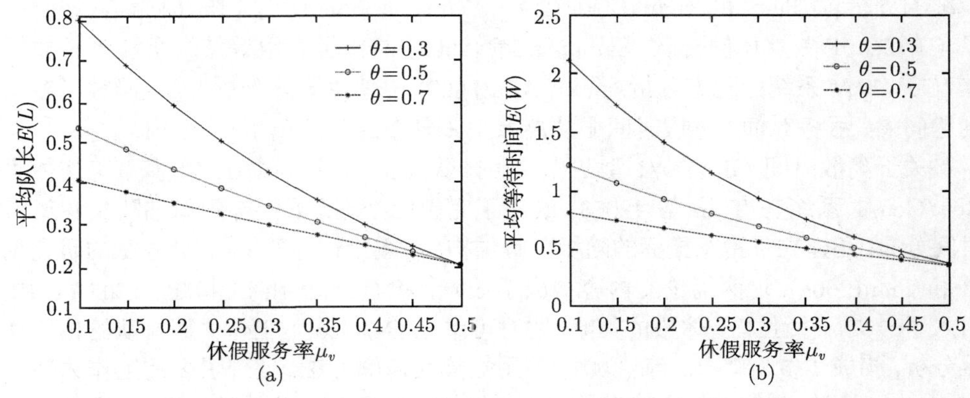

图 5.2 $E(L)$ 与 $E(W)$ 随 μ_v 的变化趋势 (D/Geo/1(MWV,VI))

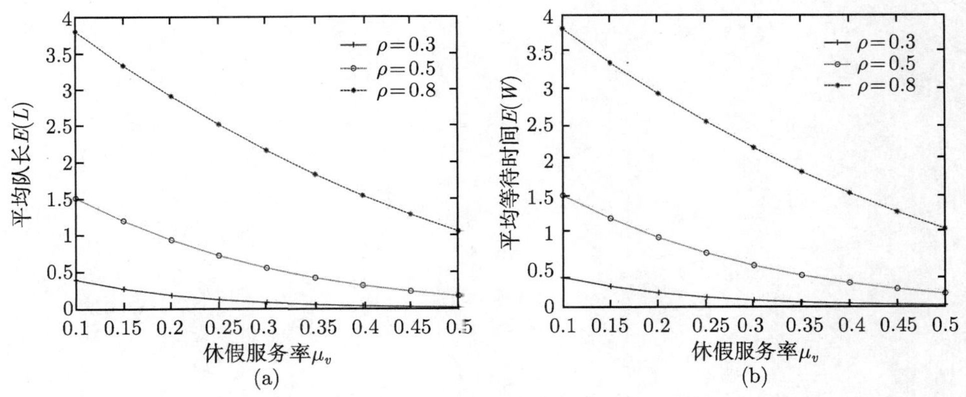

图 5.3 $E(L)$ 与 $E(W)$ 随 μ_v 的变化趋势 (D/Geo/1(MWV))

5.7 文献评述

与连续时间 GI/M/1 排队模型比较, 研究一般到达离散时间排队的工作相对较少. 早期, Chan 和 Maa(1978) 使用与连续时间 GI/M/c 相同平行的分析方法, 给出了离散时间 GI/Geo/c 排队的稳态分析. 单服务台 GI/Geo/1 排队详尽分析, 可在 Hunter(1983) 9.4 节中找到. Chaudhry 等 (1996) 使用补充变量方法, 导出了早到和晚到 GI/Geo/1 排队中不同时刻稳态队长分布及相互关系, Chaudhry 和

Gupta(1996) 研究了有限等待场所的离散时间 GI/Geo/1/N 排队, 给出了系统的稳态指标.

对离散时间 GI/Geo/1 多重休假排队, 早期的一个研究见田乃硕 (1992a), 更详细的分析由 Tian 和 Zhang(2002) 给出. Sun 和 Tian 使用矩阵几何解方法研究了 GI/Geo/1 单重休假排队, Samanta 等 (2007) 给出了有限等待场所和多重休假 GI/Geo/1/N 系统的稳态分析. 另外, Alfa(2003) 中使用矩阵分析方法, 研究了若干到达间隔、服务时间、休假时间服从离散 PH 分布的排队模型.

关于离散时间 GI/Geo/1 型工作休假排队, 迄今只有少量工作. 多重工作休假 Geo/Geo/1 系统在 Tian 等 (2008) 给出了完整的处理, 不仅得到稳态队长和逗留时间分布, 还建立了稳态指标的随机分解结构, 单重工作休假 Geo/Geo/1 的研究见 Li 和 Tian(2008), 这两篇论文内容构成了 5.4 节和 5.5 节. 在 Li 和 Tian(2007a) 中, 引入了一类可中止工作休假的策略, 并对可中止 GI/Geo/1 工作休假排队给出了详尽分析, 构成了 5.3 节; Li 等 (2007) 使用矩阵几何解方法, 处理了多重工作休假的 GI/Geo/1 排队, 给出到达前夕稳态队长、等待时间及随机分解等结果, 此为 5.2 节.

第 6 章　工作休假的 M/G/1 型排队系统

对于 M/G/1 型经典休假排队, 研究工作者采用各种不同的分析方法, 给出了很多的研究, 展示了丰富的理论成果, 并建立了以随机分解为核心的完整理论框架. 然而, 对于 M/G/1 型工作休假排队系统, 研究相对较少. 本章采用了 Neuts(1989) 所提出的 M/G/1 型结构矩阵解析方法, 有效地解决了工作休假的 M/G/1 型排队系统的分析问题, 给出各类稳态指标的良好表达式, 试图建立此类排队的理论框架.

6.1　M/G/1 型结构矩阵

6.1.1　经典 M/G/1 排队

在 M/G/1 排队系统中, 顾客到达遵循参数为 λ 的泊松过程. 服务时间有一般分布函数 $B(t)$, 其一、二阶矩和 LST 分别记为

$$\frac{1}{\mu}=\int_0^{\infty} t\mathrm{d}B(t),\quad b^{(2)}=\int_0^{\infty} t^2\mathrm{d}B(t),\quad \widetilde{B}(s)=\int_0^{\infty}\mathrm{e}^{-st}\mathrm{d}B(t).$$

假设到达间隔与服务时间相互独立, 使用 FCFS 排队规则. 这一系统记为 M/G/1 排队. 许多经典排队论著作都给出了 M/G/1 系统的详尽处理, 如 Takagi(1991), 徐光辉 (1988), Cooper(1981), Cohen(1982), 唐应辉和唐小我 (2006) 等. 为了系统性能分析及与各种 M/G/1 型工作休假排队比较, 这里给出 M/G/1 排队的一个简要分析.

以 $L(t)$ 是时刻 t 系统中的顾客数. 取顾客离去时刻 τ_n 为队长过程的再生点. $L_n=L(\tau_n-0)$ 是第 n 个顾客离去后瞬时系统中的顾客数, $\{L_n,n\geqslant 1\}$ 是过程 $L(t)$ 的嵌入 MC. 记

$$a_j=\int_0^{\infty}\mathrm{e}^{-\lambda t}\frac{(\lambda t)^j}{j!}\mathrm{d}B(t),\quad j\geqslant 0,$$

则 a_j 是一个服务时间内恰好到达 j 个顾客的概率. $\{a_j,j\geqslant 0\}$ 是一个概率分布, 有母函数和均值

$$\sum_{j=0}^{\infty}a_jz^j=\int_0^{\infty}\mathrm{e}^{-\lambda(1-z)t}\mathrm{d}B(t)=\widetilde{B}(\lambda(1-z)),$$

$$\frac{\mathrm{d}}{\mathrm{d}z}\widetilde{B}(\lambda(1-z))|_{z=1}=\frac{\lambda}{\mu}=\rho.$$

$\{L_n, n \geqslant 1\}$ 的一步状态转移概率矩阵可表示为

$$
\boldsymbol{P} = \begin{pmatrix} a_0 & a_1 & a_2 & a_3 & \cdots \\ a_0 & a_1 & a_2 & a_3 & \cdots \\ & a_0 & a_1 & a_2 & \cdots \\ & & a_0 & a_1 & \cdots \\ & & & \ddots & \end{pmatrix}. \tag{6.1.1}
$$

使用 Foster 准则可以证明, $\{L_n, n \geqslant 1\}$ 正常返当且仅当 $\rho < 1$(见徐光辉 (1988)).

以下设 $\rho < 1$, $\{\pi_j, j \geqslant 0\}$ 表示稳态队长分布,

$$
\pi_j = P\{L = j\} = \lim_{n \to \infty} P\{L_n = j\}, \quad j \geqslant 0.
$$

定理 6.1.1　当 $\rho < 1$ 时, 离去时刻的稳态顾客数 L 有母函数

$$
L(z) = \sum_{j=0}^{\infty} \pi_j z^j = \frac{(1-\rho)(1-z)\widetilde{B}(\lambda(1-z))}{\widetilde{B}(\lambda(1-z)) - z}, \quad |z| \leqslant 1. \tag{6.1.2}
$$

定理 6.1.2　当 $\rho < 1$ 时, M/G/1 排队系统的稳态等待时间 W 有 LST

$$
\widetilde{W}(s) = \frac{(1-\rho)s}{s - \lambda(1 - \widetilde{B}(s))}. \tag{6.1.3}
$$

稳态下到达时刻的平均队长及顾客的平均等待时间分别是

$$
E(L) = \rho + \frac{\lambda^2 b^{(2)}}{2(1-\rho)}, \quad E(W) = \frac{\lambda b^{(2)}}{2(1-\rho)}. \tag{6.1.4}
$$

当离去时刻的 MC$\{L_n, n \geqslant 1\}$ 正常返时, 连续时间过程 $L(t)$ 也存在极限分布, 记为

$$
p_k = \lim_{t \to \infty} P\{L(t) = k\}, \quad k \geqslant 0.
$$

定理 6.1.3　在 M/G/1 排队中, 当 $\rho < 1$ 时,

$$
\pi_k = p_k, \quad k \geqslant 0.
$$

定理的结果通常称为“泊松到达看到的时间平均” (Poisson Arrivals See Time Averages), 简记 PASTA 性质. 上述三个定理的证明具体可见田乃硕 (2001).

6.1.2 经典 Geo/G/1 排队

为了本章后面内容的需要, 在此简要描述无休假的经典 Geo/G/1 排队系统.

假设顾客到达只能发生于离散时刻 $t=n^+, n=1,2,\cdots$, 服务的开始和结束都发生于 $t=n^-, n=1,2,\cdots$, 即采用早到达 (Early Arrival) 策略. 到达间隔 $\{T_k, k\geqslant 1\}$ 是独立同分布的离散随机变量, 服从同一个几何分布

$$P\{T_k=j\}=\lambda\overline{\lambda}^{j-1}, \quad \overline{\lambda}=1-\lambda, \quad 0<\lambda<1, \quad j\geqslant 1.$$

换言之, 每一时刻以概率 λ 到达一个顾客, 以概率 $\overline{\lambda}$ 无到达, 并且不同时刻的到达行为相互独立. 服务时间 S 服从一般的离散分布, 其概率分布、母函数与均值记为

$$P\{S=j\}=g_j, \quad j\geqslant 1; \quad G(z)=\sum_{j=0}^{\infty}g_jz^j; \quad E(S)=\sum_{j=1}^{\infty}jg_j=\frac{1}{\mu}.$$

到达间隔和服务时间独立, 服从 FCFS 的服务规则, 这样的系统记为 Geo/G/1 排队.

令 $L(t)$ 表示时刻 t 系统中的顾客数, L_n 表示第 n 个顾客离去后瞬时系统中的顾客数, $\{L_n, n\geqslant 1\}$ 表示队长过程的嵌入 MC, 记

$$a_j=\sum_{k=j}^{\infty}g_k\begin{pmatrix}k\\j\end{pmatrix}\lambda^j\overline{\lambda}^{k-j}, \quad j\geqslant 0,$$

则 a_j 是一个服务期间内到达 j 个顾客的概率. $\{a_j, j\geqslant 0\}$ 是一个概率分布, 有母函数和均值

$$A(z)=\sum_{j=0}^{\infty}a_jz^j=G(1-\lambda(1-z)), \quad A'(1)=\sum_{j=1}^{\infty}ja_j=\frac{\lambda}{\mu}=\rho.$$

因此, $\{L_n, n\geqslant 1\}$ 的一步状态转移阵可表示为与连续时间转移阵 (6.1.1) 相同形式, 平行于连续时间 M/G/1 排队, 可以证明 $\{L_n, n\geqslant 1\}$ 正常返当且仅当 $\rho<1$.

以下设 $\rho<1$, $\{\pi_j, j\geqslant 0\}$ 表示稳态队长分布, 则

$$\pi_j=P\{L=j\}=\lim_{n\to\infty}P\{L_n=j\}, \quad j\geqslant 0.$$

定理 6.1.4 当 $\rho<1$ 时, 离去时刻的稳态顾客数 L 有母函数

$$L(z)=\sum_{j=0}^{\infty}\pi_jz^j=\frac{(1-\rho)(1-z)G(1-\lambda(1-z))}{G(1-\lambda(1-z))-z}, \quad |z|\leqslant 1. \tag{6.1.5}$$

定理 6.1.5　当 $\rho < 1$ 时, 离散时间 Geo/G/1 排队稳态等待时间 W 的母函数是

$$W(z) = \frac{(1-\rho)(1-z)}{(1-z) - \lambda(1 - G(z))}. \tag{6.1.6}$$

稳态下离去时刻的平均队长及顾客的平均等待时间分别是

$$E(L) = \rho + \frac{\lambda^2}{2(1-\rho)} G''(1), \quad E(W) = \frac{\lambda}{2(1-\rho)} G''(1), \tag{6.1.7}$$

其中, $G''(1)$ 为函数 $G(z)$ 的二阶导数在 $z = 1$ 处的取值.

定理 6.1.4 和定理 6.1.5 的证明具体可见田乃硕 (2001). 在此给出结果, 并直接应用.

6.1.3　M/G/1 型结构矩阵方法

将要讨论的 M/G/1 型工作休假排队, 归结为有下列结构的 MC, 它是经典 M/G/1 排队系统的一种推广.

考虑二维 MC$\{(X_n, J_n), n \geqslant 0\}$, 有状态空间

$$\Omega = \big\{(0,j), 1 \leqslant j \leqslant m_1\big\} \bigcup \big\{(k,j), k \geqslant 1, 1 \leqslant j \leqslant m\big\}.$$

其转移阵可写成下列分块形式:

$$\widetilde{\boldsymbol{P}} = \begin{pmatrix} \boldsymbol{B}_0 & \boldsymbol{B}_1 & \boldsymbol{B}_2 & \boldsymbol{B}_3 & \cdots \\ \boldsymbol{C}_0 & \boldsymbol{A}_1 & \boldsymbol{A}_2 & \boldsymbol{A}_3 & \cdots \\ & \boldsymbol{A}_0 & \boldsymbol{A}_1 & \boldsymbol{A}_2 & \cdots \\ & & \boldsymbol{A}_0 & \boldsymbol{A}_1 & \cdots \\ & & & \ddots & \ddots \end{pmatrix}, \tag{6.1.8}$$

其中 $\boldsymbol{A}_k(k \geqslant 1)$ 是 m 阶方阵, $\boldsymbol{B}_0$ 是 m_1 阶方阵, $\boldsymbol{B}_k(k \geqslant 1)$ 是 $m_1 \times m$ 矩阵, $\boldsymbol{C}_0$ 是 $m \times m_1$ 矩阵, 当然 m 与 m_1 可能不同也可能相同.

定义

$$\boldsymbol{A} = \sum_{k=0}^{\infty} \boldsymbol{A}_k,$$

为使式 (6.1.8) 为一个随机阵, 需满足

$$\boldsymbol{A}\boldsymbol{e} = \boldsymbol{e}, \quad \boldsymbol{B}_0\boldsymbol{e} + \sum_{k=0}^{\infty} \boldsymbol{B}_k\boldsymbol{e} = \boldsymbol{e}, \quad \boldsymbol{C}_0\boldsymbol{e} + \sum_{k=0}^{\infty} \boldsymbol{A}_k\boldsymbol{e} = \boldsymbol{e},$$

其中 $\boldsymbol{e}$ 为所有元素均为 1 且具有恰当维数的列向量. 具有 (6.1.8) 形分块结构的转移阵, 称为 M/G/1 型结构矩阵, 相应的 MC 称为 M/G/1 型 MC.

为分析上述 MC, 引入矩阵 $\boldsymbol{G}$, 它是方程

$$\boldsymbol{G}=\sum_{k=0}^{\infty}\boldsymbol{A}_k\boldsymbol{G}^k \tag{6.1.9}$$

的最小非负解. $\boldsymbol{G}$ 的概率解释: $\boldsymbol{G}$ 的元素 $\boldsymbol{G}_{jj'}$, 是 MC 从状态 $(i+1,j),i\geqslant 1$ 出发, 终将达到水平 i 中的状态 (i,j') 的概率 (条件概率). 由矩阵 (6.1.8) 的结构, 这个条件概率不依赖于 i(当 $i\geqslant 1$ 时).

下面给出矩阵 $\boldsymbol{G}$ 是随机阵及 MC 正常返的条件.

首先, 当 $\boldsymbol{A}$ 不可约时, 可以给出 $\boldsymbol{G}$ 是随机阵的一个简单的显式条件: 存在唯一正向量 $\boldsymbol{\pi}$, 满足 $\boldsymbol{\pi A}=\boldsymbol{\pi},\boldsymbol{\pi e}=1$. 定义列向量

$$\boldsymbol{\vartheta}=\sum_{k=1}^{\infty}k\boldsymbol{A}_k\boldsymbol{e}.$$

定理 6.1.6 若 $\boldsymbol{A}$ 不可约, 矩阵 $\boldsymbol{G}$ 是随机阵当且仅当 $\boldsymbol{\pi\vartheta}\leqslant 1$, 并且 MC 正常返的充要条件为

$$\boldsymbol{\pi\vartheta}\leqslant 1,\quad \sum_{k=1}^{\infty}k\boldsymbol{B}_k\boldsymbol{e}<\infty.$$

再考虑 $\boldsymbol{A}$ 可约的情况. 据 Neuts(1989) 指出, $\boldsymbol{A}$ 可约的情况是少见的, 但确有其重要实际应用.

当 $\boldsymbol{A}$ 可约时, 经过行与列的重排, 可写成

$$\boldsymbol{A}=\begin{pmatrix}\boldsymbol{A}(1) & & & & 0\\ & \boldsymbol{A}(2) & & & 0\\ & & \ddots & & \vdots\\ & & & \boldsymbol{A}(c) & 0\\ \boldsymbol{T}(1) & \boldsymbol{T}(2) & \cdots & \boldsymbol{T}(c) & \boldsymbol{T}(0)\end{pmatrix} \tag{6.1.10}$$

的形式, 其中 $\boldsymbol{A}(1),\cdots,\boldsymbol{A}(c)$ 是不可约的随机阵, 分别有阶数 $m_1,\cdots,m_c$, 满足 $m_1+\cdots+m_c\leqslant m$. 底部一行 (它也可能不出现) 中, $\boldsymbol{T}(0)$ 是一个 m_0 阶随机阵, 而 $\boldsymbol{T}(1),\cdots,\boldsymbol{T}(c)$ 分别是 $m_0\times m_1,\cdots,m_0\times m_c$ 矩阵.

若 $\boldsymbol{A}$ 有 (6.1.10) 的分块结构, 那么对一切 $\boldsymbol{A}_k(k\geqslant 0)$, 也有相同的分块结构. 在每个矩阵 $\boldsymbol{A}_k$ 中, 对角块 $\boldsymbol{A}_k(j)(1\leqslant j\leqslant c)$ 当然是不可约的. 引入一组向量

$$\boldsymbol{\pi}(j)\boldsymbol{A}(j)=\boldsymbol{\pi}(j),\quad \boldsymbol{\pi}(j)\boldsymbol{e}=1,\quad 1\leqslant j\leqslant c,$$
$$\boldsymbol{\vartheta}(j)=\sum_{k=1}^{\infty}k\boldsymbol{A}_k(j)\boldsymbol{e},\quad 1\leqslant j\leqslant c.$$

定理 6.1.7　若 $\boldsymbol{A}$ 可约并写成 (6.1.10) 的形式, 则矩阵 $\boldsymbol{G}$ 是随机阵当且仅当

$$\boldsymbol{\pi}(j)\boldsymbol{\vartheta}(j) \leqslant 1, \quad 1 \leqslant j \leqslant c,$$

并且 MC 正常返的充要条件为

$$\boldsymbol{\pi}(j)\boldsymbol{\vartheta}(j) \leqslant 1, \quad 1 \leqslant j \leqslant c; \quad \sum_{k=1}^{\infty} k\boldsymbol{B}_k\boldsymbol{e} < \infty.$$

设 MC 的稳态概率为

$$\boldsymbol{\Pi} = (\boldsymbol{\pi}_0, \boldsymbol{\pi}_1, \boldsymbol{\pi}_2, \cdots),$$
$$\boldsymbol{\pi}_0 = (\pi_{01}, \cdots, \pi_{0m_1}), \quad \boldsymbol{\pi}_k = (\pi_{k1}, \cdots, \pi_{km}), \quad k \geqslant 1.$$

由关系式 $\boldsymbol{\Pi}\widetilde{\boldsymbol{P}} = \boldsymbol{\Pi}$, 可得 MC 的稳态分布满足

$$\begin{cases} \boldsymbol{\pi}_0 = \boldsymbol{\pi}_0\boldsymbol{B}_0 + \boldsymbol{\pi}_1\boldsymbol{C}_0, \\ \boldsymbol{\pi}_k = \boldsymbol{\pi}_0\boldsymbol{B}_i + \displaystyle\sum_{j=0}^{k} \boldsymbol{\pi}_{k-j+1}\boldsymbol{A}_j, \quad k \geqslant 1. \end{cases} \tag{6.1.11}$$

对于稳态向量 $\boldsymbol{\pi}_k, k \geqslant 1$, 由下列定理给出递推公式.

定理 6.1.8　向量 $\boldsymbol{\pi}_k, k \geqslant 1$ 可由下列递推公式得到

$$\boldsymbol{\pi}_k = \left[\boldsymbol{\pi}_0\overline{\boldsymbol{B}}_k + \sum_{j=1}^{k-1} \boldsymbol{\pi}_j\overline{\boldsymbol{A}}_{k+1-j}\right](\boldsymbol{I} - \overline{\boldsymbol{A}}_1)^{-1}, \quad k \geqslant 1, \tag{6.1.12}$$

其中

$$\overline{\boldsymbol{B}}_r = \sum_{i=r}^{\infty} \boldsymbol{B}_i\boldsymbol{G}^{i-r}, \quad \overline{\boldsymbol{A}}_r = \sum_{i=r}^{\infty} \boldsymbol{A}_i\boldsymbol{G}^{i-r}, \quad r \geqslant 0.$$

在 Neuts(1989) 中已给出了定理 6.1.8 的证明过程.

6.2　多重工作休假的 M/G/1 排队

6.2.1　模型描述

在经典 M/G/1 排队系统中, 顾客到达遵循参数为 λ 的泊松过程. 正常服务期内服务时间 S_b 具有一般分布函数 $G_b(x)$, 假设其均值为 $1/\mu_b$, 且 LST 和 k 阶矩分别为

$$\widetilde{G}_b(s) = \int_0^{\infty} \mathrm{e}^{-sx}\mathrm{d}G_b(x), \quad b^{(k)} = \int_0^{\infty} x^k\mathrm{d}G_b(x), \quad k \geqslant 1.$$

引入工作休假策略: 当一次服务完成, 系统变空时, 服务员进入休假, 在休假期内, 如果有新顾客到达系统, 则服务员以较慢的速率为顾客提供服务, 而非完全停止服务. 假设休假期间内的服务时间 S_v 具有一般分布函数 $G_v(x)$, 均值为 $1/\mu_v$, 且设其 LST 和 k 阶矩分别为

$$\widetilde{G}_v(s)=\int_0^{\infty}\mathrm{e}^{-sx}\mathrm{d}G_v(x),\quad G_v^{(k)}=\int_0^{\infty}x^k\mathrm{d}G_v(x),\quad k\geqslant 1.$$

当一次休假结束, 系统中无顾客, 则服务员进入另外一次休假, 否则, 正在接受慢速服务的顾客转化为以正常服务速度进行服务, 系统开始工作. 设工作休假时间独立同分布, 服从参数为 θ 的指数分布. 此系统记为 M/G/1(MWV) 模型.

假设到达时间间隔、工作休假时间、正常服务期和工作休假期内的服务时间彼此独立, 且遵循 FCFS 的服务规则.

令 $L(t)$ 为时刻 t 系统中的顾客数, $L_n=L(\tau_n-0)$ 为第 n 次离去 (服务完成) 后瞬间系统顾客数, 定义

$$J_n=\begin{cases}0, & \text{第 } n \text{ 次离去后瞬间系统处于工作休假期},\\ 1, & \text{第 } n \text{ 次离去后瞬间系统处于正规服务期},\end{cases}$$

则 $\{(L_n,J_n),n\geqslant 1\}$ 是一个嵌入 Markov 过程, 状态空间为

$$\Omega=\{(0,0)\}\bigcup\{(k,j),k\geqslant 1,j=0,1\}.$$

显然, 当系统中无顾客时, 只能处于休假期.

为了表示出 $\{(L_n,J_n),n\geqslant 1\}$ 的转移阵, 引入下列一系列记号.

(1) 如 6.1.1 节定义, 有

$$a_k=\int_0^{\infty}\mathrm{e}^{-\lambda t}\frac{(\lambda t)^k}{k!}\mathrm{d}G_b(t),\quad k\geqslant 0,$$

则 a_k 是一个正常服务时间内恰好到达 k 个顾客的概率. $\{a_k,k\geqslant 0\}$ 是一个概率分布, 有母函数及数学期望

$$A(z)=\sum_{k=0}^{\infty}a_kz^k=\widetilde{G}_b(\lambda(1-z)),\quad A'(1)=\frac{\lambda}{\mu_b}=\rho.$$

(2) 定义

$$b_k=\int_0^{\infty}\mathrm{e}^{-\theta x}\frac{(\lambda x)^k}{k!}\mathrm{e}^{-\lambda x}\mathrm{d}G_v(x),\quad k\geqslant 0,$$
$$v_k=\int_0^{\infty}\int_0^{x}\theta\mathrm{e}^{-\theta u}\frac{(\lambda u)^k}{k!}\mathrm{e}^{-\lambda u}\mathrm{d}u\mathrm{d}G_v(x),\quad k\geqslant 0,$$

其中, b_k 表示 $V > S_v$, 且在休假服务时间 S_v 内到达 k 个顾客的概率, 以及 v_k 表示 $V \leqslant S_v$, 且在休假时间 V 内到达 k 个顾客的概率. 显然,

$$\sum_{k=0}^{\infty} b_k = \int_0^{\infty} \mathrm{e}^{-\theta x} \mathrm{d}G_v(x) = P\{V > S_v\} = \widetilde{G}_v(\theta),$$

$$\sum_{k=0}^{\infty} v_k = \int_0^{\infty} \int_0^{x} \theta \mathrm{e}^{-\theta u} \mathrm{d}u \mathrm{d}G_v(x) = P\{V \leqslant S_v\} = 1 - \widetilde{G}_v(\theta).$$

因此, $\{b_k, k \geqslant 0\}$ 和 $\{v_k, k \geqslant 0\}$ 是不完全概率分布, 有

$$\begin{aligned} B(z) &= \sum_{k=0}^{\infty} b_k z^k \\ &= \int_0^{\infty} \mathrm{e}^{-[\theta+\lambda(1-z)]x} \mathrm{d}G_v(x) \\ &= \widetilde{G}_v(\theta + \lambda(1-z)); \\ V(z) &= \sum_{k=0}^{\infty} v_k z^k \\ &= \int_0^{\infty} \int_0^{x} \theta \mathrm{e}^{-[\theta+\lambda(1-z)]u} \mathrm{d}u \mathrm{d}G_v(x) \\ &= \frac{\theta}{\theta + \lambda(1-z)} \int_0^{\infty} [1 - \mathrm{e}^{-[\theta+\lambda(1-z)]x}] \mathrm{d}G_v(x) \\ &= \frac{\theta}{\theta + \lambda(1-z)} [1 - B(z)]. \end{aligned}$$

显然

$$B'(1) = \lambda \int_0^{\infty} x \mathrm{e}^{-\theta x} \mathrm{d}G_v(x) = \beta, \quad V'(1) = \frac{\lambda}{\theta}(1 - \widetilde{G}_v(\theta)) - \beta.$$

(3) 定义

$$c_k = \sum_{j=0}^{k} v_j a_{k-j}, \quad k \geqslant 0,$$

此概率是 $V \leqslant S_v$, 且剩余休假时间 V 和一次正常服务时间 S_b 内到达 k 个顾客的概率. 因此

$$\sum_{k=0}^{\infty} c_k = 1 - \widetilde{G}_v(\theta), \quad C(z) = \sum_{k=0}^{\infty} c_k z^k = V(z)A(z),$$

且

$$C'(1) = \left(\rho + \frac{\lambda}{\theta}\right)(1 - \widetilde{G}_v(\theta)) - \beta.$$

下面假设 $X_n = (L_n, J_n)$, 考虑 MC 的一步转移概率:

若 $X_n=(m,1), m\geqslant 1$:

$$X_{n+1}=\begin{cases}(m-1+j,1) & 以概率 a_j, \quad m\geqslant 2, \quad j\geqslant 0,\\ (j,1) & 以概率 a_j, \quad m=1, \quad j\geqslant 1,\\ (0,0) & 以概率 a_0, \quad m=1;\end{cases}$$

若 $X_n=(m,0), m\geqslant 2$:

$$X_{n+1}=\begin{cases}(m-1+j,0) & 以概率 b_j, \quad j\geqslant 0,\\ (m-1+j,1) & 以概率 c_j, \quad j\geqslant 0;\end{cases}$$

若 $X_n=(m,0), m=1,0$:

$$X_{n+1}=\begin{cases}(j,0) & 以概率 b_j, \quad j\geqslant 1,\\ (j,1) & 以概率 c_j, \quad j\geqslant 1,\\ (0,0) & 以概率 b_0+c_0.\end{cases}$$

综上, 若把状态按字典序排列, $\mathrm{MC}\{(L_n\ J_n), n\geqslant 1\}$ 的转移阵 $\widetilde{\boldsymbol{P}}$ 可写成如式 (6.1.8) 的分块形式, 其中

$$\boldsymbol{B}_0=b_0+c_0; \quad \boldsymbol{B}_k=(b_k,c_k), \quad k\geqslant 1; \quad \boldsymbol{C}_0=(b_0+c_0,a_0)^{\mathrm{T}},$$

$$\boldsymbol{A}_k=\begin{pmatrix} b_k & c_k\\ 0 & a_k\end{pmatrix}, \quad k\geqslant 0.$$

显然,

$$\boldsymbol{B}_0+\sum_{k=1}^{\infty}\boldsymbol{B}_k\boldsymbol{e}=1, \quad \boldsymbol{C}_0+\sum_{k=1}^{\infty}\boldsymbol{A}_k\boldsymbol{e}=\boldsymbol{e}, \quad \sum_{k=0}^{\infty}\boldsymbol{A}_k\boldsymbol{e}=\boldsymbol{e}, \quad \boldsymbol{e}=(1,1)^{\mathrm{T}}.$$

T 代表矩阵或向量的转置运算.

由 6.1.3 节的结果, 转移矩阵 $\widetilde{\boldsymbol{P}}$ 为一个 M/G/1 型结构矩阵, 从而表明 $\{(L_n,J_n), n\geqslant 1\}$ 是 M/G/1 型 MC.

6.2.2 稳态队长

为了得到系统的常返性条件及其稳态分布, 需要下列引理.

引理 6.2.1 若 $\rho=\lambda/\mu_b<1$, 等式 $z=\widetilde{G}_b(\lambda(1-z))$ 有最小非负解 $z=1$, 且 $z=\widetilde{G}_v(\theta+\lambda(1-z))$ 在 $(0,1)$ 内存在唯一解.

证明 首先考虑等式 $z=\widetilde{G}_b(\lambda(1-z))$, 令 $\psi(z)=\widetilde{G}_b(\lambda(1-z))$, 显然 $0<\psi(0)=\widetilde{G}_b(\lambda)<\psi(1)=1$. 当 $0<z<1$ 时,

$$\psi'(z)=\lambda\int_0^{\infty} t\mathrm{e}^{-\lambda(1-z)t}\mathrm{d}G_b(t)>0;$$

$$\psi''(z)=\lambda^2\int_0^{\infty} t^2\mathrm{e}^{-\lambda(1-z)t}\mathrm{d}G_b(t)>0,$$

其中 $\psi'(z)$ 与 $\psi''(z)$ 分别表示函数 $\psi(z)$ 的一阶和二阶导数. 同时, 当 $\rho=\lambda/\mu_b<1$ 时, $\psi'(1)=\rho<1$. 因此, 等式 $z=\psi(z)$ 有唯一的非负解 $z=1$. 类似地, 令 $\varphi(z)=\widetilde{G}_v(\theta+\lambda(1-z))$, 则有关系式

$$0<\varphi(0)=\widetilde{G}_v(\theta+\lambda)<\varphi(1)=\widetilde{G}_v(\theta)<1.$$

当 $0<z<1$ 时,

$$\varphi'(z)=\lambda\int_0^\infty t\mathrm{e}^{-(\theta+\lambda(1-z))t}\mathrm{d}G_v(t)>0;$$
$$\varphi''(z)=\lambda^2\int_0^\infty t^2\mathrm{e}^{-(\theta+\lambda(1-z))t}\mathrm{d}G_v(t)>0.$$

因此, 等式 $z=\varphi(z)$ 在 $(0,1)$ 内有唯一的非负解. 引理得证.

引理 6.2.2　若 $\rho=\lambda/\mu_b<1$, 矩阵方程 $\boldsymbol{G}=\sum\limits_{k=0}^{\infty}\boldsymbol{A}_k\boldsymbol{G}^k$ 存在最小非负解

$$\boldsymbol{G}=\begin{pmatrix}\gamma & 1-\gamma\\ 0 & 1\end{pmatrix}, \tag{6.2.1}$$

其中 γ 为等式 $z=\widetilde{G}_v(\theta+\lambda(1-z))$ 在 $0<z<1$ 内的唯一解.

证明　所有 $\boldsymbol{A}_k$ 是上三角阵, 如果矩阵方程有解 $\boldsymbol{G}$, $\boldsymbol{G}$ 也是上三角的. 可设

$$\boldsymbol{G}=\begin{pmatrix}r_{11} & r_{12}\\ 0 & r_{22}\end{pmatrix},$$

则对 $k\geqslant 1$, 有

$$\boldsymbol{G}^k=\begin{pmatrix}r_{11}^k & r_{12}\sum\limits_{j=0}^{k-1}r_{11}^j r_{22}^{k-1-j}\\ 0 & r_{22}^k\end{pmatrix},$$

代入矩阵方程得到 $\boldsymbol{G}$ 中元素满足的代数方程组

$$\begin{cases}r_{11}=\sum\limits_{k=0}^{\infty}b_k r_{11}^k=\widetilde{G}_v(\theta+\lambda(1-r_{11})),\\ r_{12}=\sum\limits_{k=0}^{\infty}r_{22}^k c_k+r_{12}\sum\limits_{k=1}^{\infty}b_k\sum\limits_{j=0}^{k-1}r_{11}^j r_{22}^{k-1-j},\\ r_{22}=\sum\limits_{k=0}^{\infty}a_k r_{22}^k=\widetilde{G}_b(\lambda(1-r_{22})).\end{cases} \tag{6.2.2}$$

由引理 6.2.1, 当 $\rho=\lambda/\mu_b<1$, 式 (6.2.2) 中第一个等式在 $(0,1)$ 内有唯一解 $r_{11}=\gamma$, 且第三个等式有解 $r_{22}=1$, 将其代入式 (6.2.2) 中第二式, 得 $r_{12}=1-\gamma$, 从而得到 $\boldsymbol{G}$ 的表达式 (6.2.1).

下面给出稳态下系统正常返的充要条件.

定理 6.2.3 MC$\{(L_n, J_n), n \geqslant 1\}$ 正常返当且仅当 $\rho < 1$.

证明 可以计算

$$\boldsymbol{A} = \sum_{i=0}^{\infty} \boldsymbol{A}_i = \begin{pmatrix} \widetilde{G}_v(\theta) & 1 - \widetilde{G}_v(\theta) \\ 0 & 1 \end{pmatrix}$$

是一个可约矩阵, 具有 (6.1.10) 的形式. 由 6.1.3 节正常返的分析, $\boldsymbol{A}(2)=1$ 是一个退化的随机阵, 具有退化的稳态分布 $\boldsymbol{\pi}(2) = 1$. 另外, $\boldsymbol{A}_k(2) = a_k, k \geqslant 0$, 且 $\boldsymbol{\vartheta}(2) = \sum\limits_{k=0}^{\infty} k\boldsymbol{A}_k(2) = \rho$. 同时, 可计算

$$\sum_{k=1}^{\infty} k\boldsymbol{B}_k\boldsymbol{e} = B'(1) + C'(1) = \left(\rho + \frac{\lambda}{\theta}\right)(1 - \widetilde{G}_v(\theta)) < \infty,$$

则由定理 6.1.7, $\widetilde{\boldsymbol{P}}$ 正常返的充要条件为

$$\boldsymbol{\pi}(2)\boldsymbol{\vartheta}(2) = \rho < 1.$$

定理得证.

假设 (L, J) 是 (L_n, J_n) 的稳态极限, 则定义 $\widetilde{\boldsymbol{P}}$ 的稳态分布为

$$\boldsymbol{\Pi} = (\boldsymbol{\pi}_0, \boldsymbol{\pi}_1, \cdots),$$
$$\boldsymbol{\pi}_0 = \pi_{00}, \quad \boldsymbol{\pi}_k = (\pi_{k0}, \pi_{k1}), \quad k \geqslant 1;$$
$$\pi_{kj} = P\{L = k, J = j\} = \lim_{n\to\infty} P\{L_n = k, J_n = j\}, \quad (k, j) \in \Omega.$$

此时, 可能有两种转移情况引起系统在离去时刻处于状态 $(0, 0)$: ①正规忙期内的一个顾客服务完成, 系统中无顾客, 则系统进入休假期; ②工作休假期内服务完一个顾客, 系统中无顾客, 则系统仍保持在休假期. 当然, 对于经典休假排队, 休假期内不提供服务, 情况②不存在. 系统在离去时刻稳态队长的分布 $\boldsymbol{\pi}_k$ 可表示为

$$\boldsymbol{\pi}_0 = \boldsymbol{\pi}_{00}, \quad \boldsymbol{\pi}_k = \pi_{k0} + \pi_{k1}, \quad k \geqslant 1.$$

使用关系式 $\boldsymbol{\Pi}\widetilde{\boldsymbol{P}} = \boldsymbol{\Pi}$ 或式 (6.1.11), 可得

$$\begin{cases} \pi_{00} = \pi_{00}(b_0 + c_0) + \boldsymbol{\pi}_1\boldsymbol{C} = (\pi_{00} + \pi_{10})b_0 + (\pi_{00} + \pi_{10})c_0 + \pi_{11}a_0, \\ \boldsymbol{\pi}_k = \pi_{00}\boldsymbol{B}_k + \sum\limits_{j=1}^{k+1} \boldsymbol{\pi}_j\boldsymbol{A}_{k+1-j}, \quad k \geqslant 1. \end{cases} \tag{6.2.3}$$

定理 6.2.4 当 $\rho < 1$ 时, 离去时刻稳态队长 L 的母函数为

$$L(z) = K(1 - \rho)\left(\frac{A(z)(1 - z)}{A(z) - z} + \frac{z(\gamma - z)(A(z) - B(z) - C(z))}{(z - B(z))(z - A(z))}\right), \tag{6.2.4}$$

其中 $A(z), B(z)$ 及 $C(z)$ 的定义如 6.2.1 节, 且

$$K=\frac{1-\widetilde{G}_v(\theta)}{1-\widetilde{G}_v(\theta)-(1-\gamma)\left(\rho\widetilde{G}_v(\theta)-\dfrac{\lambda}{\theta}(1-\widetilde{G}_v(\theta))\right)}.$$

证明　引入行向量母函数表达式

$$\boldsymbol{\Phi}(z)=\sum_{k=1}^{\infty}z^k\boldsymbol{\pi}_k,\quad |z|<1.$$

由式 (6.2.3) 的第二式, 可得

$$\begin{aligned}\boldsymbol{\Phi}(z)&=\pi_{00}\sum_{k=1}^{\infty}z^k\boldsymbol{B}_k+\sum_{k=1}^{\infty}z^k\sum_{j=1}^{k+1}\boldsymbol{\pi}_j\boldsymbol{A}_{k+1-j}\\&=\pi_{00}\sum_{k=1}^{\infty}z^k\boldsymbol{B}_k+\frac{1}{z}\sum_{j=1}^{\infty}\boldsymbol{\pi}_jz^j\sum_{k=j-1}^{\infty}z^{k+1-j}\boldsymbol{A}_{k+1-j}-\boldsymbol{\pi}_1\boldsymbol{A}_0\\&=\pi_{00}\sum_{k=1}^{\infty}z^k\boldsymbol{B}_k+\frac{1}{z}\boldsymbol{\Phi}(z)\boldsymbol{A}^*(z)-\boldsymbol{\pi}_1\boldsymbol{A}_0,\end{aligned}$$

其中

$$\boldsymbol{A}^*(z)=\sum_{k=0}^{\infty}z^k\boldsymbol{A}_k=\begin{pmatrix}B(z)&C(z)\\0&A(z)\end{pmatrix}.$$

进一步, $\boldsymbol{\Phi}(z)$ 可被写为

$$\boldsymbol{\Phi}(z)=z\left(\pi_{00}\sum_{k=1}^{\infty}z^k\boldsymbol{B}_k-\boldsymbol{\pi}_1\boldsymbol{A}_0\right)(z\boldsymbol{I}-\boldsymbol{A}^*(z))^{-1}.$$

可以计算

$$(z\boldsymbol{I}-\boldsymbol{A}^*(z))^{-1}=\begin{pmatrix}\dfrac{1}{z-B(z)}&\dfrac{C(z)}{(z-B(z))(z-A(z))}\\0&\dfrac{1}{z-A(z)}\end{pmatrix}.$$

为方便, 记 $\boldsymbol{\varepsilon}=b_0(\pi_{00}+\pi_{10})$, 且计算可得

$$\pi_{00}\sum_{k=1}^{\infty}z^k\boldsymbol{B}_k-\boldsymbol{\pi}_1\boldsymbol{A}_0=(\pi_{00}B(z)-\varepsilon,\varepsilon-\pi_{00}(1-C(z))),$$

代入 $\boldsymbol{\Phi}(z)$ 的表达式中, 可得

$$\begin{aligned}\boldsymbol{\Phi}(z)&=z(\pi_{00}B(z)-\varepsilon,\varepsilon-\pi_{00}(1-C(z)))(z\boldsymbol{I}-\boldsymbol{A}^*(z))^{-1}\\&=z\left(\frac{\pi_{00}B(z)-\varepsilon}{z-B(z)},\frac{C(z)(\pi_{00}B(z)-\varepsilon)}{(z-B(z))(z-A(z))}+\frac{\varepsilon-\pi_{00}(1-C(z))}{z-A(z)}\right).\end{aligned}\tag{6.2.5}$$

由稳态分布的定义, 离去时刻稳态队长的母函数可表示为 $L(z) = \pi_{00} + \boldsymbol{\Phi}(z)\boldsymbol{e}$, 计算可得 $L(z)$ 表达式, 并由引理 6.2.1, γ 为等式 $z = \widetilde{G}_v(\theta+\lambda(1-z)) = B(z)$ 在 $(0,1)$ 内的唯一解, 因此, 对 $L(z)$ 是通分之后, 由稳态分布母函数的解析性, 当 $z=\gamma$ 时, $L(z)$ 表达式的分子等于 0. 因此, 替代 $z=\gamma$ 到 $L(z)$ 表达式的分子部分, 利用关系式 $B(\gamma)=\gamma$, 得

$$\pi_{00}\gamma[1+\gamma-A(\gamma)-(1-C(\gamma))]+\varepsilon(A(\gamma)-\gamma-C(\gamma))=0.$$

可计算

$$\begin{gathered}A(\gamma)-\gamma-C(\gamma)=A(\gamma)-\gamma-A(\gamma)V(\gamma)=A(\gamma)(1-V(\gamma))-\gamma,\\ \gamma[1+\gamma-A(\gamma)-(1-C(\gamma))]=\gamma(\gamma-A(\gamma)(1-V(\gamma))),\end{gathered}$$

把此结果代入上式, 可得关系式 $\varepsilon=\pi_{00}\gamma$. 把 ε 代入, 经过计算, 有

$$L(z)=\pi_{00}\frac{A(z)(1-z)(B(z)-z)+z(\gamma-z)(A(z)-B(z)-C(z))}{(z-B(z))(z-A(z))}. \tag{6.2.6}$$

使用正规化条件 $L(1)=1$, 可得

$$\pi_{00}=\frac{(1-\rho)(1-\widetilde{G}_v(\theta))}{1-\widetilde{G}_v(\theta)-(1-\gamma)\left(\rho\widetilde{G}_v(\theta)-\dfrac{\lambda}{\theta}(1-\widetilde{G}_v(\theta))\right)}.$$

把 π_{00} 代入式 (6.2.6) 中, 引入记号 K, 定理得证.

应用 π_{00} 的表达式及定理 6.1.8 的结果, 可得到 $\boldsymbol{\pi}_k, k\geqslant 1$ 的递推公式.

第一步: 计算 $\boldsymbol{\pi}_1$. 由关系式 $b_0(\pi_{00}+\pi_{10})=\gamma\pi_{00}$, 可得

$$\pi_{10}=\frac{\gamma-b_0}{b_0}\pi_{00}.$$

另外, 由式 (6.2.3) 的第一式, 有

$$\pi_{00}=\pi_{00}(b_0+c_0)+\pi_{00}\frac{\gamma-b_0}{b_0}(b_0+c_0)+\pi_{11}a_0,$$

因此, 可得 π_{11} 的计算式为

$$\pi_{11}=\frac{b_0(1-\gamma)-\gamma c_0}{a_0b_0}\pi_{00}.$$

综上, $\boldsymbol{\pi}_1$ 的计算公式为

$$\boldsymbol{\pi}_1=(\pi_{10},\pi_{11})=\pi_{00}\left(\frac{\gamma-b_0}{b_0},\frac{b_0(1-\gamma)-\gamma c_0}{a_0b_0}\right).$$

第二步: 直接应用 6.1.2 节的等式 (6.1.12) 可得 $\boldsymbol{\pi}_k, k \geqslant 2$ 的递推式.

定义 $S=0$ 或 1, 取决于任一顾客以休假服务率服务完成或者正常速率服务完成, 在下面稳态队长随机分解的分析中, 将使用到处于这两种状态的概率, 因此给出

$$\begin{aligned}
P_v &= P\{S=0\} = (\pi_{00}+\pi_{10})b_0 + \boldsymbol{\Phi}(z)\boldsymbol{e}_1|_{z=1} \\
&= \frac{(1-\rho)\widetilde{G}_v(\theta)(1-\gamma)}{1-\widetilde{G}_v(\theta)-(1-\gamma)\left(\rho\widetilde{G}_v(\theta)-\dfrac{\lambda}{\theta}(1-\widetilde{G}_v(\theta))\right)}, \\
P_b &= P\{S=1\} = (\pi_{00}+\pi_{10})c_0 + \pi_{11}a_0 + \boldsymbol{\Phi}(z)\boldsymbol{e}_2|_{z=1} \\
&= \frac{1-\widetilde{G}_v(\theta)-(1-\gamma)\left(\widetilde{G}_v(\theta)-\dfrac{\lambda}{\theta}(1-\widetilde{G}_v(\theta))\right)}{1-\widetilde{G}_v(\theta)-(1-\gamma)\left(\rho\widetilde{G}_v(\theta)-\dfrac{\lambda}{\theta}(1-\widetilde{G}_v(\theta))\right)} \\
&= 1-P_v,
\end{aligned}$$

其中 $\boldsymbol{e}_1=(1,0)^{\mathrm{T}}, \boldsymbol{e}_2=(0,1)^{\mathrm{T}}$.

利用上述结果, 可以得到一个正规服务期开始时刻系统中的顾客数 Q_b 的稳态分布函数. 假设

$$\tau_k = P\{Q_b=k\}, \quad k \geqslant 1.$$

取工作休假期结束前最后一个顾客的服务离去时刻为嵌入点, 则两种情况可引起正规服务期开始时, 系统中有 k 个顾客, 即 $Q_b=k$: ①在工作休假期结束前最后一个顾客服务完成时系统处于休假期, 且 $V \leqslant S_v$ 的条件下, 即在剩余休假时间内未完成一次服务时, 离去时刻剩余 $j(j \geqslant 1)$ 个顾客且在剩余休假时间内到达 $k-j$ 个顾客; ②在同样的条件下, 最后一次离去后, 系统中无顾客, 则在发生下一次到达后, 剩余休假时间内 $k-1$ 个顾客到达. 先计算条件概率

$$P\{J=0, V \leqslant S_v\} = \sum_{k=0}^{\infty} \pi_{k0} \times P\{V \leqslant S_v\} = \pi_{00}(1-\gamma).$$

因此, 有

$$\tau_k = P\{Q_b=k\} = \frac{1}{\pi_{00}(1-\gamma)}\left(\sum_{j=1}^{k} \pi_{j0}v_{k-j} + \pi_{00}v_{k-1}\right), \quad k \geqslant 1.$$

取 τ_k 的母函数, 经计算可得

$$\begin{aligned}
Q_b(z) = \sum_{k=1}^{\infty} \tau_k z^k &= \frac{1}{\pi_{00}(1-\gamma)}\left\{\boldsymbol{\Phi}(z)\boldsymbol{e}_1 V(z) + \pi_{00} z V(z)\right\} \\
&= \frac{1}{1-\gamma}\frac{z(z-\gamma)V(z)}{z-B(z)}.
\end{aligned} \tag{6.2.7}$$

显然 $Q_b(1)=1$, 且

$$
\begin{aligned}
E(Q_b) &= \frac{1-\widetilde{G}_v(\theta)-(1-\gamma)\left(\widetilde{G}_v(\theta)-\dfrac{\lambda}{\theta}(1-\widetilde{G}_v(\theta))\right)}{(1-\gamma)(1-\widetilde{G}_v(\theta))} \\
&= \frac{P_b(1-\rho)}{\pi_{00}(1-\gamma)}.
\end{aligned}
$$

定义顾客的一次正常服务时间为活跃期, 而一次休假时间为非活跃期, 则工作休假模型中, 在一个非活跃期内顾客也可能接受服务. 系统在活跃期和非活跃期间交替运行, 当然非活跃期的长度可能为 0(在正规服务期内). 引入 $L^{\mathrm{s}}(L^{\mathrm{T}})$ 为稳态下一个非活跃期的开始 (结束) 时刻的顾客数, 而 $L^{\mathrm{s}}(z)(L^{\mathrm{T}}(z))$ 为其相应的母函数. 在进一步分析时要用到一个引理.

引理 6.2.5 若 $\rho<1$ 且 $L^{\mathrm{s}}\leqslant_{\mathrm{st}} L^{\mathrm{T}}$, 在 M/G/1 休假排队中, 服务完成时刻顾客数的分布是两个独立随机变量的卷积, 且母函数可表示为

$$
P(z)=E(z^N)E(z^Y)=E(z^N)\times\frac{L^{\mathrm{s}}(z)-L^{\mathrm{T}}(z)}{(1-\rho)(1-z)},
$$

其中 N 是经典无休假 M/G/1 型排队服务完成时刻顾客数的稳态变量, Y 是休假引起的附加队长变量.

定理 6.2.6 若 $\rho<1$, 离去时刻稳态队长的母函数 $L(z)$ 可以表示为下列分解形式:

$$
\begin{aligned}
L(z) &= P_v\frac{1-\widetilde{G}_v(\theta)}{(1-\gamma)\widetilde{G}_v(\theta)}\frac{B(z)(z-\gamma)}{z-B(z)} \\
&\quad +P_b\frac{(1-\rho)(1-z)A(z)}{A(z)-z}\frac{1-Q_b(z)}{E(Q_b)(1-z)}.
\end{aligned}
\tag{6.2.8}
$$

证明 利用全概率公式, 有

$$
L(z)=E(z^L|S=1)P\{S=1\}+E(z^L|S=0)P\{S=0\}. \tag{6.2.9}
$$

在 M/G/1 型休假排队中, 选择正规服务期内的顾客离去时刻作为再生点, 则休假期内的顾客到达和离去只影响 $L^{\mathrm{s}}-L^{\mathrm{T}}$, 因此, 可得

$$
E(z^L|S=1)=E(z^N)E(z^X),
$$

其中 N 是经典 M/G/1 排队离去时刻的稳态队长, 且 N 和附加变量 X 的母函数为

$$
E(z^N)=\frac{(1-\rho)(1-z)A(z)}{A(z)-z},\quad E(z^X)=\frac{L^{\mathrm{s}}(z)-L^{\mathrm{T}}(z)}{(1-\rho)(1-z)}, \tag{6.2.10}
$$

此结果可见 Shanthikumar(1988) 的引理 1. 当然, 由定义直接可以计算

$$\begin{aligned}E(z^L|S=0)&=P_v^{-1}\big((\pi_{00}+\pi_{10})b_0+\boldsymbol{\Phi}(z)\boldsymbol{e}_1\big)\\&=P_v^{-1}\pi_{00}\frac{B(z)(z-\gamma)}{z-B(z)}\\&=\frac{1-\widetilde{G}_v(\theta)}{(1-\gamma)\widetilde{G}_v(\theta)}\frac{B(z)(z-\gamma)}{z-B(z)}.\end{aligned}\tag{6.2.11}$$

下面, 分析 $L^{\mathrm{T}}=k(k\geqslant 1)$, 包括两种联合情形: ①$L^{\mathrm{s}}=k$, 若在两个连续活跃期间的非活跃期长度为 0; ②$L^{\mathrm{s}}=0$, 若当一个工作休假结束时系统中有 k 个顾客. 因此, 有

$$P\{L^{\mathrm{T}}=k\}=P\{L^{\mathrm{s}}=k\}+P\{L^{\mathrm{s}}=0\}\tau_k,\quad k\geqslant 1,$$

且 $P\{L^{\mathrm{T}}=0\}=0$. 对 L^{T} 的分布取母函数, 有

$$L^{\mathrm{T}}(z)=L^{\mathrm{s}}(z)-P\{L^{\mathrm{s}}=0\}(1-Q_b(z)),$$

代入式 (6.2.10) 中, 可得

$$E(z^X)=\frac{P\{L^{\mathrm{s}}=0\}(1-Q_b(z))}{(1-\rho)(1-z)}.$$

利用关系式 $E(z^X)|_{z=1}=1$, 可得

$$P\{L^{\mathrm{s}}=0\}=(1-\rho)(E(Q_b))^{-1},$$

且

$$E(z^X)=\frac{1-Q_b(z)}{E(Q_b)(1-z)}.$$

把结果代入式 (6.2.9) 中, 可得式 (6.2.8). 定理得证.

在此, 可以说明等式 (6.2.8) 同 (6.2.4) 是等价的. 注意到

$$L(z)=\pi_{00}\gamma+\boldsymbol{\Phi}(z)\boldsymbol{e}_1+\pi_{00}(1-\gamma)+\boldsymbol{\Phi}(z)\boldsymbol{e}_2,$$

由式 (6.2.11), 有

$$\pi_{00}\gamma+\boldsymbol{\Phi}(z)\boldsymbol{e}_1=P_v\frac{1-\widetilde{G}_v(\theta)}{(1-\gamma)\widetilde{G}_v(\theta)}\frac{B(z)(z-\gamma)}{z-B(z)}.$$

因此, 只要证明关系式

$$P_b\frac{(1-\rho)(1-z)A(z)}{A(z)-z}\frac{1-Q_b(z)}{E(Q_b)(1-z)}=\pi_{00}(1-\gamma)+\boldsymbol{\Phi}(z)\boldsymbol{e}_2\tag{6.2.12}$$

成立即可. 替代 $Q_b(z)$ 的表达式到式 (6.2.12) 的左边项中, 同时应用关系式 $E(Q_b) = P_b(1-\rho)(\pi_{00}(1-\gamma))^{-1}$, 可得

$$\begin{aligned}
&P_b\frac{(1-\rho)(1-z)A(z)}{A(z)-z}\frac{1-Q_b(z)}{E(Q_b)(1-z)}\\
&=\pi_{00}A(z)\frac{z(z-\gamma)V(z)-(1-\gamma)(z-B(z))}{(z-B(z))(z-A(z))}.
\end{aligned}$$

类似地, 计算式 (6.2.12) 的右边项, 得到相同的表达式. 因此等式 (6.2.8) 同等式 (6.2.4) 是等价的.

由条件随机分解结构很容易得到离去时刻稳态队长的均值.

$$\begin{aligned}
E(L)=&P_v\left[\frac{\beta}{\widetilde{G}_v(\theta)}+\frac{1}{1-\gamma}-\frac{1-\beta}{1-\widetilde{G}_v(\theta)}\right]\\
&+P_b\left[\rho+\frac{\lambda^2 b^{(2)}}{2(1-\rho)}+\frac{E(Q_b(Q_b-1))}{2E(Q_b)}\right].
\end{aligned}$$

考虑下列条件稳态队长,

$$L_b=\{L|S=1\},$$

有下列随机分解结构.

定理 6.2.7 若 $\rho<1$, 条件随机变量 L_b 可以分解成两个随机变量之和: $L_b = L_0 + L_d$, 其中 L_0 为经典 M/G/1 排队离去时刻的稳态队长; 附加队长 L_d 的母函数为

$$L_d(z)=\frac{1-Q_b(z)}{E(Q_b)(1-z)}.$$

由定理 6.2.6 的证明过程, 直接可得结果.

6.2.3 等待时间

以 W 表示顾客的稳态等待时间, 以 $\widetilde{W}(s)$ 表示其 LST. 因为在工作休假策略下, 任意顾客可能接受正常服务完成离开, 也可能接受休假服务完成离开, 所以先引入两个条件等待时间

$$W_b=\{W|S=1\},\quad W_v=\{W|S=0\},$$

且假设 $\widetilde{W}_b(s),\widetilde{W}_v(s)$ 分别为它们的 LST.

当顾客以正常服务速率服务完成时, 剩余顾客即为此顾客等待时间 W_b 和正常服务时间 S_b 到达的顾客. 因此, 有关系式

$$E(z^L|S=1)=\widetilde{W}_b(\lambda(1-z))\widetilde{G}_b(\lambda(1-z)),$$

替代 $s=\lambda(1-z)$ 到上述等式, 易得

$$\widetilde{W}_b(s)=\frac{(1-\rho)s}{s-\lambda(1-\widetilde{G}_b(s))}\frac{\lambda\left(1-Q_b\left(1-\frac{s}{\lambda}\right)\right)}{E(Q_b)s}.$$

定理 6.2.8　条件等待时间 W_b 可以分解为两个随机变量之和: $W_b=W_0+W_d$, 其中 W_0 是经典 M/G/1 排队的等待时间, 其 LST 形如式 (6.1.3)(其中 $\widetilde{B}(s)$ 由 $\widetilde{G}_b(s)$ 代替); 附加延迟 W_d 的 LST 为

$$\widetilde{W}_d(s)=\frac{\lambda\left(1-Q_b\left(1-\frac{s}{\lambda}\right)\right)}{E(Q_b)s}.$$

类似地, 对于 W_v, 有

$$E(z^L|S=0)=\widetilde{W}_v(\lambda(1-z))\widetilde{G}_v(\lambda(1-z)).$$

替代 $s=\lambda(1-z)$ 到上述等式, 可得

$$\widetilde{W}_v(s)=\frac{1-\widetilde{G}_v(\theta)}{(1-\gamma)\widetilde{G}_v(\theta)}\frac{\widetilde{G}_v(\theta+s)[s-\lambda(1-\gamma)]}{s-\lambda(1-\widetilde{G}_v(\theta+s))}\frac{1}{\widetilde{G}_v(s)}.$$

因此, 任一顾客的稳态等待时间 W 的 LST 为

$$\begin{aligned}\widetilde{W}(s)&=P\{S=0\}\widetilde{W}_v(s)+P\{S=1\}\widetilde{W}_b(s)\\&=P_v\frac{1-\widetilde{G}_v(\theta)}{(1-\gamma)\widetilde{G}_v(\theta)}\frac{\widetilde{G}_v(\theta+s)[s-\lambda(1-\gamma)]}{s-\lambda(1-\widetilde{G}_v(\theta+s))}\frac{1}{\widetilde{G}_v(s)}\\&\quad+P_b\frac{(1-\rho)s}{s-\lambda(1-\widetilde{G}_b(s))}\frac{\lambda\left(1-Q_b\left(1-\frac{s}{\lambda}\right)\right)}{E(Q_b)s}.\end{aligned}\tag{6.2.13}$$

注意到等式 (6.2.13) 有明确的概率解释, 等待时间以概率 P_v 为一个随机变量; 以概率 $1-P_v$ 为两个随机变量之和, 其中一个为经典无休假排队的等待时间.

由式 (6.2.13), 可得系统稳态下顾客的平均等待时间.

$$\begin{aligned}E(W)=&P_v\frac{1}{\lambda}\left[\frac{\beta}{\widetilde{G}_v(\theta)}+\frac{1}{1-\gamma}-\frac{1-\beta}{1-\widetilde{G}_v(\theta)}-\frac{\lambda}{\mu_v}\right]\\&+P_b\left[\frac{\lambda b^{(2)}}{2(1-\rho)}+\frac{E(Q_b(Q_b-1))}{2\lambda E(Q_b)}\right].\end{aligned}$$

6.2.4　任意时刻的稳态队长

令 $J(t)$ 为时刻 t 系统中的状态, 即 $J(t)=0$ 或 1, 取决于系统在时刻 t 处于工作休假期还是正规服务期, 则 $X(t)=(L(t),J(t))$ 构成一个连续时间的随机过程.

定义 $X(t)$ 的极限分布为

$$p_{00} = \lim_{t\to\infty} P\{L(t)=0, J(t)=0\},$$

$$p_{nj} = \lim_{t\to\infty} P\{L(t)=n, J(t)=j\}, \quad n\geqslant 1, j=0,1.$$

为得到 p_{nj} 的表达式, 考虑另外一个随机过程 $(\widetilde{L}(t),\widetilde{J}(t))$, 其中 $\widetilde{L}(t)$ 表示时刻 t 之前最近一次离去瞬时系统中顾客数, 且 $\widetilde{J}(t)=0$ 或 1, 取决于时刻 t 之前最近一次离去后系统在工作休假期还是正规服务期, 则 $(\widetilde{L}(t),\widetilde{J}(t))$ 是 $X(t)$ 的嵌入半 Markov 过程, 而 (L_n,J_n) 为半 Markov 过程 $(\widetilde{L}(t),\widetilde{J}(t))$ 的基础 MC. 令 γ_{kj} 表示 $(\widetilde{L}(t),\widetilde{J}(t))$ 在状态 (k,j) 的逗留时间, 同时假设顾客的到达间隔为一个随机变量 T, 分布函数为 $T(t)$, 当然在 M/G/1 系统中, T 服从参数 λ 的指数分布, 则当 $k\geqslant 1, j=1$ 时

$$P\{\gamma_{kj}<t\} = P\{S_b<t\} = G_b(t).$$

当 $k\geqslant 1, j=0$ 时, 有

$$P\{\gamma_{kj}<t\} = P\{S_v<t, V>S_v\} + P\{V+S_b<t, V<S_v\} = F(t).$$

类似地, 当 $k=0, j=0$ 时,

$$\begin{aligned} &P\{\gamma_{kj}<t\} \\ =&P\{T+S_v<t, V>S_v\} + P\{T+V+S_b<t, V<S_v\} \\ =&T(t)*F(t), \end{aligned}$$

其中 $*$ 代表卷积运算符. 因此, 有

$$m_{kj} = E(\gamma_{kj}) = \begin{cases} \dfrac{1}{\mu_b}, & k\geqslant 1, j=1, \\ \left(\dfrac{1}{\mu_b}+\dfrac{1}{\theta}\right)(1-\widetilde{G}_v(\theta)), & k\geqslant 1, j=0, \\ \dfrac{1}{\lambda}+\left(\dfrac{1}{\mu_b}+\dfrac{1}{\theta}\right)(1-\widetilde{G}_v(\theta)), & k=0, j=0. \end{cases}$$

令 υ_{kj} 为半 Markov 过程 $(\widetilde{L}(t),\widetilde{J}(t))$ 在 (k,j) 的稳态概率, 使用半 Markov 过程方法 (见 2.2 节), 有关系式

$$\upsilon_{kj} = \frac{\pi_{kj}m_{kj}}{\displaystyle\sum_{i=0}^{1}\sum_{h=i}^{\infty}\pi_{hi}m_{hi}},$$

其中 $\{\pi_{kj}, j=0,1; k\geqslant 0\}$ 如 7.2.2 节的定义. 首先, 由定理 6.2.4 与 m_{kj} 的表达式, 可以得到 $\sum\limits_{i=0}^{1}\sum\limits_{h=i}^{\infty}\pi_{hi}m_{hi}=1/\lambda$. 因此, 有

$$
v_{kj}=\begin{cases}\lambda\pi_{k1}m_{k1}=\rho\pi_{k1}, & k\geqslant 1,\\ \lambda\pi_{k0}m_{k0}=\left(\rho+\dfrac{\lambda}{\theta}\right)(1-\widetilde{G}_v(\theta))\pi_{k0}, & k\geqslant 1,\\ \lambda\pi_{00}m_{00}=\left(1+\left(\rho+\dfrac{\lambda}{\theta}\right)(1-\widetilde{G}_v(\theta))\right)\pi_{00}, & k=0,j=0.\end{cases}
$$

对 $n\geqslant 0, j=0,1$, $(L(t),J(t))$ 与 $(\widetilde{L}(t),\widetilde{J}(t))$ 的稳态分布之间存在着下列关系式:

$$
p_{nj}=\sum_{i=0}^{1}\sum_{k=1}^{\infty}\frac{v_{ki}}{m_{ki}}\int_0^{\infty}P\{\text{时刻 } t \text{ 之前由状态 } (k,i) \text{ 转移到 } (n,j),\ \gamma_{ki}>t\ \}\mathrm{d}t.
$$

首先, 时刻 t 之前无到达意味着 $\gamma_{00}>t$, 有

$$
p_{00}=\frac{v_{00}}{m_{00}}\int_0^{\infty}P\{\text{时刻 } t \text{ 之前无到达}\}\mathrm{d}t=\frac{v_{00}}{m_{00}}\int_0^{\infty}\mathrm{e}^{-\lambda t}\mathrm{d}t=\pi_{00}. \tag{6.2.14}
$$

同时, 对 $n\geqslant 1, j=0$, 通过考虑长为 t 时间内的到达情况, 可计算

$$
\begin{aligned}
&p_{n0}\\
&=\frac{v_{00}}{m_{00}}\int_0^{\infty}P\{\text{长为 } t \text{ 内 } (n-1) \text{ 个到达},\ V>t,\ \gamma_{00}>t\}\mathrm{d}t\\
&\quad+\sum_{k=1}^{n}\frac{v_{k0}}{m_{k0}}P\{\text{长为 } t \text{ 内 } (n-k) \text{ 个到达},\ V>t,\ \gamma_{k0}>t\}\mathrm{d}t\\
&=\lambda\pi_{00}\int_0^{\infty}\frac{(\lambda t)^{n-1}}{(n-1)!}\mathrm{e}^{-\lambda t}\big(P\{V>S_v,S_v>t\}+P\{V>t,V<S_v\}\big)\mathrm{d}t\\
&\quad+\lambda\sum_{k=1}^{n}\pi_{k0}\int_0^{\infty}\frac{(\lambda t)^{n-k}}{(n-k)!}\mathrm{e}^{-\lambda t}\Big(P\{V>S_v,S_v>t\}+P\{V>t,V<S_v\}\Big)\mathrm{d}t\\
&=\lambda\int_0^{\infty}\left(\pi_{00}\frac{(\lambda t)^{n-1}}{(n-1)!}\mathrm{e}^{-\lambda t}+\sum_{k=1}^{n}\pi_{k0}\frac{(\lambda t)^{n-k}}{(n-k)!}\mathrm{e}^{-\lambda t}\right)(1-G_v(t))\mathrm{e}^{-\theta t}\mathrm{d}t.
\end{aligned} \tag{6.2.15}
$$

类似地, 对 $n\geqslant 1, j=1$, 有

$$
\begin{aligned}
&p_{n1}\\
&=\lambda\sum_{k=1}^{n}\pi_{k1}\int_0^{\infty}\frac{(\lambda t)^{n-k}}{(n-k)!}\mathrm{e}^{-\lambda t}P\{S_b>t\}\mathrm{d}t\\
&\quad+\lambda\sum_{k=1}^{n}\pi_{k0}\int_0^{\infty}\frac{(\lambda t)^{n-k}}{(n-k)!}\mathrm{e}^{-\lambda t}P\{V<t,V<S_v,V+S_b>t\}\mathrm{d}t
\end{aligned}
$$

$$
\begin{aligned}
&+\lambda\pi_{00}\int_0^\infty \frac{(\lambda t)^{n-1}}{(n-1)!}\mathrm{e}^{-\lambda t}P\{V<t,V<S_v,V+S_b>t\}\mathrm{d}t\\
=&\lambda\sum_{k=1}^{n}\pi_{k1}\int_0^\infty \frac{(\lambda t)^{n-k}}{(n-k)!}\mathrm{e}^{-\lambda t}(1-G_b(t))\mathrm{d}t\\
&+\lambda\int_0^\infty \pi_{00}\frac{(\lambda t)^{n-1}}{(n-1)!}\mathrm{e}^{-\lambda t}\int_0^t \theta\mathrm{e}^{-\theta u}(1-G_v(u))(1-G_b(t-u))\mathrm{d}u\mathrm{d}t\\
&+\lambda\int_0^\infty \sum_{k=1}^{n}\pi_{k0}\frac{(\lambda t)^{n-k}}{(n-k)!}\mathrm{e}^{-\lambda t}\int_0^t \theta\mathrm{e}^{-\theta u}(1-G_v(u))(1-G_b(t-u))\mathrm{d}u\mathrm{d}t.
\end{aligned}
\tag{6.2.16}
$$

综合式 (6.2.14) 到式 (6.2.16), 并由 π_{kj} 的表达式, 可以得到系统在任意时刻的稳态分布 $\{p_{kj},k\geqslant 0,j=0,1\}$ 的计算公式. 定义下列两个母函数形式, 并计算得

$$
\begin{aligned}
P_b(z)&=\sum_{n=1}^{\infty}p_{n1}z^n\\
&=\lambda\sum_{k=1}^{\infty}\pi_{k1}z^k\frac{1-\widetilde{G}_b(\lambda(1-z))}{\lambda(1-z)}+\lambda\left(\pi_{00}z+\sum_{k=1}^{\infty}\pi_{k0}z^k\right)\\
&\quad\times\frac{\theta(1-\widetilde{G}_v(\theta+\lambda(1-z)))}{\theta+\lambda(1-z)}\frac{1-\widetilde{G}_b(\lambda(1-z))}{\lambda(1-z)},\\
P_v(z)&=\sum_{n=0}^{\infty}p_{n0}z^n\\
&=\pi_{00}+\lambda\left(\pi_{00}z+\sum_{k=1}^{\infty}\pi_{k0}z^k\right)\int_0^\infty \mathrm{e}^{-\lambda(1-z)t}(1-G_v(t))\mathrm{e}^{-\theta t}\mathrm{d}t\\
&=\pi_{00}+\lambda\left(\pi_{00}z+\sum_{k=1}^{\infty}\pi_{k0}z^k\right)\frac{1-\widetilde{G}_v(\theta+\lambda(1-z))}{\theta+\lambda(1-z)}.
\end{aligned}
\tag{6.2.17}
$$

系统在任意时刻的稳态队长分布可表示为

$$
\begin{aligned}
p_0&=\lim_{t\to\infty}P\{L(t)=0\}=p_{00},\\
p_n&=\lim_{t\to\infty}P\{L(t)=n\}=p_{n1}+p_{n0},\quad n\geqslant 1.
\end{aligned}
$$

定理 6.2.9 在工作休假的 M/G/1 排队中, 当 $\rho<1$ 时,

$$
p_n=\pi_n,\quad n\geqslant 0.
$$

证明 使用 $A(z),B(z)$ 和 $C(z)$ 的表达式, $\{p_n,n\geqslant 0\}$ 的母函数可以计算得

$$
\begin{aligned}
P(z)&=P_v(z)+P_b(z)\\
&=\pi_{00}\frac{A(z)(1-z)(B(z)-z)+z(\gamma-z)(A(z)-B(z)-C(z))}{(z-B(z))(z-A(z))},
\end{aligned}
\tag{6.2.18}
$$

综合 6.2.2 节的结果, 可得

$$P(z) = L(z),$$

即 $\{p_n, n \geqslant 0\}$ 与 $\{\pi_n, n \geqslant 0\}$ 有相同的母函数. 定理得证.

定理 6.2.9 说明 PASTA 性质在工作休假的 M/G/1 排队中也成立, 这一结论更加反映了泊松过程中事件发生具有"完全随机性". 此性质在本节所讨论的各种泊松到达的工作休假排队系统中普遍成立, 将直接应用这一结论, 而不一一论证.

6.3　多重工作休假的 Geo/G/1 排队

6.3.1　模型描述

在经典早到达的 Geo/G/1 排队中, 到达过程如 6.2 节假设, 同时正常服务期内服务时间 S_b 服从均值为 μ_b^{-1} 的一般分布, 其分布和母函数分别为 $\{g_j^{(1)}, j \geqslant 1\}$ 和 $G_b(z)$. 引入工作休假策略: 当一次服务完成, 系统变空时, 服务员进入休假, 在休假期内, 如果有新顾客到达系统, 则服务员以较慢的速率为顾客提供服务. 假设休假期间的服务时间独立, 服从同一分布 $\{g_j^{(2)}, j \geqslant 1\}$, 其母函数和均值分别为 $G_v(z)$ 和 μ_v^{-1}. 当一次休假结束, 系统中无顾客, 则服务员进入另外一次休假, 否则, 正在接受慢速服务的顾客转化为以正常服务速度接受服务, 开始正常工作. 设工作休假时间独立同分布, 服从参数为 $\theta(0 < \theta < 1)$ 的几何分布. 此系统记为 Geo/G/1(MWV) 模型.

假设到达时间间隔、工作休假时间、正常服务期和工作休假期内的服务时间彼此独立, 且遵循 FCFS 的服务规则.

令 $L(t)$ 为时刻 t 系统中的顾客数, L_n 为第 n 次离去 (服务完成) 后瞬间系统中的顾客数, 且设 $J_n = 1$ 或 0, 取决于第 n 次离去后系统处于正规服务期或工作休假期, 则 $\{(L_n, J_n), n \geqslant 1\}$ 是一个嵌入 Markov 过程, 状态空间为

$$\Omega = \{(0,0)\} \bigcup \{(k,j), k \geqslant 1, j = 0, 1\}.$$

平行于 6.2.1 节的讨论, 为了表示出 $\{(L_n, J_n), n \geqslant 1\}$ 的转移阵, 引入下列一系列记号.

(1) 如 6.1.2 节定义, 有

$$a_k = \sum_{j=k}^{\infty} g_j^{(1)} \begin{pmatrix} j \\ k \end{pmatrix} \lambda^k \overline{\lambda}^{j-k}, \quad k \geqslant 0.$$

因此, $\{a_k, k \geqslant 0\}$ 有母函数及数学期望

$$A(z) = \sum_{k=0}^{\infty} a_k z^k = G_b(1 - \lambda(1 - z)), \quad A'(1) = \frac{\lambda}{\mu_b} = \rho.$$

(2) 定义

$$b_k = \sum_{j=k}^{\infty} g_j^{(2)} \begin{pmatrix} j \\ k \end{pmatrix} \lambda^k \overline{\lambda}^{j-k} \overline{\theta}^j, \quad k \geqslant 0;$$

$$v_k = \sum_{j=k+1}^{\infty} \sum_{n=j}^{\infty} g_n^{(2)} \begin{pmatrix} i-1 \\ k \end{pmatrix} \lambda^k \overline{\lambda}^{j-1-k} \overline{\theta}^{j-1} \theta, \quad k \geqslant 0,$$

其中 $\overline{\theta} = 1-\theta$, b_k 表示 $V > S_v$, 且在休假服务时间 S_v 内到达 k 个顾客的概率及 v_k 是 $V \leqslant S_v$, 且在休假时间 V 内到达 k 个顾客的概率. 显然,

$$\sum_{k=0}^{\infty} b_k = \sum_{j=0}^{\infty} g_j^{(2)} \overline{\theta}^j = G_v(1-\theta),$$

$$\sum_{k=0}^{\infty} v_k = \sum_{n=1}^{\infty} g_n^{(2)} [1-\overline{\theta}^n] = 1 - G_v(1-\theta).$$

因此, $\{b_k, k \geqslant 0\}$ 和 $\{v_k, k \geqslant 0\}$ 是不完全概率分布, 且有

$$\begin{aligned}
B(z) &= \sum_{k=0}^{\infty} b_k z^k = \sum_{j=0}^{\infty} g_j^{(2)} \overline{\theta}^j \sum_{k=0}^{j} \begin{pmatrix} j \\ k \end{pmatrix} (\lambda z)^k \overline{\lambda}^{j-k} \\
&= G_v[(1-\theta)(1-\lambda(1-z))]; \\
V(z) &= \sum_{k=0}^{\infty} v_k z^k \\
&= \sum_{j=0}^{\infty} \sum_{n=j}^{\infty} g_n^{(2)} \overline{\theta}^{j-1} \theta [1-\lambda(1-z)]^{j-1} \\
&= \sum_{n=1}^{\infty} g_n^{(2)} \sum_{j=1}^{n} \overline{\theta}^{j-1} \theta [1-\lambda(1-z)]^{j-1} \\
&= \frac{\theta}{1-\overline{\theta}(1-\lambda(1-z))} \sum_{n=1}^{\infty} g_n^{(2)} \left[1 - [\overline{\theta}(1-\lambda(1-z))]^n \right] \\
&= \frac{\theta}{1-(1-\theta)(1-\lambda(1-z))} [1-B(z)].
\end{aligned}$$

显然

$$B'(1) = \lambda\overline{\theta} \sum_{k=1}^{\infty} k g_k^{(2)} \overline{\theta}^k = \beta, \quad V'(1) = \frac{\lambda\overline{\theta}}{\theta}(1-G_v(1-\theta)) - \beta.$$

(3) 定义

$$c_k = \sum_{j=0}^{k} v_j a_{k-j}, \quad k \geqslant 0,$$

此概率是 $V \leqslant S_v$, 且剩余休假时间 V 和一次正常服务时间 S_b 共到达 k 个顾客的

概率. 因此

$$\sum_{k=0}^{\infty} c_k = 1 - G_v(1-\theta), \quad C(z) = \sum_{k=0}^{\infty} c_k z^k = V(z)A(z),$$

且

$$C'(1) = \left(\rho + \frac{\lambda\overline{\theta}}{\theta}\right)(1 - G_v(1-\theta)) - \beta.$$

同连续时间 M/G/1 情形类似, 可以得到 MC$\{(L_n, J_n), n \geqslant 1\}$ 的转移阵 $\widetilde{\boldsymbol{P}}$ 可写成如式 (6.1.8) 的分块形式, 其中

$$\boldsymbol{B}_0 = b_0 + c_0; \quad \boldsymbol{B}_k = (b_k, c_k), \quad k \geqslant 1; \quad \boldsymbol{C}_0 = (b_0 + c_0, a_0)^{\mathrm{T}},$$

$$\boldsymbol{A}_k = \begin{pmatrix} b_k & c_k \\ 0 & a_k \end{pmatrix}, \quad k \geqslant 0.$$

它与连续时间 M/G/1 情形转移阵的区别只在于 a_k, b_k 和 c_k 的表达式转化为离散情形. 由 6.1.3 节的结果, 转移阵 $\widetilde{\boldsymbol{P}}$ 为一个 M/G/1 型结构矩阵, 从而表明 $\{(L_n, J_n), n \geqslant 1\}$ 是 M/G/1 型 MC.

6.3.2 稳态指标分析

为了得到系统的常返性条件及其稳态分布, 需要下列引理.

引理 6.3.1 若 $\rho = \lambda/\mu_b < 1$, 等式 $z = G_b(1-\lambda(1-z))$ 有最小非负解 $z = 1$, 且 $z = G_v[(1-\theta)(1-\lambda(1-z))]$ 在 $(0,1)$ 内存在唯一解.

证明 首先考虑等式 $z = G_b(1-\lambda(1-z))$, 令 $\psi(z) = G_b(1-\lambda(1-z))$, 显然 $0 < \psi(0) = G_b(1-\lambda) < \psi(1) = 1$. 当 $0 < z < 1$ 时,

$$\psi'(z) = \lambda G_b'(1-\lambda(1-z)) > 0;$$
$$\psi''(z) = \lambda^2 G_b''(1-\lambda(1-z)) > 0.$$

同时, 当 $\rho = \lambda/\mu_b < 1$ 时, $\psi'(1) = \rho < 1$. 因此, 等式 $z = \psi(z)$ 有唯一的非负解 $z = 1$. 类似地, 令 $\varphi(z) = G_v[(1-\theta)(1-\lambda(1-z))]$, 则有关系式 $0 < \varphi(0) = G_v[(1-\theta)(1-\lambda)] < \varphi(1) = G_v(1-\theta)$. 当 $0 < z < 1$ 时, $\varphi'(z) > 0, \varphi''(z) > 0$ 成立. 因此, 等式 $z = \varphi(z)$ 在 $(0,1)$ 内有唯一解, 引理得证.

用引理 6.2.2 类似证明方法, 可得最小非负解 $\boldsymbol{G}$ 的表达式.

引理 6.3.2 若 $\rho = \lambda/\mu_b < 1$, 矩阵方程 $\boldsymbol{G} = \sum_{k=0}^{\infty} \boldsymbol{A}_k \boldsymbol{G}^k$ 存在最小非负解

$$\boldsymbol{G} = \begin{pmatrix} \gamma & 1-\gamma \\ 0 & 1 \end{pmatrix}, \tag{6.3.1}$$

其中 γ 为等式 $z = G_v[(1-\theta)(1-\lambda(1-z))]$ 在 $0 < z < 1$ 内的唯一解.

下面得到稳态下系统正常返的充要条件.

定理 6.3.3 MC$\{(L_n, J_n), n \geqslant 1\}$ 正常返当且仅当 $\rho < 1$.

证明 可以计算

$$\boldsymbol{A} = \sum_{i=0}^{\infty} \boldsymbol{A}_i = \begin{pmatrix} G_v(1-\theta) & 1 - G_v(1-\theta) \\ 0 & 1 \end{pmatrix}$$

是一个可约矩阵, 具有 (6.1.10) 的形式 由 6.1.3 节正常返的分析, $\boldsymbol{A}(2) = 1$ 是一个退化的随机矩阵, 具有退化的稳态分布 $\boldsymbol{\pi}(2) = 1$. 另外, $\boldsymbol{A}_k(2) = a_k, k \geqslant 0$, 且 $\boldsymbol{\vartheta}(2) = \sum_{k=0}^{\infty} k\boldsymbol{A}_k(2) = \rho$. 同时, 可计算

$$\sum_{k=1}^{\infty} k\boldsymbol{B}_k \boldsymbol{e} = B'(1) + C'(1) = \left(\rho + \frac{\lambda\overline{\theta}}{\theta}\right)(1 - G_v(1-\theta)) < \infty,$$

则由定理 6.1.7, $\widetilde{\boldsymbol{P}}$ 正常返的充要条件为

$$\boldsymbol{\pi}(2)\boldsymbol{\vartheta}(2) = \rho < 1.$$

假设 (L, J) 是 (L_n, J_n) 的稳态极限, 则可定义 $\widetilde{\boldsymbol{P}}$ 的稳态分布为

$$\begin{aligned} &\boldsymbol{\Pi} = (\boldsymbol{\pi}_0, \boldsymbol{\pi}_1, \cdots), \quad \boldsymbol{\pi}_0 = \pi_{00}, \quad \boldsymbol{\pi}_k = (\pi_{k0}, \pi_{k1}), \quad k \geqslant 1; \\ &\pi_{kj} = P\{L = k, J = j\} = \lim_{n\to\infty} P\{L_n = k, J_n = j\}, \quad (k, j) \in \Omega. \end{aligned}$$

由稳态分布关系式 $\boldsymbol{\Pi}\widetilde{\boldsymbol{P}} = \boldsymbol{\Pi}$ 或式 (6.1.11), 可得

$$\begin{cases} \pi_{00} = \pi_{00}(b_0 + c_0) + \boldsymbol{\pi}_1 \boldsymbol{C} = (\pi_{00} + \pi_{10})b_0 + (\pi_{00} + \pi_{10})c_0 + \pi_{11}a_0, \\ \boldsymbol{\pi}_k = \pi_{00}\boldsymbol{B}_k + \displaystyle\sum_{j=1}^{k+1} \boldsymbol{\pi}_j \boldsymbol{A}_{k+1-j}, \quad k \geqslant 1. \end{cases} \tag{6.3.2}$$

定理 6.3.4 当 $\rho < 1$ 时, 离去时刻稳态队长 L 的母函数为

$$L(z) = K\frac{A(z)(1-z)(B(z)-z) - z(\gamma - z)(A(z) - B(z) - C(z))}{(z - B(z))(z - A(z))}, \tag{6.3.3}$$

其中 $A(z), B(z)$ 及 $C(z)$ 的定义如 6.3.1 节, 且

$$K = \frac{(1-\rho)(1 - G_v(1-\theta))}{1 - G_v(1-\theta) - (1-\gamma)\left(\rho G_v(1-\theta) - \dfrac{\lambda\overline{\theta}}{\theta}(1 - G_v(1-\theta))\right)}.$$

证明 引入行向量母函数表达式

$$\boldsymbol{\Phi}(z) = \sum_{k=1}^{\infty} z^k \boldsymbol{\pi}_k, \quad |z| < 1.$$

由式 (6.3.2) 的第二式, 可得

$$\boldsymbol{\Phi}(z)=\pi_{00}\sum_{k=1}^{\infty}z^k\boldsymbol{B}_k+\sum_{k=1}^{\infty}z^k\sum_{j=1}^{k+1}\boldsymbol{\pi}_j\boldsymbol{A}_{k+1-j}.$$

经过计算, $\boldsymbol{\Phi}(z)$ 可被写为

$$\boldsymbol{\Phi}(z)=z\left(\pi_{00}\sum_{k=1}^{\infty}z^k\boldsymbol{B}_k-\boldsymbol{\pi}_1\boldsymbol{A}_0\right)(z\boldsymbol{I}-\boldsymbol{A}^*(z))^{-1},$$

其中

$$\boldsymbol{A}^*(z)=\sum_{k=0}^{\infty}z^k\boldsymbol{A}_k=\begin{pmatrix}B(z) & C(z)\\ 0 & A(z)\end{pmatrix}.$$

进一步, 可以计算

$$(z\boldsymbol{I}-\boldsymbol{A}^*(z))^{-1}=\begin{pmatrix}\dfrac{1}{z-B(z)} & \dfrac{C(z)}{(z-B(z))(z-A(z))}\\ 0 & \dfrac{1}{z-A(z)}\end{pmatrix}.$$

为方便, 记 $\boldsymbol{\varepsilon}=b_0(\pi_{00}+\pi_{10})$, 且计算可得

$$\pi_{00}\sum_{k=1}^{\infty}z^k\boldsymbol{B}_k-\boldsymbol{\pi}_1\boldsymbol{A}_0=(\pi_{00}B(z)-\varepsilon,\varepsilon-\pi_{00}(1-C(z))),$$

代入 $\boldsymbol{\Phi}(z)$ 的表达式中, 可得

$$\boldsymbol{\Phi}(z)=z\left(\frac{\pi_{00}B(z)-\varepsilon}{z-B(z)},\frac{C(z)(\pi_{00}B(z)-\varepsilon)}{(z-B(z))(z-A(z))}+\frac{\varepsilon-\pi_{00}(1-C(z))}{z-A(z)}\right).\tag{6.3.4}$$

由稳态分布的定义, 离去时刻稳态队长 L 的母函数可表示为 $L(z)=\pi_{00}+\boldsymbol{\Phi}(z)\boldsymbol{e}$, 计算 $L(z)$ 的表达式, 并由引理 6.3.1, γ 为等式 $z=G_v[(1-\theta)(1-\lambda(1-z))]=B(z)$ 在 $(0,1)$ 内的唯一解. 因此, 对 $L(z)$ 通分之后, 由稳态分布母函数的解析性, 当 $z=\gamma$ 时, $L(z)$ 的分母等于 0, 则分子必为 0, 替代 $z=\gamma$ 到 $L(z)$ 式的分子部分, 且利用关系式 $B(\gamma)=\gamma$, 可得 $\varepsilon=\pi_{00}\gamma$. 把 ε 代入 $L(z)$ 中, 经过计算, 有

$$L(z)=\pi_{00}\frac{A(z)(1-z)(B(z)-z)+z(\gamma-z)(A(z)-B(z)-C(z))}{(z-B(z))(z-A(z))}.\tag{6.3.5}$$

使用正规化条件 $L(1)=1$, 得

$$\pi_{00}=\frac{(1-\rho)(1-G_v(1-\theta))}{1-G_v(1-\theta)-(1-\gamma)\left(\rho G_v(1-\theta)-\dfrac{\lambda\overline{\theta}}{\theta}(1-G_v(1-\theta))\right)}.$$

把 π_{00} 代入式 (6.3.5) 中, 引入记号 $K=\pi_{00}$, 定理得证.

应用 π_{00} 的表达式及定理 6.1.8 的结果, 直接有 $\boldsymbol{\pi}_k, k\geqslant 1$ 的下列递推公式.

$$\boldsymbol{\pi}_1=(\pi_{10},\pi_{11})=\pi_{00}\left(\frac{\gamma-b_0}{b_0},\frac{b_0(1-\gamma)-\gamma c_0}{a_0b_0}\right),$$

$$\boldsymbol{\pi}_k=\left[\boldsymbol{\pi}_0\overline{\boldsymbol{B}}_k+\sum_{j=1}^{k-1}\boldsymbol{\pi}_j\overline{\boldsymbol{A}}_{k+1-j}\right](\boldsymbol{I}-\overline{\boldsymbol{A}}_1)^{-1},\quad k\geqslant 1.$$

同样地, 定义 $S=0$ 或 1, 取决于任一顾客以休假服务率服务完成或者正常速率服务完成, 在此给出 P_v 和 P_b 的定义与计算式

$$\begin{aligned}P_v&=P\{S=0\}=(\pi_{00}+\pi_{10})b_0+\boldsymbol{\Phi}(z)\boldsymbol{e}_1|_{z=1}\\&=\frac{(1-\rho)G_v(1-\theta)(1-\gamma)}{1-G_v(1-\theta)-(1-\gamma)\left(\rho G_v(1-\theta)-\dfrac{\lambda\overline{\theta}}{\theta}(1-G_v(1-\theta))\right)},\\P_b&=P\{S=1\}=(\pi_{00}+\pi_{10})c_0+\pi_{11}a_0+\boldsymbol{\Phi}(z)\boldsymbol{e}_2|_{z=1}=1-P_v\\&=\frac{1-G_v(1-\theta)-(1-\gamma)\left(G_v(1-\theta)-\dfrac{\lambda\overline{\theta}}{\theta}(1-G_v(1-\theta))\right)}{1-G_v(1-\theta)-(1-\gamma)\left(\rho G_v(1-\theta)-\dfrac{\lambda\overline{\theta}}{\theta}(1-G_v(1-\theta))\right)}.\end{aligned}$$

下面考虑一个正规服务期开始时刻系统中的顾客数 Q_b, 假设其稳态分布为 $\tau_k, k\geqslant 1$. 应用 6.2.2 节类似的分析方法, 取工作休假期结束前最后一个顾客的服务离去时刻为嵌入点, 有

$$\tau_k=P\{Q_b=k\}=\frac{1}{\pi_{00}(1-\gamma)}\left(\sum_{j=1}^{k}\pi_{j0}v_{k-j}+\pi_{00}v_{k-1}\right),\quad k\geqslant 1,$$

其中, 条件概率可计算得

$$P\{J=0,V\leqslant S_v\}=\sum_{k=0}^{\infty}\pi_{k0}\times P\{V\leqslant S_v\}=\pi_{00}(1-\gamma).$$

取 τ_k 的母函数, 可得

$$Q_b(z)=\sum_{k=1}^{\infty}\tau_kz^k=\frac{1}{1-\gamma}\frac{z(z-\gamma)V(z)}{z-B(z)}.\tag{6.3.6}$$

显然 $Q_b(1)=1$, 且

$$\begin{aligned}E(Q_b)&=\frac{1-G_v(1-\theta)-(1-\gamma)\left(G_v(1-\theta)-\dfrac{\lambda\overline{\theta}}{\theta}(1-G_v(1-\theta))\right)}{(1-\gamma)(1-G_v(1-\theta))}\\&=\frac{P_b(1-\rho)}{\pi_{00}(1-\gamma)}.\end{aligned}$$

采用 6.2.2 节给出的方法, 可以得到离去时刻稳态队长 L 的随机分解结构.

定理 6.3.5 若 $\rho<1$, 离去时刻稳态队长 L 的母函数 $L(z)$ 可以表示为下列分解形式:

$$\begin{aligned}L(z)=&P_v\frac{1-G_v(1-\theta)}{(1-\gamma)G_v(1-\theta)}\frac{B(z)(z-\gamma)}{z-B(z)}\\&+P_b\frac{(1-\rho)(1-z)A(z)}{A(z)-z}\frac{1-Q_b(z)}{E(Q_b)(1-z)}.\end{aligned}\tag{6.3.7}$$

采用与连续时间情形类似的分析方法, 即定理 6.2.5 的证明过程, 可以直接得到结果, 证明在此略过. 当然, 容易说明等式 (6.3.7) 同式 (6.3.3) 是等价的. 由条件随机分解结构很容易得到离去时刻稳态队长的均值

$$\begin{aligned}E(L)=&P_v\left\{\frac{\beta}{G_v(1-\theta)}+\frac{1}{1-\gamma}-\frac{1-\beta}{1-G_v(1-\theta)}\right\}\\&+P_b\left\{\rho+\frac{\lambda^2G_b''(1)}{2(1-\rho)}+\frac{Q_b''(1)}{2E(Q_b)}\right\},\end{aligned}$$

其中, $Q_b''(1)$ 为函数 $Q_b(z)$ 的二阶导数在 $z=1$ 处的取值.

考虑下列条件稳态队长,

$$L_b=\{L|S=1\}$$

有下列随机分解结构.

定理 6.3.6 若 $\rho<1$, 条件随机变量 L_b 可以分解成两个独立随机变量之和: $L_b=L_0+L_d$, 其中 L_0 为经典早到达 Geo/G/1 排队离去时刻的稳态队长; 附加队长 L_d 的母函数为

$$L_d(z)=\frac{1-Q_b(z)}{E(Q_b)(1-z)}.$$

以 W 表示顾客的稳态等待时间, 以 $W(z)$ 表示其概率母函数, 因为顾客可能接受正常服务或休假服务完成离开, 先引入两个条件等待时间

$$W_b=\{W|S=1\},\quad W_v=\{W|S=0\},$$

且 $W_b(z),W_v(z)$ 分别为它们的母函数. 当顾客以正常服务速率服务完成时, 剩余顾客即为此顾客等待时间 W_b 和正常服务时间 S_b 到达的顾客. 因此, 有关系式

$$E(z^L|S=1)=W_b(1-\lambda(1-z))G_b(1-\lambda(1-z)).$$

替代 $s=\lambda(1-z)$ 到上述等式, 为保持母函数参数一致化, 再转换成 z, 可得

$$W_b(z)=\frac{(1-\rho)(1-z)}{1-z-\lambda(1-G_b(z))}\frac{\lambda\left(1-Q_b\left(\dfrac{z-1}{\lambda}+1\right)\right)}{E(Q_b)(1-z)}=W_0(z)W_d(z).$$

定理 6.3.7 条件等待时间 W_b 可以分解为两个独立随机变量之和: $W_b = W_0 + W_d$, 其中 W_0 是经典早到达 Geo/G/1 排队的等待时间, 其母函数形如式 (6.1.6), 且附加延迟 W_d 的母函数为

$$W_d(z) = \frac{\lambda\left(1 - Q_b\left(\dfrac{z-1}{\lambda}+1\right)\right)}{E(Q_b)(1-z)}.$$

类似地, 对于 W_v, 有

$$E(z^L|S=0) = W_v(1-\lambda(1-z))G_v(1-\lambda(1-z)).$$

替代 $s = \lambda(1-z)$ 到上述等式, 再转换 $s = z$, 可得

$$W_v(z) = \frac{1-G_v(1-\theta)}{(1-\gamma)G_v(1-\theta)}\frac{G_v((1-\theta)z)(1-z-\lambda(1-\gamma))}{1-z-\lambda(1-G_v((1-\theta)z))}\frac{1}{G_v(z)}.$$

因此, 任一顾客稳态等待时间 W 的母函数为

$$W(z) = P_vW_v(z) + P_bW_b(z). \tag{6.3.8}$$

注意到等式 (6.3.8) 有明确的概率解释, 等待时间以概率 P_v 为一个随机变量; 以概率 $1-P_v$ 为两个随机变量之和, 其中一个为经典无休假排队的等待时间.

由此, 可得系统稳态下顾客的平均等待时间

$$\begin{aligned}E(W) = {}& P_b\left\{\frac{\lambda G_b''(1)}{2(1-\rho)} + \frac{Q_b''(1)}{2\lambda E(Q_b)}\right\}\\ &+P_v\frac{1}{\lambda}\left\{\frac{\beta}{G_v(1-\theta)} + \frac{1}{1-\gamma} - \frac{1-\beta}{1-G_v(1-\theta)} - \frac{\lambda}{\mu_v}\right\}.\end{aligned}$$

6.4 工作休假和休假中断的 M/G/1 排队

本节把休假中断 (VI) 策略引入工作休假的 M/G/1 排队中: 当休假期间的一个顾客服务完成, 系统中仍有顾客, 则服务员立刻结束休假, 回到正常工作期, 以正常速率服务其他顾客, 开始正常工作, 即休假中断发生. 否则, 服务员继续休假, 直到休假完成时或一次服务完成时有顾客. 当然在此系统中, 服务员可能一次休假未完成就回到正常服务. 同时, 当一次休假结束, 系统中无顾客, 则服务员进入另外一次休假. 其他假设如 6.2.1 节, 此系统记为 M/G/1(MWV,VI) 模型.

令 $L(t)$ 为时刻 t 系统中的顾客数, L_n 为第 n 次离去后瞬间系统顾客数, 由于休假时间服从指数分布, 则 $\{L_n, n \geqslant 1\}$ 构成一个一维 Markov 过程. 为给出系

统的一步转移概率, 沿用 6.2.1 节的记号. 首先, 如无休假的 M/G/1 排队的转移情况, 有

$$P\{L_n = m-1+j | L_n = m\} = a_j, \quad j \geqslant 0, \quad m \geqslant 1.$$

可能有两种转移造成离去时刻从状态 0 转移到 j:

(i) $V \leqslant S_v$, 且在剩余休假时间 V 和一次正常服务时间 S_b 内共到达 j 个顾客;

(ii) $V > S_v$, 且在一次休假服务时间 S_v 内到达 j 个顾客. 因此, 有

$$P\{L_n = j | L_n = 0\} = b_j + c_j, \quad j \geqslant 0.$$

使用字典排序法, L_n 的一步转移阵可以写为

$$\widetilde{\boldsymbol{P}} = \begin{pmatrix} b_0+c_0 & b_1+c_1 & b_2+c_2 & b_3+c_3 & \cdots \\ a_0 & a_1 & a_2 & a_3 & \cdots \\ & a_0 & a_1 & a_2 & \cdots \\ & & a_0 & a_1 & \cdots \\ & & & \ddots & \ddots \end{pmatrix}. \tag{6.4.1}$$

显然, $\widetilde{\boldsymbol{P}}$ 为 6.1.2 节所定义的 M/G/1 型结构矩阵, 只是相应的分块矩阵变成一维的. 很容易证明 $\widetilde{\boldsymbol{P}}$ 正常返的充要条件为 $\sum\limits_{k=0}^{\infty} k a_k = \rho = \lambda \mu_b^{-1} < 1$.

令 L 为 L_n 的稳态极限, 假设

$$\pi_k = P\{L = k\} = \lim_{n\to\infty} P\{L_n = k\}, \quad k \geqslant 0,$$

则其满足稳态方程

$$\pi_k = \pi_0(b_k + c_k) + \sum_{j=1}^{k+1} \pi_j a_{k+1-j}, \quad k \geqslant 0. \tag{6.4.2}$$

对 $\pi_k (k \geqslant 0)$ 取母函数, 有

$$\begin{aligned} L(z) &= \sum_{k=0}^{\infty} z^k \pi_k \\ &= \pi_0 \sum_{k=0}^{\infty} (b_k + c_k) z^k + \sum_{k=0}^{\infty} \sum_{j=1}^{k+1} \pi_k a_{k+1-j} z^k \\ &= \pi_0 (B(z) + C(z)) + \sum_{j=1}^{\infty} \pi_j z^{j-1} \sum_{k=j-1}^{\infty} a_{k+1-j} z^{k+1-j} \\ &= \pi_0 (B(z) + C(z)) + \frac{1}{z}(L(z) - \pi_0) A(z). \end{aligned}$$

进一步, 得到

$$L(z) = \pi_0 \frac{z(B(z) + C(z)) - A(z)}{z - A(z)}.$$

使用正规化条件 $L(1) = 1$, 给出

$$\pi_0 = \frac{1 - \rho}{1 - \rho + \left(\dfrac{\lambda}{\theta} + \rho\right)(1 - \widetilde{G}_v(\theta))}.$$

因此, 离去时刻稳态队长 L 的母函数表达式为

$$L(z) = \frac{1 - \rho}{1 - \rho + \left(\dfrac{\lambda}{\theta} + \rho\right)(1 - \widetilde{G}_v(\theta))} \frac{z(B(z) + C(z)) - A(z)}{z - A(z)}, \tag{6.4.3}$$

其中 $A(z), B(z)$ 和 $C(z)$ 如 6.2.1 节定义.

对于离去时刻的稳态队长, 有如下的随机分解结果.

定理 6.4.1 若 $\rho < 1$, 离去时刻的稳态队长 L 可以分解成两个独立随机变量之和: $L = L_0 + L_d$, 其中 L_0 为经典 M/G/1 排队在离去时刻的稳态队长; 附加队长 L_d 的母函数表达式为

$$L_d(z) = \frac{1 - \Psi(z)}{\Psi'(1)(1 - z)},$$

其中

$$\Psi(z) = \frac{z(B(z) + C(z))}{\widetilde{G}_b(\lambda(1 - z))}.$$

只要对式 (6.4.3) 经过恰当的整理, 即可得到定理结论, 在此略过. 由此可得到离去时刻稳态队长的均值为

$$E(L) = \rho + \frac{\lambda^2 b^{(2)}}{2(1 - \rho)} + \frac{\Psi''(1)}{2\Psi'(1)}.$$

同样可得到任一顾客的服务概率, 即

$$\begin{aligned}
P_v &= P\{S = 0\} \\
&= \frac{(1 - \rho)\widetilde{G}_v(\lambda + \theta)}{1 - \rho + \left(\dfrac{\lambda}{\theta} + \rho\right)(1 - \widetilde{G}_v(\theta))}, \\
P_b &= P\{S = 1\} \\
&= \frac{(1 - \rho)(1 - \widetilde{G}_v(\lambda + \theta)) + \left(\dfrac{\lambda}{\theta} + \rho\right)(1 - \widetilde{G}_v(\theta))}{1 - \rho + \left(\dfrac{\lambda}{\theta} + \rho\right)(1 - \widetilde{G}_v(\theta))}.
\end{aligned}$$

再考虑稳态等待时间 W 及其 LST $\widetilde{W}(s)$. 同样地, 引入两个条件等待时间

$$W_b = \{W|S=1\}, \quad W_v = \{W|S=0\}.$$

在此系统中, 在某一顾客被休假服务率服务完成的条件下, 即 $S=0$, 则此顾客到达时系统中无顾客, 等待时间为 0, 因此 $W_v = \{W|S=0\} = 0$.

对于 $W_b = \{W|S=1\}$ 的情形, 存在关系式

$$E(z^L|S=1) = \widetilde{W}_b(\lambda(1-z))\widetilde{G}_b(\lambda(1-z)),$$

其中

$$E(z^L|S=1) = \frac{L(z) - \pi_0 b_0}{P\{S=1\}} = \frac{L(z) - P_v}{P_b}.$$

替代 $s = \lambda(1-z)$ 到上述等式中, 经过计算, 可得

$$\widetilde{W}_b(s) = \frac{1}{P_b}\left(\frac{(1-\rho)\lambda\left(1-\Psi\left(1-\frac{s}{\lambda}\right)\right)}{\Psi'(1)(s-\lambda(1-\widetilde{G}_b(s)))} - \frac{P_v}{\widetilde{G}_b(s)}\right).$$

因此, 有

$$\begin{aligned}\widetilde{W}(s) &= P\{S=0\}\widetilde{W}_v(s) + P\{S=1\}\widetilde{W}_b(s)\\ &= P_v + \frac{(1-\rho)s}{s-\lambda(1-\widetilde{G}_b(s))}\frac{\lambda\left(1-\Psi\left(1-\frac{s}{\lambda}\right)\right)}{\Psi'(1)s} - \frac{P_v}{\widetilde{G}_b(s)}.\end{aligned} \tag{6.4.4}$$

稳态等待时间的均值为

$$E(W) = \frac{\lambda b^{(2)}}{2(1-\rho)} + \frac{\Psi''(1)}{2\lambda\Psi'(1)} - \frac{P_v}{\mu_b}.$$

6.5　工作休假和休假中断的 Geo/G/1 排队

本节把休假中断 (VI) 策略引入工作休假的 Geo/G/1 排队中: 当休假期间的一个顾客服务完成, 系统中仍有顾客, 则服务员立刻结束休假, 回到正常工作期, 以正常速率服务其他顾客, 开始正常工作, 即休假中断发生, 否则, 服务员继续休假. 当然在此系统中, 服务员可能休假未完成就回到正常服务. 同时, 当一次休假结束, 系统中无顾客, 则服务员进入另外一次休假. 其他假设如 6.3 节. 此系统记为 Geo/G/1(MWV,VI) 模型.

令 $L(t)$ 为时刻 t 系统中的顾客数, L_n 为第 n 次离去后瞬间系统顾客数, 由于休假时间服从几何分布, $\{L_n, n \geqslant 1\}$ 构成一个一维 Markov 过程. 为给出系统的一步转移概率, 沿用 6.3 节的记号. 首先, 类似于无休假 Geo/G/1 排队的转移情况, 显然有

$$P\{L_n = m-1+j | L_n = m\} = a_j, \quad j \geqslant 0, \quad m \geqslant 1.$$

可能有两种转移造成离去时刻从状态 0 转移到 j:

(i) $V \leqslant S_v$, 且在剩余休假时间 V 和一次正常服务时间 S_b 内共到达 j 个顾客;

(ii) $V > S_v$, 且在 S_v 内到达 j 个顾客. 因此, 有

$$P\{L_n = j | L_n = 0\} = b_j + c_j, \quad j \geqslant 0.$$

使用字典排序法, L_n 的一步转移阵 $\widetilde{\boldsymbol{P}}$ 可以写为如式 (6.4.1) 的形式, 只是其中 $a_k, b_k, c_k (k \geqslant 0)$ 的表达式不同. 很容易证明 $\widetilde{\boldsymbol{P}}$ 正常返的充要条件为 $\rho = \lambda \mu_b^{-1} < 1$.

令 L 为 L_n 的稳态极限, 且 $\{\pi_k, k \geqslant 0\}$ 为概率分布, 则满足稳态方程

$$\pi_k = \pi_0 (b_k + c_k) + \sum_{j=1}^{k+1} \pi_j a_{k+1-j}, \quad k \geqslant 0. \tag{6.5.1}$$

对 $\pi_k (k \geqslant 0)$ 取母函数, 有

$$L(z) = \sum_{k=0}^{\infty} z^k \pi_k = \pi_0 (B(z) + C(z)) + \frac{1}{z}(L(z) - \pi_0) A(z).$$

进一步, 得到

$$L(z) = \pi_0 \frac{z(B(z) + C(z)) - A(z)}{z - A(z)}.$$

使用正规化条件 $L(1) = 1$, 给出

$$\pi_0 = \frac{1-\rho}{1-\rho + \left(\dfrac{\lambda \bar{\theta}}{\theta} + \rho\right)(1 - G_v(1-\theta))}.$$

因此, 离去时刻稳态队长 L 的母函数表达式为

$$L(z) = \frac{1-\rho}{1-\rho + \left(\dfrac{\lambda \bar{\theta}}{\theta} + \rho\right)(1 - G_v(1-\theta))} \frac{z(B(z) + C(z)) - A(z)}{z - A(z)}, \tag{6.5.2}$$

其中 $A(z), B(z)$ 和 $C(z)$ 如 6.3 节定义.

对于离去时刻稳态队长 L, 有如下的随机分解结构.

定理 6.5.1 若 $\rho<1$, 离去时刻的稳态队长 L 可以分解成两个随机变量之和: $L=L_0+L_d$, 其中 L_0 为经典早到达 Geo/G/1 排队在离去时刻稳态队长; 附加队长 L_d 的母函数表达式为

$$L_d(z)=\frac{1-\Psi(z)}{\Psi'(1)(1-z)},$$

其中

$$\Psi(z)=\frac{z(B(z)+C(z))}{G_b(1-\lambda(1-z))}.$$

只要对式 (6.5.2) 经过恰当的整理, 即可得到定理结论. 由此易得离去时刻稳态队长的均值为

$$E(L)=\rho+\frac{\lambda^2G_b''(1)}{2(1-\rho)}+\frac{\Psi''(1)}{2\Psi'(1)}.$$

同样可得到任一顾客的服务概率, 即

$$P_v=P\{S=0\}=\pi_0b_0=\frac{(1-\rho)G_v[(1-\lambda)(1-\theta)]}{1-\rho+\left(\dfrac{\lambda\bar{\theta}}{\theta}+\rho\right)(1-G_v(1-\theta))},$$

$$P_b=P\{S=1\}=1-P_v.$$

再考虑稳态等待时间 W 及其母函数 $W(z)$, 同样地, 引入两个条件等待时间

$$W_b=\{W|S=1\},\quad W_v=\{W|S=0\}.$$

在此系统中, 在某一顾客被休假服务率服务完成的条件下, 即 $S=0$, 此顾客到达时系统中无顾客, 等待时间为 0, 因此 $W_v=\{W|S=0\}=0$.

对于 $W_b=\{W|S=1\}$ 的情形, 存在关系式

$$E(z^L|S=1)=W_b(1-\lambda(1-z))G_b(1-\lambda(1-z)),$$

其中

$$E(z^L|S=1)=\frac{L(z)-\pi_0b_0}{P\{S=1\}}=\frac{L(z)-P_v}{P_b}.$$

替代 $s=\lambda(1-z)$ 到上述等式中, 经过恰当计算, 再转换 $s=z$, 可得

$$W_b(z)=\frac{1}{P_b}\left(\frac{(1-\rho)(1-z)}{1-z-\lambda(1-G_b(z))}\frac{\lambda\left(1-\Phi\left(1-\dfrac{1-z}{\lambda}\right)\right)}{\Phi'(1)(1-z)}-\frac{P_v}{G_b(z)}\right).$$

因此, 有

$$W(z)=P\{S=0\}W_v(s)+P\{S=1\}W_b(z). \tag{6.5.3}$$

稳态等待时间的均值为

$$E(W)=\frac{\lambda}{2(1-\rho)}C_b''(1)+\frac{\Psi''(1)}{2\lambda\Psi'(1)}-\frac{P_v}{\mu_b}.$$

6.6 数值分析

本节展示 M/G/1 型工作休假的数值例子, 具有几类特殊的服务时间分布, 如定长分布 (D)、指数分布 (M) 和 Erlang 分布 (E_2).

首先, 考虑 $M/(D_1,D_2)/1$(MWV) 模型, 其中正常服务时间和休假服务时间具有固定长度, 即 $S_b=\mu_b^{-1},S_v=\mu_v^{-1}$, 参数 $\mu_b=2.0$ 固定. 图 6.1 描绘了系统指标 $E(L)$ 和 $E(W)$, 在不同系统负载下, 随 μ_v 的变化趋势. 从图中, 可以发现增大休假服务率, 可以减少系统中聚集的顾客数以及等待时间, 节省资源, 达到充分利用的目的. 图 6.2 在系统负载固定 ($\rho=0.625$) 的情形下, 给出了 $M/(D_1,D_2)/1$(MWV,VI)

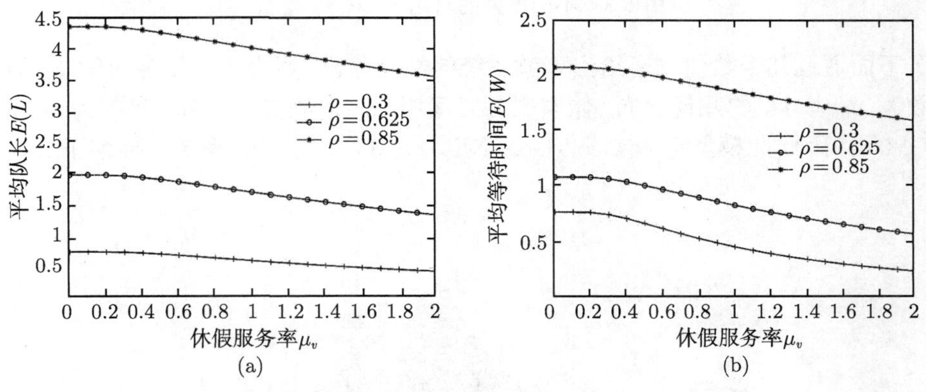

图 6.1 $E(L)$ 与 $E(W)$ 随 μ_v 的变化趋势 ($M/(D_1,D_2)/1$(MWV))

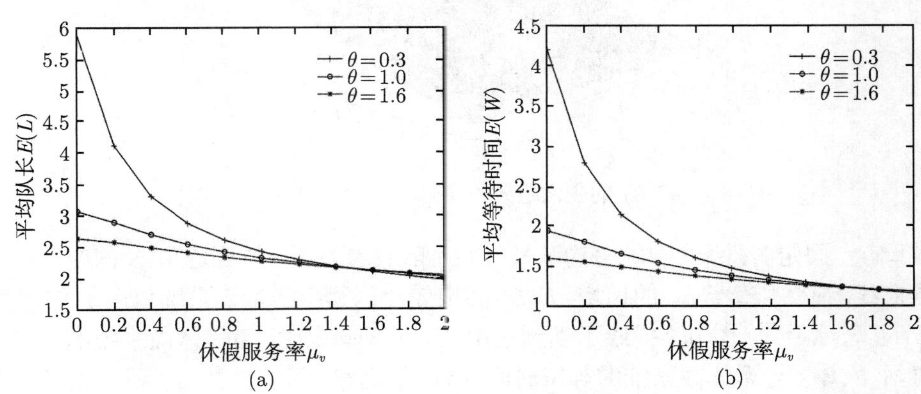

图 6.2 $E(L)$ 与 $E(W)$ 随 μ_v 的变化趋势 ($M/(D_1,D_2)/1$(MWV,VI))

模型性能指标的变化曲线, 同时, 图 6.3 进行了几种具有不同服务时间分布的系统平均队长对比. 说明, 根据实际情形, 设置不同的休假策略, 再适当改变 θ, μ_v 或 ρ 值, 可以改变系统指标, 提升系统的性能.

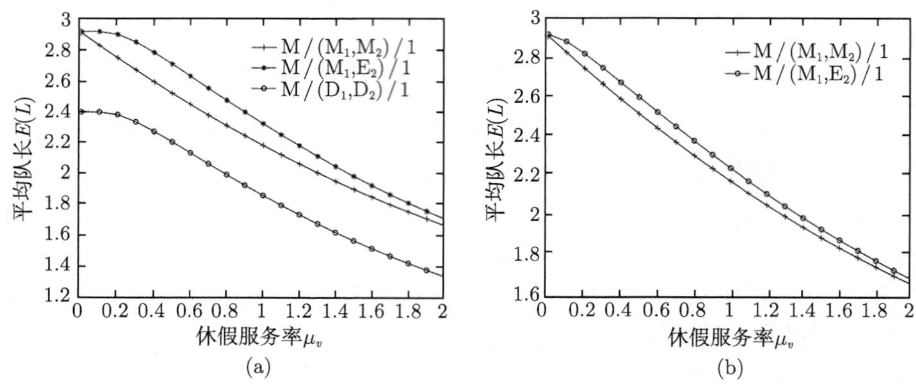

图 6.3　不同模型的对比 (M/G/1 型)

下面通过几个数值例子给出离散系统的性能分析. 假设正常服务时间 S_b 服从参数为 $\mu_b = 0.6$ 的几何分布, 休假服务时间服从二阶负二项分布, 参数为 $\mu_v(0 < \mu_v < 0.6)$, 因此此模型记为 Geo/(Geo, NE$_2$)/1(MWV) 系统. 图 6.4 描绘了当休假

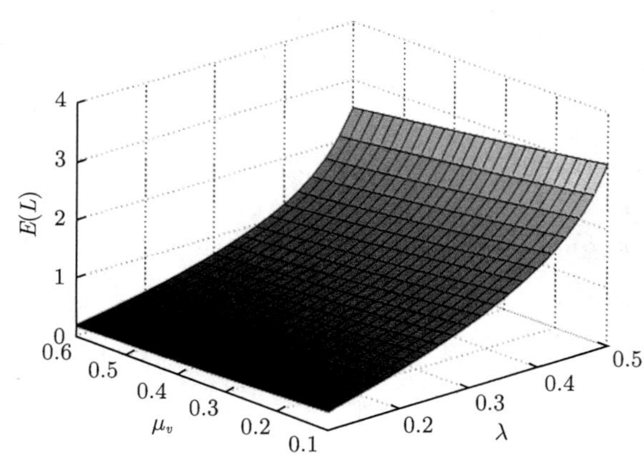

图 6.4　$E(L)$ 的变化趋势 (Geo/(Geo, NE$_2$)/1(MWV))

率 $\theta = 0.4$ 固定时, 系统中的平均队长 $E(L)$ 随着参数 μ_v 和到达率 λ 同时变化的三维曲线, 显然, 随着 μ_v 的递增, $E(L)$ 相应较小; 而随着 λ 或系统负载 ρ 的增大, $E(L)$ 显著地增大. 图 6.5 描绘了当到达率 $\lambda = 0.3$ 固定时, 工作休假系统的平均等待时间 $E(W)$ 与无休假系统的等待时间 $E(W_0)$ 之差, 随着参数 μ_v 和 θ 的变化趋势. 随着 μ_v 的递增, 此差相应较小; 而随着 θ 的减小, 即休假时间的增大, 此差是

逐步递增的. 这也说明工作休假系统平均等待时间的变化规律. 图 6.6 给出了此系统与具有相同参数的几何休假服务时间系统性能指标的对比.

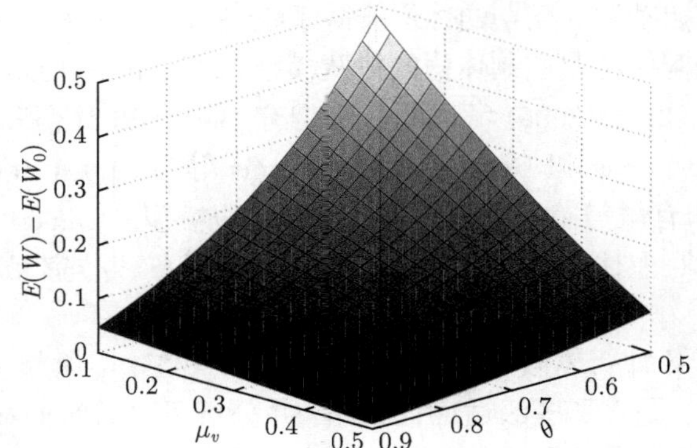

图 6.5 等待时间差的变化趋势 (Geo/(Geo, NE_2)/1(MWV))

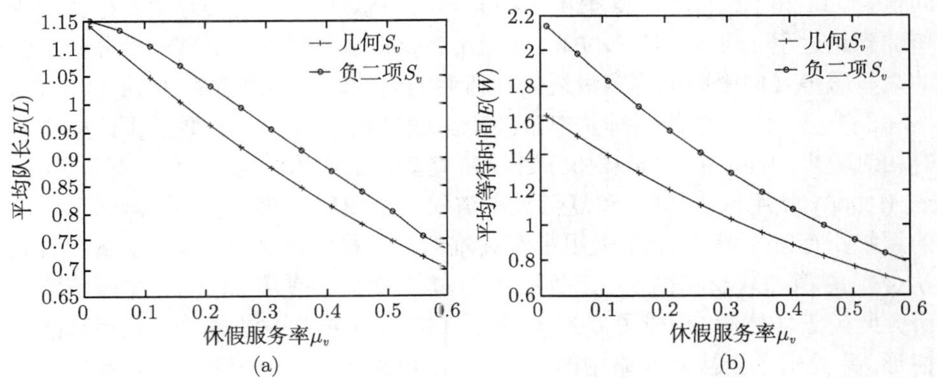

图 6.6 两类模型的对比 (Geo/Geo/1 型)

6.7 文献评述

迄今, 采用各种不同的分析方法, 国内外已经研究了几百种不同休假策略的模型, 且大部分结果集中于 M/G/1 型休假排队. 早期工作集中于空竭服务策略, 仅当系统变成空闲时才开始休假, 如见 Cooper(1970), Fuhrmann(1984), Levy 和 Kleinrock(1986) 等. Takagi(1991, 1993) 与 Gross 和 Harris(1985) 给出了各种连续时间和离散时间 M/G/1 休假排队的系统而全面的分析, 而 Takagi(1993, 1994) 在研究 Polling 系统性能时, 引入了多种非空竭服务的休假策略. 近年来, 由于各种不同实际问题的出现, 一些新的休假策略不断引入到排队系统中, 并得到了进一步研究.

Hur 和 Ahn(2005), Artalejo 等 (2005), Sikdar 和 Gupta(2005), Ke(2007a, 2007b) 给出了一些批到达与批服务休假排队系统的分析. Ke(2006) 与 Altman 和 Yechiali(2006) 进一步分析了带有启动和关闭期的休假排队系统, Shomrony 和 Yechiali(2001) 研究了一个由随机时间闸门协议控制休假的排队模型, Choudhury(2009), Choudhury 和 Tadj(2009), Ke 和 Chang(2009) 考虑了三种带有 Bernoulli 休假和两个不同服务位相的 M/G/1 排队. Fiems 和 Bruneel(2002), Fiems 等 (2002), Chang 和 Choi(2005) 研究了成批到达和有限等待场所的 Geo/G/1 休假模型. Takagi(1993), 是系统地处理各种 Geo/G/1 型休假排队的专著, 包括空竭服务和非空竭服务的大量休假模型.

国内学者对于各种新休假策略的提出也作了很多工作, 掀起了研究的热潮. 田乃硕 (1992b, 1993) 提出了多级适应性策略, 并分析了离散时间 Geo/G/1 休假排队, Niu 等 (2003) 也考虑了批 MAP 到达的排队系统, 并应用到通信网络性能分析. Zhang 和 Tian(2001) 引入了多级适应性休假的概念, 研究了相应的 Geo/G/1 离散时间排队. Li 和 Zhu(1997) 等提出了状态相依的思想, 扩展了 M/G/1 型休假排队系统的到达过程. 马占友等 (2004a, 2004b, 2006a, 2006b, 2007) 进一步分析了各类型的限量服务及门限服务等多级适应性休假的连续时间和离散时间 M/G/1 排队.

与经典 M/G/1 型休假排队丰富的研究成果相比, M/G/1 型工作休假排队的研究相对较少. Kim 和 Chae(2003) 首次研究多重工作休假的 M/G/1 排队, Wu 和 Takagi(2006) 使用嵌入 MC 和复函数围道积分给出同样模型分析, 得到了一些详细的系统指标. Yi 等 (2007) 采用带有灾难的排队模型的结果, 给出了离散时间的 Geo/G/1 的稳态队长和忙期. Li 等 (2009) 年首次提出采用 M/G/1 型矩阵解析方法研究此类工作休假, 构成了 6.2 节, 之后 Li(2013) 将此方法进一步应用到离散时间情形, 并提出了光接入网络中的一个应用, 理论为 6.3 节内容, 应用将在第 8 章给出. Zhang 和 Hou(2011) 分析了一个带有休假中断的 MAP/G/1 工作休假排队, 将补充变量法和矩阵解析方法结合, 给出了相应稳态指标. Gao 和 Liu(2013) 采用 M/G/1 矩阵分析方法, 分析了带有 Bernoulli 机制休假中断策略的 M/G/1 单重工作休假排队, 得到了稳态队长、逗留时间和忙期等指标.

第7章　批到达工作休假排队系统

随着科技与服务水平的不断发展, 随机生产和库存系统是一个多功能整合运作的系统, 将生产制造、库存管理、营销、配送等原本独立的功能整合在一起共同运作. 如何协调和控制这些功能的人员和设备配置, 以达到及时快速地满足订单或产品的需求, 成为这种多功能系统关心的问题. 这些系统中, 产品的需求往往非单个, 而是成批量到达, 同时通信网络中, 信号或数据的传输也是批量发生. 本章介绍成批到达的连续和离散时间 M/G/1 工作休假排队. 对于批到达 M/G/1 型工作休假排队系统, 研究较少. 本章采用了第 6 章的 M/G/1 型结构矩阵解析方法, 类似地解决了批到达工作休假的 M/G/1 型排队系统的分析问题, 给出各类稳态指标的良好表达式.

7.1　连续时间 $\mathrm{M^X/G/1}$ 工作休假排队

7.1.1　模型描述

考虑 $\mathrm{M^X/G/1}$ 排队, 其中顾客依照参数为 λ 的联合泊松过程成批到达. 令 $X_k, k=1,2,\cdots$ 为第 k 批到达的顾客量, 分布记为 $\chi_n, n=1,2,\cdots$, 相应的概率母函数为 $X(z)$. 正常工作期内的服务时间 S_b 遵从一个相互独立同分布, 具有分布函数 $F(x)$, LST 表达 $\widetilde{F}(s)$ 和均值 $E(S_b)$.

引入工作休假策略: 当一次服务完成, 系统变空时, 服务员进入休假, 在休假期内, 如果有新顾客到达系统, 则服务员以较慢的速率为顾客提供服务, 而非完全停止服务. 假设休假期间内的服务时间 S_v 具有一般分布函数 $G(x)$, LST 和均值分别记为 $\widetilde{G}(s)$ 和 $E(S_v)$. 当一次休假结束, 系统中无顾客, 则服务员进入另外一次休假, 否则, 正在接受慢速服务的顾客转化为以正常服务速度进行服务, 系统开始工作. 设工作休假时间独立同分布, 服从参数为 θ 的指数分布. 此系统记为 $\mathrm{M^X/G/1(MWV)}$ 模型.

假设到达时间间隔、工作休假时间、正常服务期和工作休假期内的服务时间彼此独立, 且遵循 FCFS 的服务规则.

令 $L(t)$ 为时刻 t 系统中的顾客数, $L_n=L(\tau_n-0)$ 为第 n 次离去 (服务完成) 后瞬间系统顾客数, 定义

$$J_n=\begin{cases}0, & \text{第 } n \text{ 次离去后瞬间系统处于工作休假期,}\\ 1, & \text{第 } n \text{ 次离去后瞬间系统处于正规服务期,}\end{cases}$$

则 $\{(L_n, J_n), n \geqslant 1\}$ 是一个嵌入 Markov 过程, 状态空间为

$$\Omega = \Big\{(k,0), k \geqslant 0\Big\} \bigcup \Big\{(k,1), k \geqslant 1\Big\}.$$

显然, 当系统中无顾客时, 只能处于休假期.

定义 $\alpha_j, j = 0, 1, \cdots$ 是一个正常服务时间 S_b 内恰好到达 j 个顾客的概率. 因为一次到达以概率 $\chi_n, n = 1, 2, \cdots$ 包含 n 个顾客, 所以有

$$\alpha_j = \sum_{k=0}^{j} a_k \chi_j^{(k)}, \quad j = 0, 1, \cdots, \tag{7.1.1}$$

其中 $\chi_j^{(k)} = P\{X_1 + X_2 + \cdots + X_k = j\}$ 是 χ_j 的 k 重卷积且 $\chi_0^{(0)} = 1$. a_k 是一个正常服务时间内恰好到达 k 批的概率, 表达式为

$$a_k = \int_0^\infty \mathrm{e}^{-\lambda t} \frac{(\lambda t)^k}{k!} \mathrm{d}F(t), \quad k \geqslant 0.$$

易得 $\{\alpha_j, j = 0, 1, \cdots\}$ 的母函数表达式为

$$\alpha(z) = \widetilde{F}(\lambda - \lambda X(z)).$$

假设 $\beta_j, j = 0, 1, \cdots$ 表示 $V > S_v$, 且在休假服务时间 S_v 内到达 j 个顾客的概率为

$$\beta_j = \sum_{k=0}^{j} b_k \chi_j^{(k)}, \quad j = 0, 1, \cdots, \tag{7.1.2}$$

其中

$$b_k = \int_0^\infty \mathrm{e}^{-\theta x} \frac{(\lambda x)^k}{k!} \mathrm{e}^{-\lambda x} \mathrm{d}G(x), \quad k \geqslant 0.$$

类似地, $\nu_j, j = 0, 1, \cdots$ 表示 $V \leqslant S_v$, 且在休假时间 V 内到达 j 个顾客的概率为

$$\nu_j = \sum_{k=0}^{j} v_k \chi_j^{(k)}, \quad j = 0, 1, \cdots, \tag{7.1.3}$$

其中

$$v_k = \int_0^\infty \int_0^x \theta \mathrm{e}^{-\theta u} \frac{(\lambda u)^k}{k!} \mathrm{e}^{-\lambda u} \mathrm{d}u \mathrm{d}G(x), \quad k \geqslant 0.$$

显然,

$$\sum_{j=0}^\infty \beta_j = \widetilde{G}(\theta), \quad \sum_{j=0}^\infty \nu_j = 1 - \widetilde{G}(\theta).$$

因此, $\{\beta_j, j \geqslant 0\}$ 和 $\{\nu_j, j \geqslant 0\}$ 形成两个不完全的概率分布. 为进一步分析, 引入下列表达式

$$\beta(z) = \sum_{j=0}^{\infty} \beta_j z^j = \widetilde{G}(\theta + \lambda - \lambda X(z));$$
$$\nu(z) = \sum_{j=0}^{\infty} \nu_j z^j = \frac{\theta}{\theta + \lambda - \lambda X(z)}(1 - \beta(z)).$$

令$\zeta_k = \sum_{j=0}^{k} \nu_j \alpha_{k-j}, k \geqslant 0$, 此概率是 $V \leqslant S_v$, 且剩余休假时间 V 和一次正常服务时间 S_b 内到达 k 个顾客的概率, 且

$$\sum_{k=0}^{\infty} \zeta_k = 1 - \widetilde{G}(\theta), \quad \zeta(z) = \sum_{k=0}^{\infty} \zeta_k z^k = \nu(z)\alpha(z).$$

若把状态按字典序排列, $\mathrm{MC}\{(L_n, J_n), n \geqslant 1\}$ 的转移阵 $\widetilde{\boldsymbol{P}}$ 可写成如式 (6.1.8) 的分块形式, 其中

$$\boldsymbol{B}_0 = \beta_0 + \zeta_0; \quad \boldsymbol{B}_i = (\beta_i, \zeta_i), \quad i \geqslant 1; \quad \boldsymbol{C}_0 = (\beta_0 + \zeta_0, \alpha_0)^{\mathrm{T}},$$
$$\boldsymbol{A}_i = \begin{pmatrix} \beta_i & \zeta_i \\ 0 & \alpha_i \end{pmatrix}, \quad i \geqslant 0.$$

且 T 表示矩阵转置.

由 6.1.3 节的结果, 转移阵 $\widetilde{\boldsymbol{P}}$ 为一个 M/G/1 型结构矩阵, 从而表明 $\{(L_n, J_n), n \geqslant 1\}$ 是 M/G/1 型 MC. 对此类模型, 矩阵方程$G = \sum_{i=0}^{\infty} A_i G^i$ 的最小非负解非常重要. 因为所有 $\boldsymbol{A}_i$ 为上三角形式, 所以 $\boldsymbol{G}$ 具有相同形式为

$$\boldsymbol{G} = \begin{pmatrix} r_{11} & r_{12} \\ 0 & r_{22} \end{pmatrix}.$$

将 $\boldsymbol{G}^i$ 代入矩阵方程, 有

$$\begin{cases} r_{11} = \sum_{i=0}^{\infty} \beta_i r_{11}^i = \widetilde{G}(\theta + \lambda(1 - X(r_{11}))), \\ r_{12} = \sum_{i=0}^{\infty} r_{22}^i \zeta_i + r_{12} \sum_{i=0}^{\infty} \beta_i \sum_{j=0}^{i-1} r_{11}^j r_{22}^{i-1-j}, \\ r_{22} = \sum_{i=0}^{\infty} \alpha_i r_{22}^i = \widetilde{F}(\lambda(1 - X(r_{22}))). \end{cases} \tag{7.1.4}$$

要得到最小非负解, 需要如下引理.

引理 7.1.1 若 $\rho=\lambda E(X)E(S_b)<1$, 则等式 $z=\widetilde{F}(\lambda(1-X(z)))$ 有最小非负解 $z=1$, 且 $z=\widetilde{G}(\theta+\lambda(1-X(z)))$ 在 $(0,1)$ 内存在唯一解.

证明 首先考虑方程 $z=\widetilde{F}(\lambda(1-X(z)))$. 令 $\psi(z)=\widetilde{F}(\lambda(1-X(z)))$, 显然 $0<\psi(0)=\widetilde{F}(\lambda)<\psi(1)=1$. 当 $0<z<1$ 时, $\psi'(z)>0,\psi''(z)>0$. 同时, 由 $\rho=\lambda E(X)E(S_b)<1$, 可得 $\psi'(1)=\rho<1$. 因此等式 $z=\psi(z)$ 有唯一解 $z=1$. 类似地, 有 $\varphi(z)=z-\widetilde{G}(\theta+\lambda(1-X(z)))$, 进而 $\varphi(0)<0,\varphi(1)>0$. 当 $0<z<1$, $y=\widetilde{G}(\theta+\lambda(1-X(z)))$ 是一个递增函数, 说明 $z=\widetilde{G}(\theta+\lambda(1-X(z)))$ 在 $(0,1)$ 内存在唯一解.

易得

$$\boldsymbol{G}=\begin{pmatrix}\gamma & 1-\gamma\\ 0 & 1\end{pmatrix},$$

其中 γ 是等式 $z=\widetilde{G}(\theta+\lambda(1-X(z)))$ 在 $(0,1)$ 内存在的唯一解.

定理 7.1.2 MC$\{(L_n,J_n),n\geqslant 1\}$ 正常返当且仅当 $\rho<1$.

证明 可以计算

$$\boldsymbol{A}=\sum_{i=0}^{\infty}\boldsymbol{A}_i=\begin{pmatrix}\widetilde{G}(\theta) & 1-\widetilde{G}(\theta)\\ 0 & 1\end{pmatrix}$$

是一个可约矩阵, 具有式 (6.1.10) 的形式. 由 6.1.3 节正常返的分析可知, $\boldsymbol{A}(2)=1$ 是一个退化的随机矩阵, 具有退化的稳态分布 $\boldsymbol{\pi}(2)=1$. 另外, $A_i(2)=a_i,i\geqslant 0$, 且 $\boldsymbol{\beta}(2)=\sum\limits_{i=0}^{\infty}i\boldsymbol{A}_i(2)=\rho$, 则由定理 6.1.7, $\widetilde{\boldsymbol{P}}$ 正常返的充要条件为

$$\boldsymbol{\pi}(2)\boldsymbol{\beta}(2)=\rho<1.$$

7.1.2 稳态指标分析

假设 (L,J) 是 (L_n,J_n) 的稳态极限, 则可定义 $\widetilde{\boldsymbol{P}}$ 的稳态分布为

$$\begin{gathered}\boldsymbol{\pi}_0=\pi_{00},\quad \boldsymbol{\pi}_k=(\pi_{k0},\pi_{k1}),\quad k\geqslant 1;\\ \pi_{kj}=P\{L=k,J=j\}=\lim_{n\to\infty}P\{L_n=k,J_n=j\},\quad (k,j)\in\Omega.\end{gathered}$$

稳态概率满足如下方程

$$\begin{aligned}\pi_{00}&=\pi_{00}(\beta_0+\zeta_0)+\boldsymbol{\pi}_1\boldsymbol{C}=(\pi_{00}+\pi_{10})\beta_0+(\pi_{00}+\pi_{10})\zeta_0+\pi_{11}\alpha_0;\\ \boldsymbol{\pi}_k&=\pi_{00}\boldsymbol{B}_k+\sum_{j=1}^{k+1}\boldsymbol{\pi}_j\boldsymbol{A}_{k+1-j},\quad k\geqslant 1.\end{aligned}\tag{7.1.5}$$

引入母函数向量

$$\boldsymbol{\Phi}(z)=\sum_{k=1}^{\infty}z^k\boldsymbol{\pi}_k,\quad |z|<1.$$

代入状态方程, 可得

$$\boldsymbol{\Phi}(z)=z\left[\pi_{00}\sum_{k=1}^{\infty}z^k\boldsymbol{B}_k-\boldsymbol{\pi}_1\boldsymbol{A}_0\right](z\boldsymbol{I}-\boldsymbol{A}^*(z))^{-1},$$

其中

$$\boldsymbol{A}^*(z)=\sum_{k=0}^{\infty}z^k\boldsymbol{A}_k=\begin{pmatrix}\beta(z)&\zeta(z)\\0&\alpha(z)\end{pmatrix}.$$

引入 $u=\beta_0(\pi_{00}+\pi_{10})$, 且

$$\pi_{00}\sum_{k=1}^{\infty}z^k\boldsymbol{B}_k-\boldsymbol{\pi}_1\boldsymbol{A}_0=(\pi_{00}\beta(z)-u,\ u-\pi_{00}(1-\zeta(z))).$$

计算 $(z\boldsymbol{I}-\boldsymbol{A}^*(z))^{-1}$, 可得

$$\boldsymbol{\Phi}(z)=z\left(\frac{\pi_{00}\beta(z)-u}{z-\beta(z)}\frac{C(z)(\pi_{00}\beta(z)-u)}{(z-\beta(z))(z-\alpha(z))}+\frac{u-\pi_{00}(1-\zeta(z))}{z-\alpha(z)}\right).\tag{7.1.6}$$

离去时刻稳态队长的母函数表示为 $L(z)=\pi_{00}+\boldsymbol{\Phi}(z)\boldsymbol{e}$. 首先, 计算 $\boldsymbol{\Phi}(z)\boldsymbol{e}$ 为

$$z\left[\frac{\pi_{00}(\beta(z)(1+z-\alpha(z))-z(1-\zeta(z)))}{(z-\beta(z))(z-\alpha(z))}+\frac{u(\alpha(z)-\beta(z)-\zeta(z))}{(z-\beta(z))(z-\alpha(z))}\right],$$

其中 $\boldsymbol{e}=(1,1)^{\mathrm{T}}$. 由引理, γ 是方程 $z=\beta(z)$ 的解, 则 $z=\gamma$ 是 $L(z)$ 分母的零点, 由稳态分布母函数的解析性, $L(z)$ 的分子在 $z=\gamma$ 点为零. 因此, 替代 $z=\gamma$ 到 $L(z)$ 的分子部分, 且由 $\beta(\gamma)=\gamma$, 可得一个关系式 $u=\pi_{00}\gamma$. 最终可得 $L(z)$ 的表达式为

$$L(z)=\pi_{00}\left[\frac{\alpha(z)(1-z)(\beta(z)-z)}{(z-\beta(z))(z-\alpha(z))}-\frac{z(r-z)(\alpha(z)-\beta(z)-\zeta(z))}{(z-\beta(z))(z-\alpha(z))}\right].\tag{7.1.7}$$

利用常规化条件 $L(1)=1$, 可得

$$\pi_{00}=\frac{(1-\rho)(1-\widetilde{G}(\theta))}{1-\widetilde{G}(\theta)-(1-\gamma)\left(\rho\widetilde{G}(\theta)-\dfrac{\lambda}{\theta}E(X)(1-\widetilde{G}(\theta))\right)}.\tag{7.1.8}$$

定义 $S=0$ 或 1, 取决于任一顾客以休假服务率服务完成或者正常速率服务完成, 在下面稳态队长随机分解的分析中, 将使用到处于这两种状态的概率, 因此给

出

$$P_v = P\{S=0\} = (\pi_{00}+\pi_{10})\beta_0 + \boldsymbol{\Phi}(z)\boldsymbol{e}_1|_{z=1}$$

$$= \frac{(1-\rho)\widetilde{G}(\theta)(1-\gamma)}{1-\widetilde{G}(\theta)-(1-\gamma)\left(\rho\widetilde{G}(\theta)-\dfrac{\lambda}{\theta}E(X)(1-\widetilde{G}(\theta))\right)},$$

其中 $\boldsymbol{e}_1=(1,0)^{\mathrm{T}}$. 类似地,

$$P_b = P\{S=1\} = 1-P_v$$

$$= \frac{1-\widetilde{G}(\theta)-(1-\gamma)\left(\widetilde{G}(\theta)-\dfrac{\lambda}{\theta}E(X)(1-\widetilde{G}(\theta))\right)}{1-\widetilde{G}(\theta)-(1-\gamma)\left(\rho\widetilde{G}(\theta)-\dfrac{\lambda}{\theta}E(X)(1-\widetilde{G}(\theta))\right)}.$$

注意到 P_v 与 $P\{J=0\}$ 并不相等, 其中 $P\{J=0\}$ 是服务完成时刻系统处于休假期的概率, $P\{J=0\}=\pi_{00}+\boldsymbol{\Phi}(z)\boldsymbol{e}_1|_{z=1}$. 这种不同是因为状态 $(0,0)$, 当一个顾客以正常服务速率服务完成时, 系统中无顾客时, 将进入休假期. $P_b\neq P\{J=1\}$ 有类似的解释.

利用上述结果, 可以得到一个正规服务期开始时刻系统中的顾客数 Q_b 的稳态分布. 假设

$$\tau_k = P\{Q_b=k\}, \quad k\geqslant 1.$$

类似于第 6 章分析, 可得

$$\tau_k = \frac{1}{\pi_{00}(1-\gamma)}\left(\sum_{j=1}^{k}\pi_{j0}\nu_{k-j}+\pi_{00}\nu_{k-1}\right), \quad k\geqslant 1.$$

$\{\tau_k, k\geqslant 1\}$ 母函数为

$$Q_b(z) = \sum_{k=1}^{\infty}\tau_k z^k = \frac{1}{1-\gamma}\frac{z(z-r)\nu(z)}{z-\beta(z)}. \tag{7.1.9}$$

显然 $Q_b(1)=1$, 且均值是

$$E(Q_b) = \frac{1-\widetilde{G}(\theta)-(1-\gamma)\left(\widetilde{G}(\theta)-\dfrac{\lambda}{\theta}E(X)(1-\widetilde{G}(\theta))\right)}{(1-\gamma)(1-\widetilde{G}(\theta))}.$$

引入 $L^{\mathrm{s}}(L^{\mathrm{T}})$ 为稳态下一个非活跃期的开始 (结束) 时刻的顾客数, 而 $L^{\mathrm{s}}(z)$ $(L^{\mathrm{T}}(z))$ 为其相应的母函数. 由引理 6.2.5, 可得如下定理.

定理 7.1.3 若 $\rho<1$, 离去时刻稳态队长的母函数 $L(z)$ 可以表示为下列分解形式:

$$\begin{aligned}L(z)=&P_v\frac{1-\widetilde{G}(\theta)}{(1-\gamma)\widetilde{G}(\theta)}\frac{\beta(z)(z-\gamma)}{z-\beta(z)}\\&+P_b\frac{(1-\rho)(1-z)\alpha(z)}{\alpha(z)-z}\frac{1-Q_b(z)}{E(Q_b)(1-z)}.\end{aligned}\tag{7.1.10}$$

证明 利用全概率公式, 有

$$L(z)=E\{z^L|S=1\}P\{S=1\}+E\{z^L|S=0\}P\{S=0\},\tag{7.1.11}$$

在 M/G/1 型休假排队中, 选择正规服务期内的顾客离去时刻作为再生点, 则休假期内的顾客到达和离去只影响 $L^{\mathrm{s}}-L^{\mathrm{T}}$. 因此, 可得

$$E(z^L|S=1)=E(z^N)E(z^X),$$

其中 N 是经典 $M^X/G/1$ 排队离去时刻稳态队长, 附加变量 X 的母函数为

$$E(z^X)=\frac{L^{\mathrm{s}}(z)-L^{\mathrm{T}}(z)}{(1-\rho)(1-z)}.\tag{7.1.12}$$

当然, 由定义直接可以计算

$$E\{z^L|S=0\}=\frac{(\pi_{00}+\pi_{10})\beta_0+\boldsymbol{\Phi}(z)\boldsymbol{e}_1}{P_v}=\frac{1-\widetilde{G}(\theta)}{(1-\gamma)\widetilde{G}(\theta)}\frac{\beta(z)(z-\gamma)}{z-\beta(z)}.\tag{7.1.13}$$

下面, 分析 $L^{\mathrm{T}}=k(k\geqslant 1)$, 包括两种联合情形:

(i) $L^{\mathrm{s}}=k$, 若在两个连续活跃期间的非活跃期长度为 0;

(ii) $L^{\mathrm{s}}=0$, 若当一个工作休假结束时系统中有 k 个顾客. 因此, 有

$$P\{L^{\mathrm{T}}=k\}=P\{L^{\mathrm{s}}=k\}+P\{L^{\mathrm{s}}=0\}\tau_k,\quad k\geqslant 1,\tag{7.1.14}$$

且 $P\{L^{\mathrm{T}}=0\}=0$, 有关系式

$$L^{\mathrm{T}}(z)=L^{\mathrm{s}}(z)-P\{L^{\mathrm{s}}=0\}(1-Q_b(z)),$$

且

$$E(z^X)=\frac{P\{L^{\mathrm{s}}=0\}(1-Q_b(z))}{(1-\rho)(1-z)}.$$

由 $E(z^X)|_{z=1}=1$ 可得 $P\{L^{\mathrm{s}}=0\}=(1-\rho)(E(Q_b))^{-1}$, 且

$$E(z^X)=\frac{1-Q_b(z)}{E(Q_b)(1-z)}.$$

最终可得

$$
\begin{aligned}
L(z)= & P_v \frac{1-\widetilde{G}(\theta)}{(1-\gamma)\widetilde{G}(\theta)} \frac{\beta(z)(z-\gamma)}{z-\beta(z)} \\
& +P_b \frac{(1-\rho)(1-z)\alpha(z)}{\alpha(z)-z} \frac{1-Q_b(z)}{E(Q_b)(1-z)}.
\end{aligned} \tag{7.1.15}
$$

在此, 易证等式 (7.1.7) 同 (7.1.10) 是等价的, 稳态队长表达式为 $E(L)=L'(1)$.

将任意顾客处于系统的时间, 称为逗留时间, 即包含排队时间和服务时间, 记为 S, 并记 $\widetilde{S}(s)$ 为逗留时间 S 的 LST. 任一顾客离开后, 系统中的剩余顾客为此顾客逗留时间内来到的顾客和与他同批到达未服务的顾客. 令

$$
p_j=\frac{1}{E(X)} \sum_{n=j+1}^{\infty} \chi_n, \quad j=0,1,\cdots.
$$

$\{p_j, j \geqslant 0\}$ 是任一服务完成后, 同批还剩余未服务顾客为 j, 显然为 $\{\chi_j, j \geqslant 1\}$ 的剩余分布, 母函数为

$$
P(z)=\frac{1-X(z)}{E(X)(1-z)}.
$$

因此, 存在关系式

$$
L(z)=\widetilde{S}(\lambda(1-X(z))) P(z),
$$

对 z 求导, 可得稳态逗留时间的均值

$$
E(S)=\frac{E(L)}{\lambda E(X)}-\frac{E(X(X-1))}{2 \lambda(E(X))^2}. \tag{7.1.16}
$$

进而, 分析系统忙期. 令 D 为经典 $\mathrm{M}^{\mathrm{X}}/\mathrm{G}/1$ 的忙期, 即一旦系统中有一个顾客, 忙期开始, 直到服务完某个顾客后, 系统无顾客, 忙期结束. 其 LST 表达式为

$$
\widetilde{D}(s)=E\{\mathrm{e}^{-sD}\}=\widetilde{F}[s+\lambda-\lambda X(\widetilde{D}(s))],
$$

则系统忙期的均值为

$$
E(D)=\frac{E(S_b)}{1-\rho}.
$$

在具有工作休假机制的批到达 $\mathrm{M}^{\mathrm{X}}/\mathrm{G}/1$ 中, 服务员以正常服务速率连续工作的时间称为一般忙期, 记为 D_v, 其 LST 为 $\widetilde{D}_v(s)$. 在忙期开始时, 如果有 k 个顾客, 接下来的服务期将由 k 个独立的服务期构成, 其中每个服务期由忙期开始的某个顾客形成. 因此

$$
\widetilde{D}_v(s)=\sum_{k=1}^{\infty}(E\{\mathrm{e}^{-sD}\})^k \tau_k=Q_b(\widetilde{D}(s)).
$$

可计算得忙期的均值为 $E(D_v) = E(Q_b)E(D)$.

定义整个休假期长度为 V_g, 开始于系统进入休假期时刻, 直到工作休假结束的时间. 在此期间, 如果有顾客到达, 服务员将以较低的速率提供服务. 一次忙循环 C 由工作休假期 V_g 和之后的正规忙期 D_v 组成. 存在关系式

$$P\{J=1\} = \frac{E(D_v)}{E(C)} = \frac{E(D_v)}{E(D_v)+E(V_g)},$$
$$P\{J=0\} = \frac{E(V_g)}{E(C)} = \frac{E(V_g)}{E(D_v)+E(V_g)},$$

很容易计算出期望忙循环 $E(C)$ 和期望工作休假期 $E(V_g)$.

7.2 离散时间 $\mathrm{Geo}^{\mathrm{X}}/\mathrm{G}/1$ 工作休假排队

7.2.1 模型描述

成批顾客以参数为 $p(0<p<1)$ 的几何过程到达, 每批的顾客数以概率 χ_k 为 $k(k\geqslant 1)$ 个, 设均值和母函数分别为 $E(X)$ 和 $X(z)$. 正规忙期内的服务时间 S_b 具有一般分布函数 $\{b_k^{(1)}\}_{k=1}^{\infty}$, 均值和母函数分别为 $E(S_b)$ 和 $F(z)$. 休假期间的服务时间 S_v 具有一般分布函数 $\{b_k^{(2)}\}_{k=1}^{\infty}$, 均值和母函数分别为 $E(S_v)$ 和 $G(z)$, 休假时间遵从参数为 $\theta(0<\theta<1)$ 的几何分布. 其余假设与连续时间相同, 此模型记为 $\mathrm{Geo}^{\mathrm{X}}/\mathrm{G}/1(\mathrm{MWV})$.

令 L_n 为第 n 次服务完成时刻的顾客数, 且任一服务完成后系统处于正常工作状态或休假状态, 因此定义 $J_n=1$ 或 0, 取决于第 n 次离去后瞬间系统处于正规服务期或工作休假期, 则 $\{(L_n,J_n),n\geqslant 1\}$ 是一个二维嵌入 Markov 过程, 状态空间为

$$\Omega = \Big\{(k,0),k\geqslant 0\Big\}\bigcup\Big\{(k,1),k\geqslant 1\Big\}.$$

类似于连续情形, 引入

$$\begin{aligned}
a_k &= P\{A_{S_b}=k\}\\
&= \sum_{j=\max(1,k)}^{\infty} b_j^{(1)}\binom{j}{k}p^k\overline{p}^{j-k}, \quad \overline{p}=1-p, \quad k\geqslant 0;\\
b_k &= P\{A_{S_v}=k, V>S_v\}\\
&= \sum_{j=\max(1,k)}^{\infty} b_j^{(2)}\binom{j}{k}p^k\overline{p}^{j-k}\overline{\theta}^j, \quad \overline{\theta}=1-\theta, \quad k\geqslant 0;\\
v_k &= P\{A_V=k, V\leqslant S_v\}\\
&= \sum_{j=k+1}^{\infty}\sum_{n=j}^{\infty} b_n^{(2)}\binom{j-1}{k}p^k\overline{p}^{j-1-k}\overline{\theta}^{j-1}\theta, \quad k\geqslant 0,
\end{aligned}$$

其中 a_k 代表正常服务时间 S_b 内到达 k 批的概率, b_k 代表 $V > S_v$ 且休假服务时间内到达 k 批的概率, 且 v_k 代表 $V \leqslant S_v$ 且休假时间 V 内到达 k 批的概率. 类似于连续时间情形, 引入 $\alpha_j, j=0,1,\cdots$ 为 S_b 内到达 j 个顾客的概率, 因为一批以概率 $\chi_n, n=1,2,\cdots$ 包含 n 个顾客, 所以

$$\alpha_j = \sum_{k=0}^{j} a_k \chi_j^{(k)}, \quad j=0,1,\cdots, \tag{7.2.1}$$

其中 $\chi_j^{(k)}$ 为 χ_j 的 k 重卷积, 且 $\chi_0^{(0)}=1$. 进而 $\{\alpha_j\}_{j=0}^{\infty}$ 的母函数表达式为

$$\alpha(z) = F[1-p(1-X(z))].$$

设 $\beta_j, j=0,1,\cdots$ 为 $V > S_v$ 且在 S_v 内到达 j 个顾客的概率,

$$\beta_j = \sum_{k=0}^{j} b_k \chi_j^{(k)}, \quad j=0,1,\cdots. \tag{7.2.2}$$

类似地, $\nu_j, j=0,1,\cdots$ 为 $V \leqslant S_v$ 且在 V 内 j 个顾客到达的概率,

$$\nu_j = \sum_{k=0}^{j} v_k \chi_j^{(k)}, \quad j=0,1,\cdots. \tag{7.2.3}$$

显然,

$$\sum_{j=0}^{\infty} \beta_j = G(1-\theta), \quad \sum_{j=0}^{\infty} \nu_j = 1-G(1-\theta).$$

$\{\beta_j, j \geqslant 0\}$ 和 $\{\nu_j, j \geqslant 0\}$ 形成两个不完全概率分布, 引入表达式

$$\beta(z) = \sum_{j=0}^{\infty} \beta_j z^j = G[(1-\theta)(1-p(1-X(z)))],$$
$$\nu(z) = \sum_{j=0}^{\infty} \nu_j z^j = \frac{\theta(1-\beta(z))}{1-(1-\theta)(1-p(1-X(z)))},$$

令 $\zeta_k = \sum_{j=0}^{k} \nu_j \alpha_{k-j}, k \geqslant 0$ 此概率是 $V \leqslant S_v$, 且剩余休假时间 V 和一次正常服务时间 S_b 内共到达 k 个顾客概率, 且有

$$\sum_{k=0}^{\infty} \zeta_k = 1-G(1-\theta), \quad \zeta(z) = \sum_{k=0}^{\infty} \zeta_k z^k = \nu(z)\alpha(z).$$

把状态按照字典排序, $\mathrm{MC}(L_n, J_n)$ 的转移阵 $\widetilde{\boldsymbol{P}}$ 可写成 M/G/1 型结构矩阵形式, 其中

$$\boldsymbol{B}_0 = \beta_0 + \zeta_0; \quad \boldsymbol{B}_i = (\beta_i, \zeta_i), \quad i \geqslant 1; \quad \boldsymbol{C}_0 = (\beta_0 + \zeta_0, \alpha_0)^{\mathrm{T}},$$

$$\boldsymbol{A}_i = \begin{pmatrix} \beta_i & \zeta_i \\ 0 & \alpha_i \end{pmatrix}, \quad i \geqslant 0.$$

计算矩阵方程 $\boldsymbol{G} = \sum\limits_{i=0}^{\infty} \boldsymbol{A}_i \boldsymbol{G}^i$ 的最小非负解可得

$$\boldsymbol{G} = \begin{pmatrix} \gamma & 1-\gamma \\ 0 & 1 \end{pmatrix}, \tag{7.2.4}$$

其中 γ 是方程 $z = G[(1-\theta)(1-p(1-X(z)))]$ 在 $0 < z < 1$ 内的唯一解, 显然 $\boldsymbol{G}$ 是一个可约矩阵.

定理 7.2.1 $\widetilde{\boldsymbol{P}}$ 正常返的充要条件为 $\sum\limits_{i=0}^{\infty} i\alpha_i = \rho < 1$.

定理 7.2.1 和关于 $\boldsymbol{G}$ 的求解, 与连续情形有类似证明.

7.2.2 稳态指标分析

若 $\rho < 1$, 令 (L, J) 为 (L_n, J_n) 的稳态极限, 引入

$$\pi_{kj} = P\{L = k, J = j\} = \lim_{n\to\infty} P\{L_n = k, J_n = j\}, \quad (k, j) \in \Omega,$$
$$\boldsymbol{\pi}_k = (\pi_{k0}, \pi_{k1}), \quad \boldsymbol{\pi} = (\boldsymbol{\pi}_0, \boldsymbol{\pi}_1, \boldsymbol{\pi}_2, \cdots, \boldsymbol{\pi}_k, \cdots).$$

由稳态分布满足方程 $\boldsymbol{\pi}\widetilde{\boldsymbol{P}} = \boldsymbol{\pi}$, 可得

$$\begin{cases} \pi_{00} = \pi_{00}(\beta_0 + \zeta_0) + \boldsymbol{\pi}_1 \boldsymbol{C} = (\pi_{00} + \pi_{10})\beta_0 + (\pi_{00} + \pi_{10})\zeta_0 + \pi_{11}\alpha_0, \\ \pi_{k0} = \pi_{00}\beta_k + \sum\limits_{j=1}^{k+1} \pi_{j0}\beta_{k+1-j}, \quad k \geqslant 1, \\ \pi_{k1} = \pi_{00}\zeta_k + \sum\limits_{j=1}^{k+1} \pi_{j0}\zeta_{k+1-j} + \sum\limits_{j=1}^{k+1} \pi_{j1}\alpha_{k+1-j}, \quad k \geqslant 1. \end{cases} \tag{7.2.5}$$

定理 7.2.2 当 $\rho < 1$ 时, 离去时刻稳态队长的母函数表达式为

$$\begin{aligned} L(z) &= \pi_{00} + \sum_{k=1}^{\infty} (\pi_{k0} + \pi_{k1}) z^k \\ &= \pi_{00} \frac{\alpha(z)(1-z)(\beta(z) - z) + z(r - z)(\alpha(z) - \beta(z) - \zeta(z))}{(z - \beta(z))(z - \alpha(z))}, \end{aligned} \tag{7.2.6}$$

其中

$$\pi_{00}=\frac{(1-\rho)(1-G(1-\theta))}{1-G(1-\theta)-(1-\gamma)\left(\rho G(1-\theta)-\dfrac{p\bar{\theta}}{\theta}E(X)(1-G(1-\theta))\right)}. \tag{7.2.7}$$

证明类似于 7.1.2 节, 在此略过.

引入 $P_v(P_b)$ 为任一顾客以正常服务率（休假服务率）服务完成的概率,

$$P_v=\frac{(1-\rho)G(1-\theta)(1-\gamma)}{1-G(1-\theta)-(1-\gamma)\left(\rho G(1-\theta)-\dfrac{p\theta}{\theta}E(X)(1-G(1-\theta))\right)},$$

$$P_b=\frac{1-G(1-\theta)-(1-\gamma)\left(G(1-\theta)-\dfrac{p\theta}{\theta}E(X)(1-G(1-\theta))\right)}{1-G(1-\theta)-(1-\gamma)\left(\rho G(1-\theta)-\dfrac{p\theta}{\theta}E(X)(1-G(1-\theta))\right)}.$$

利用上述结果, 可得忙期开始时刻的顾客数 Q_b 的稳态分布, 首先引入

$$\begin{aligned}P\{J=0,V\leqslant S_v\}&=\sum_{k=0}^{\infty}\pi_{k0}\times P\{V\leqslant S_v\}\\&=P\{J=0\}(1-G(1-\theta))=\pi_{00}(1-\gamma),\end{aligned}$$

忙期开始时的顾客数分布为

$$\tau_k=P\{Q_b=k\}=\frac{1}{\pi_{00}(1-\gamma)}\left(\sum_{j=1}^{k}\pi_{j0}\nu_{k-j}+\pi_{00}\nu_{k-1}\right),\quad k\geqslant 1.$$

$\{\tau_k,k\geqslant 1\}$ 的母函数为

$$Q_b(z)=\sum_{k=1}^{\infty}\tau_k z^k=\frac{1}{1-\gamma}\frac{z(z-r)\nu(z)}{z-\beta(z)}. \tag{7.2.8}$$

均值可计算得

$$E(Q_b)=\frac{1-G(1-\theta)-(1-\gamma)\left(G(1-\theta)-\dfrac{p\bar{\theta}}{\theta}E(X)(1-G(1-\theta))\right)}{(1-\gamma)(1-G(1-\theta))}.$$

由 P_b 的表达式, 存在如下关系式 $E(Q_b)=P_b(1-\rho)(\pi_{00}(1-\gamma))^{-1}$. 稳态队长母函数的随机分解形式为

$$\begin{aligned}L(z)=&P_v\frac{1-G(1-\theta)}{(1-\gamma)G(1-\theta)}\frac{\beta(z)(z-\gamma)}{z-\beta(z)}\\&+P_b\frac{(1-\rho)(1-z)\alpha(z)}{\alpha(z)-z}\frac{1-Q_b(z)}{E(Q_b)(1-z)}.\end{aligned} \tag{7.2.9}$$

由随机分解形式, 可得离去时刻的稳态队长均值为

$$
\begin{aligned}
E(L)=P_v\left(\frac{\beta}{G(1-\theta)}+\frac{1}{1-\gamma}-\frac{1-\beta}{1-G(1-\theta)}\right) \\
+P_b\left(\rho+\frac{p^2(E(X))^2E(S_b(S_b-1))}{2(1-\rho)}\right. \\
\left.+\frac{pE(S_b)E(X(X-1))}{2(1-\rho)}+\frac{E(Q_b(Q_b-1))}{2E(Q_b)}\right),
\end{aligned} \tag{7.2.10}
$$

其中

$$
E(S_b(S_b-1))=F''(1),\quad E(X(X-1))=X''(1),
$$
$$
E(Q_b(Q_b-1))=Q_b''(1).
$$

进而分析任一顾客的逗留时间 S, 其母函数记为 $S(z)$. 令

$$
p_j=\frac{1}{E(X)}\sum_{n=j+1}^{\infty}\chi_n,\quad j=0,1,\cdots
$$

表示任一顾客服务完成后, 同批剩余还未接受服务的顾客数为 j, 是 $\{\chi_j, j\geqslant 1\}$ 的剩余寿命, 其母函数为

$$
P(z)=\frac{1-X(z)}{E(X)(1-z)}.
$$

因为任一顾客服务离开后, 剩余的顾客包括同批还未服务顾客和逗留时间内新到达的顾客, 存在关系式

$$
L(z)=S[1-p(1-X(z))]P(z).
$$

均值为

$$
E(S)=\frac{E(L)}{pE(X)}-\frac{E(X(X-1))}{2p(E(X))^2}. \tag{7.2.11}
$$

7.3 数值分析

首先, 表 7.1 给出了固定批量到达情况下, 当批量 X 取值 2 到 9 变化时, 稳态指标的取值, 其中固定服务时间 $S_b=\mu^{-1}$ 和 $S_v=\mu_v^{-1}$, 此模型记为 $\mathrm{M^D/(D_1, D_2)/1(MWV)}$. 显然, 随着 X 值的增大, 忙期开始时刻的稳态队长 $E(Q_b)$, 任一服务完成时刻的稳态队长 $E(L)$ 和逗留时间 $E(W)$ 显著增长, 同时任一顾客接受正常速率服务的概率 P_b 和正规忙期 $E(D_v)$ 也相应地增大. 这符合实际服务系统运行, 说明批量越大, 造成更多的顾客聚集在正规忙期开始时刻, 相应的忙期长度也会增加, 而批量较小时, 系统负载较低, 采用快慢速交替服务更能提高效率.

表 7.1　$M^D/(D_1, D_2)/1(MWV)$ 排队系统稳态指标分析表

X	ρ	$E(Q_b)$	$E(L)$	P_v	P_b	$E(W)$	$E(D_v)$
2	0.2000	1.2819	0.6263	0.3584	0.6416	0.4210	1.0683
3	0.3000	1.5109	1.3375	0.2932	0.7068	0.7500	1.4390
4	0.4000	1.7532	2.4105	0.2345	0.7655	1.5174	1.9480
5	0.5000	2.0003	4.0106	0.1829	0.8171	2.6808	2.6670
6	0.6000	2.2491	6.4854	0.1373	0.8627	4.4282	3.7486
7	0.7000	2.4987	10.6610	0.0971	0.9029	7.2962	5.5527
8	0.8000	2.7485	19.0317	0.0612	0.9388	12.9431	9.1618
9	0.9000	2.9985	44.0932	0.0290	0.9710	29.6987	19.9897

假设批量 X 遵循几何分布, 均值为 $E(X) = 3$, 服务时间为指数分布, 参数分别为 μ 和 μ_v, 这个模型记为 $M^X/(M_1,M_2)/1$. 图 7.1 展示了三种不同休假率下慢速服务速率 μ_v 对稳态队长 $E(L)$ 和服务概率 P_v 的影响. 显然, 随着 μ_v 的增大, 即慢速服务加快, 稳态队长不断降低, 且当 μ_v 的值固定时, 休假率 θ 越小, 即休假时间越长, 稳态队长越大; 随着 μ_v 的增大, 顾客在休假期接受服务的概率越大.

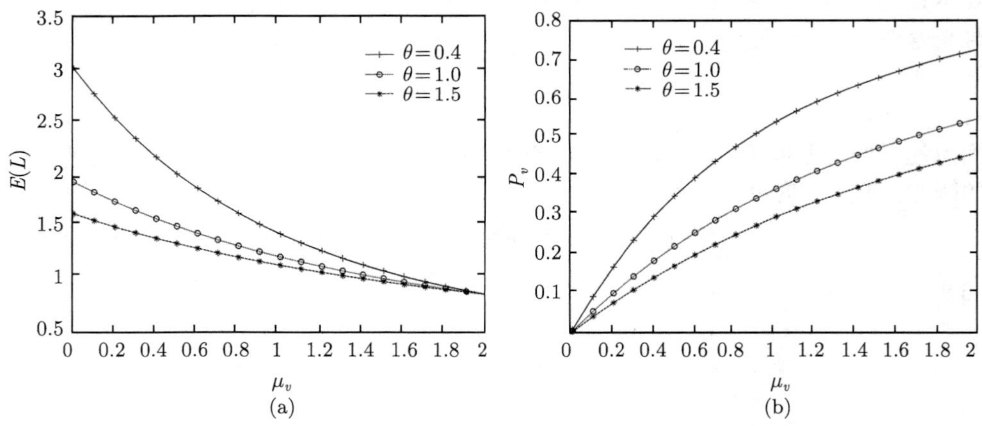

图 7.1　稳态队长 $E(L)$ 和 P_v 随 μ_0 的变化趋势 $(M^X/(M_1, M_2)/1)$

图 7.2 给出了另一个模型 $M^D/(M_1, E_2)/1(WV)$ 的性能指标变化趋势, 其中批量 X 固定, 且具有指数正常服务时间, 休假服务时间 S_v 遵循阶数为 2 的 Erlang 分布, 均值为 $E(S_v) = \mu_v^{-1}$. 当休假服务速率 μ_v 增大时, 逗留时间 $E(W)$ 显著减小, 而批量 X 越大, $E(S)$ 越小. 图 7.3 说明 μ_v 对忙期 $E(D_v)$ 有类似的影响, 但是这种影响似乎比系统负载对 $E(D_v)$ 的影响较小.

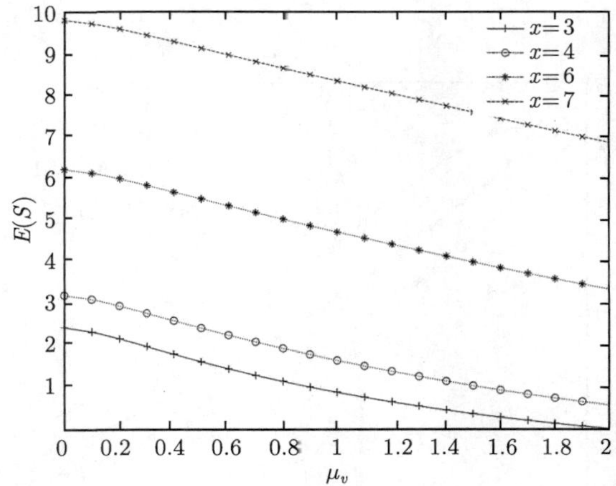

图 7.2 $E(S)$ 随 μ_v 的变化趋势 ($\mathrm{M}^{\mathrm{D}}/(\mathrm{M}_1, \mathrm{E}_2)/1(\mathrm{WV})$)

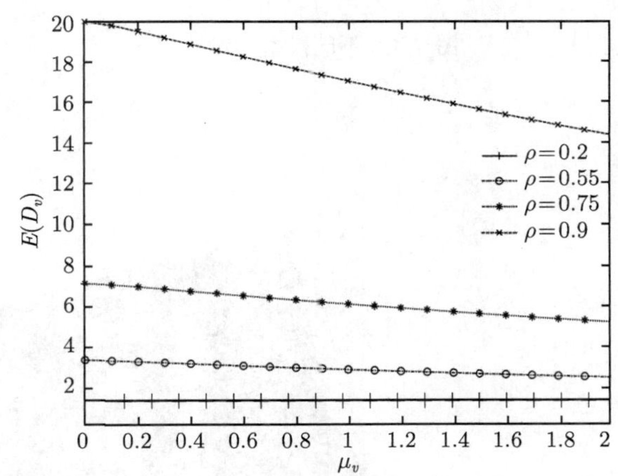

图 7.3 忙期 $E(D_v)$ 随 μ_v 的变化趋势 ($\mathrm{M}^{\mathrm{D}}/(\mathrm{M}_1,\mathrm{E}_2)/1(\mathrm{WV})$)

图 7.4 给出了三个特殊模型的对比结果, 当 $\mu_v = 0$ 时, 即休假期不提供服务, 三种模型的稳态队长交于一点, 即经典排队的稳态队长值. 同时, 当 μ_v 固定时, $\mathrm{M}^{\mathrm{D}}/(\mathrm{M}_1, \mathrm{M}_2)/1(\mathrm{WV})$ 模型中的稳态队长 $E(L)$ 最小, 说明从稳态队长最小的角度看, 指数服务时间模型相对更合理.

图 7.5 和图 7.6 展示了休假服务率、系统负载 ρ 和休假率 θ 对逗留时间 $E(S)$ 的影响. 显然, 逗留时间随着休假服务率的增大而减小, 但从图 7.5 上看出, 系统负载对逗留时间的影响相对较大. 这表明在相对低负载的系统中, 设置休假服务率对降低顾客逗留时间的作用不太显著. 同时, 随着休假率 θ 的增大, 即休假时间的缩短, 逗留时间的递减程度不断减小, 当 $\theta = 1$ 时, $E(S)$ 达到一个固定值, 即无休假

系统的逗留时间.

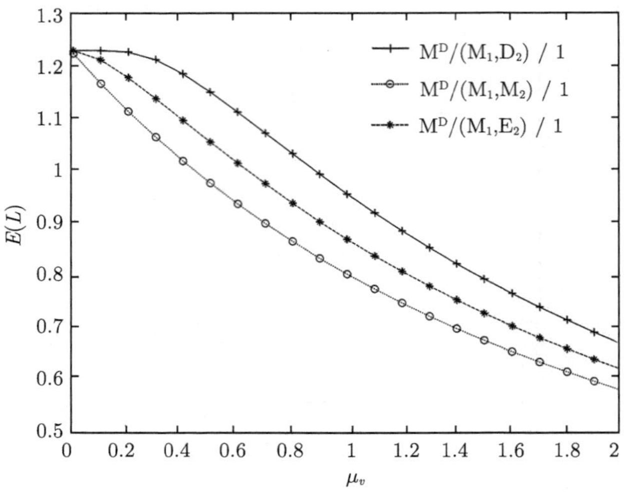

图 7.4　不同模型的对比

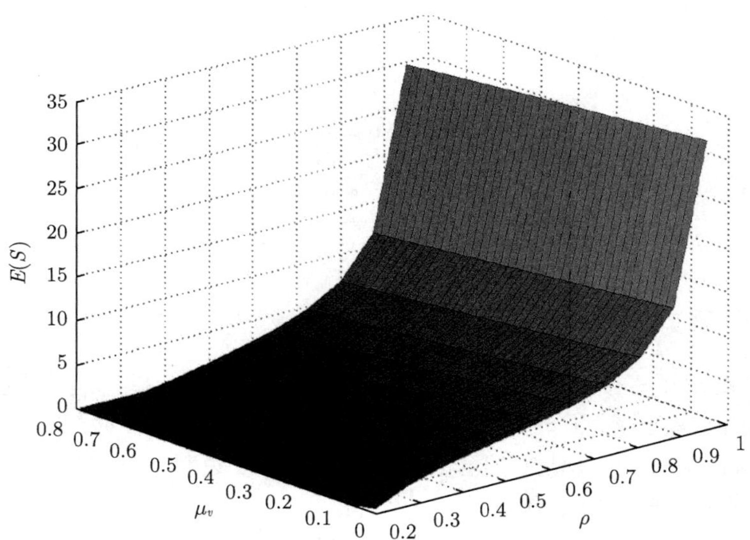

图 7.5　$E(S)$ 随休假服务率和系统负载 ρ 的变化图 ($\mathrm{Geo}^{\mathrm{D}}/(\mathrm{Geo}^1,\mathrm{Geo}^2)/1$)

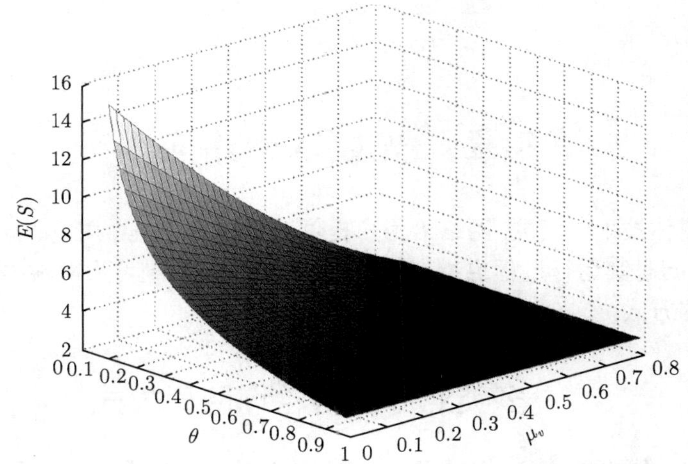

图 7.6 $E(S)$ 随休假服务率和休假率 θ 的变化图 $(\text{Geo}^{\text{D}}/(\text{Geo}^1,\text{Geo}^2)/1)$

7.4 文献评述

由于批到达在实际问题中的合理性, 关于批到达或批服务经典休假排队的研究文献比较多. 早期关于批到达的文献可见 Baba(1986,1987), Lee 和 Srinivasan(1989), Rosenberg 和 Yechiali(1993), Lee 等 (1995), Chaudhry 和 Templeton(1983) 等. 批服务的文献可参看 Nadarajan 和 Subramanian(1984), Madan(1991), Reddy 和 Anitha(1998), Sikdar 和 Gupta(2005) 等. Chaudhry 和 Gupta(2003a, 2003b), Shin(2004), Banik(2009) 分析了几个 BMAP/G/1 排队系统, 介绍了 MAP 思想, 利用分解结果研究了任意时刻和离去时刻系统队长, Christoph(2001) 给出了一个离散时间有限源的 DBMAP/G/1/N 排队的完整分析. Li 等 (2006) 利用新方法研究了 BMAP/M/1 排队系统及带有负顾客的 MAP/G/1 排队系统等. Liu 和 Wu(2009) 考虑了具有多重休假和优先权的 MAP/G/1 排队, 这些模型都更加有效地刻画了实际问题的运行过程, 丰富了排队论的研究内容.

批到达 M/G/1 型工作休假排队主要由本书作者及其团队给出研究. Li 等 (2010a) 分析了连续时间批到达 M/G/1 工作休假排队, 采用 Neuts 的矩阵分析方法, 给出稳态队长和逗留时间指标, 即 7.1 节. Li 等 (2010b) 进一步扩展到离散时间情形, 并在光接入网络中提出了基于工作休假的适应性服务策略, 理论部分为 7.2 节, 应用部分将由第 8 章给出. 由于批到达的复杂性, 研究相对较少, 但理论上采用本章提出的 M/G/1 矩阵结构方法, 可以得到更一般批到达 M/G/1 型工作休假排队的稳态指标, 譬如, BMAP 排队等, 但形式会比较复杂, 软件模拟对于解决实际问题会更有操作性.

第 8 章　光接入网络应用

随着多媒体技术的发展, 网络给用户提供数据传输、Web 浏览、音频和视频等业务和服务, 同时其运行过程也越来越复杂, 工作休假机制可为网络中数据信号的传输提供新的方式.

8.1　多类业务预留轮询队列模式

在网络中, 不同的业务对误码率、时延和抖动等服务质量 (QoS) 有着不同要求. 为了满足不同业务对 QoS 的要求, 采用队列调度算法是实现网络中间节点 (路由器和交换机) 的核心机制之一, 是网络资源管理的重要内容. 通过在不同类型业务间调度链路传输速率, 使各种业务得到服务. 解决多媒体业务接入网络中间节点方法包括一种轮询调度方式, 其轮流地对每个队列进行服务, 通过在不同类型业务间调度链路传输速率, 使各种业务得到不同等级的服务. 下面, 以一个具体的光接入网络为例, 提出以工作休假策略为基础的支持配置轮询传输速率的队列调度方案, 建立其对应的轮询排队模型.

考虑一个基于波分复用 (Wavelength Division Multiplex, WDM) 的光接入网络, 包含 N 个路由器, 由光网通过一个网关路由器连接而成. 每一个路由器有特定个端口, 通过一段波长接收和传输数据, 且假设缓存器长度为无穷大. 为实现网络中的传输问题, 需要设定各个路由器处的波长配置方案. 如果假设路由器端口处用来接收数据的波长固定, 重新配置波长一般需要调整某个路由器的传输器, 同时停止另外一个路由器的接收端口, 这样, 往往造成一段时间内被调整的波长无法正常使用. 这种配置方案的不足之处是：在部分波长从一个路由器调整到另一个路由器时, 任何一个路由器均无法使用此部分波长的接收或传输能力, 从而造成浪费. 为了减少浪费, 一种极端的方法是从不进行波长的再配置, 这种方法只有在配置时间较长的情况下适用. 另一种方法是根据系统状态进行波长配置, 但也存在弊端：首先需要给出额外带宽的信息, 而这些带宽将引起系统的堵塞；其次由于必须考虑系统的状态而作出配置决定, 计算时间相对较长；而且这种方式不适用存在延迟数据的情形. 从而, 一种折中且有效的策略是根据某个路由器是否存在数据进行配置, 而这种配置方法可以采用工作休假策略达到.

针对上述光接入网, 每个路由器处的接收和传输数据, 构成一个排队, 因此应用一个轮询排队系统来模式：另一个令牌循环地经过 N 个排队系统 (路由器). 若某个排队不拥有令牌, 则此排队具有固定波长, 数据以正常速率通过路由器进入网络中. 若第 i 个排队拥有令牌, 一段附加 (移动) 波长分配到第 i 个排队上, 从而使数据以较高速率传输. 一旦第 i 个排队中数据全部传输完毕 (即缓冲器变空), 令牌经过一段配置时间后转移到下一个排队, 即第 $i+1$ 个排队, 如图 8.1 所示. 若选取某个固定排队, 它的运行过程形成一个工作休假排队. 当此排队拥有令牌时, 数据以较高速率传输; 当令牌轮询到其他排队时, 此固定排队处于低速服务期.

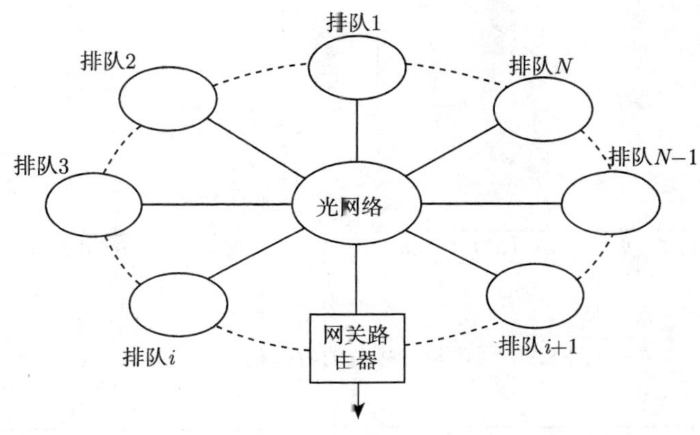

图 8.1 光纤接入网

假设第 i 个排队本身拥有固定波长, 具有数据正常传输速率 μ_v^i. 另外, 附加波长具有以速率 u^* 传输数据的能力, 最初分配到第 1 个排队上, 从而使其传输速率为 $\mu_b^1=\mu_v^1+u^*$. 若某一时刻, 第 i 个排队以速率 $\mu_b^i=\mu_v^i+u^*$ 传输数据, 且在传输完成时刻, 无数据, 则附加波长将轮询到下一个排队, 即第 $i+1$ 个排队, 从而使得第 i 个排队的传输能力减为 μ_v^i, 而第 $i+1$ 个排队的速率变为 $\mu_b^{i+1}=\mu_v^{i+1}+u^*$. 这个过程不断循环进行. 假设在一个有 5 个路由器的对称轮询系统中, 每个路由器的接收速率为 λ, 总传输速率为 $u^*+\sum\limits_{i=1}^{5}\mu_v^i=1$, 令牌拥有 u^* 的传输速率, 不断循环配置到各个排队上, 则系统总负载为 5λ. 考虑系统负载分别为 70%, 40% 的情况, 一次配置时间为 10, 利用第 2 章的 M/M/1 型工作休假结果. 图 8.2 展示了这个光接入网中任一路由器处数据延迟 (等待和传输时间之和) 和数据量随速率 u^* 变化的趋势.

同时, 为说明配置一段附加 (移动) 波长, 可以达到有效地提高网络性能的目的, 给出系统负载为 40% 的情况下, 经典轮询系统 (即无附加波长) 和配置后的轮询系统 (即有附加波长) 数据性能对比, 如图 8.3 所示. 在无附加波长的系统中, 每个路由器一直以特定的速率 $0.2(1-u^*)$ 传输数据, 而在有附加波长的系统中, 每个

路由器在速率 $0.2(1-u^*)$ 与 $u^*+0.2(1-u^*)$ 之间交替地传输数据. 显然, 适当设定一段移动波长, 配置传输速率, 选取轮询配置期的长度, 可以减少数据量与数据延迟, 从而提高整个系统的效率. 同时, 综合比较多个性能, 可以为设计和优化一个轮询策略下光接入网提供理论依据.

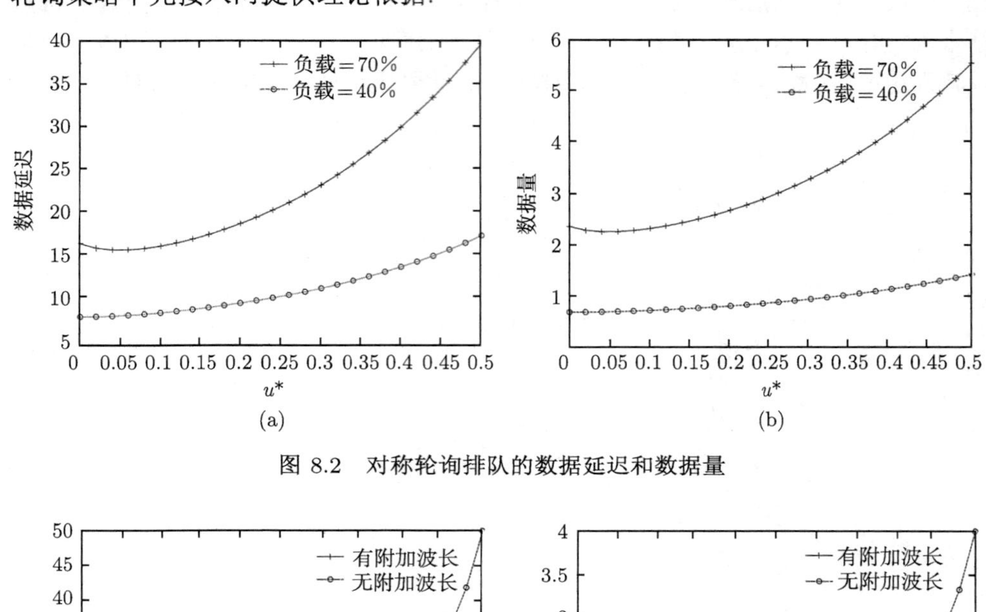

图 8.2 对称轮询排队的数据延迟和数据量

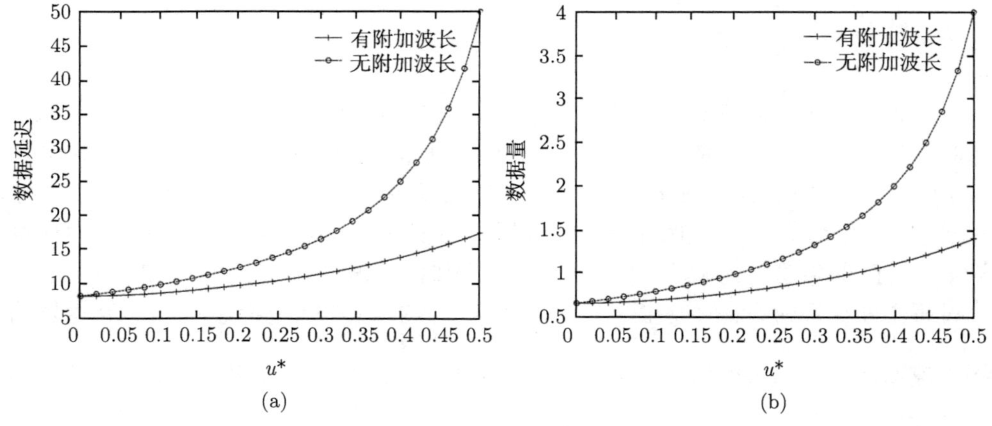

图 8.3 两类系统数据性能对比

8.2 两类业务预留轮询队列模式

系统传输业务分两类: 第一类用于传输非延迟敏感型业务 (如数据等); 第二类用于传输延迟敏感型业务 (如语音、图像等). 第 i 类业务到达系统的到达间隔时间服从参数为 λ_i 的指数分布, 即信息分组的到达服从泊松分布; 服务时间服从参数

为 μ_i 的指数分布, 轮询时间服从参数为 θ 的指数分布. 假设系统总的传输速率为 μ_b, 其分为预留速率 μ_v 和轮询传输速率 $\mu_{\text{polling}} = \mu_b - \mu_v$. 预留传输速率 μ_v 固定分配第二类业务; 轮询传输速率 μ_{polling} 采用轮询调度方式传输第一类业务和第二类业务. 第一类队列缓存器长度为无穷大; 第二类队列缓存器长度为 m 个分组. 系统的接入机制如图 8.4 所示.

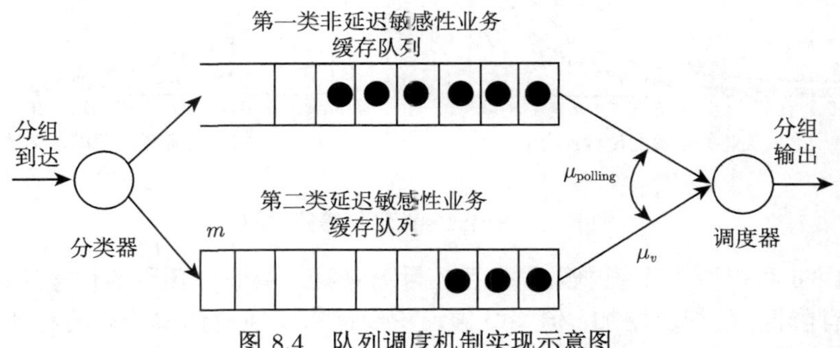

图 8.4 队列调度机制实现示意图

轮询原则是当调度控制系统使用传输速率 μ_b 把在第二类队列缓冲器中业务分组全部服务完时 (即缓冲器变空时), 系统给第二类业务预留传输速率 μ_v, 并为轮询速率设定轮询时间长度, 在轮询时间长度内, 使用轮询传输速率 μ_{polling} 服务于第一类业务. 当轮询时间结束时, 轮询传输速率 μ_{polling} 返回到第二类业务. 此时第二类业务的传输速率恢复到总的传输速率. 按照上述调度控制策略, 对于系统而言, 系统状态分为同时传输第一类和第二类业务阶段 (第一类业务的传输速率为 μ_{polling}, 第二类业务的传输速率为 μ_v) 和单独传输第二类业务阶段 (第一类业务的传输速率为 0, 第二类业务的传输速率为 μ_b). 称这种模型为支持混合业务采用预留轮询机制的队列调度系统, 可以使用矩阵几何解的方法来分析系统.

假定信息分组到达服从泊松分布, 系统的总传输速率 $\mu_b = 1\text{Gbit/s}$, 信息分组的平均长度为 1000bit, 走步时间为 1μs. 其他参数为 $\lambda_1 = 0.1, \lambda_2 = 0.4, m = 20$. 图 8.5 与图 8.6 给出预留轮询策略和经典预留策略的平均等待时间和吞吐量比较. 从图 8.5 可以看出系统中第一类业务平均等待时间随着第二类业务预留的传输速率 μ_v 增加不断增加, 尤其在 $\mu_v > 0.7$ 急剧增加. 预留轮询策略比经典预留策略增加得快, 轮询时间速率 θ 越大的增加得越快.

从图 8.6 可以看出系统中第二类业务平均等待时间随着第二类业务预留的传输速率 μ_v 增加不断降低. 预留轮询策略比经典预留策略降低得快, 轮询时间速率 θ 越大的降低得越快. 从图 8.5 与图 8.6 可以看出预留轮询策略在 $\mu_v < 0.7$ 时, 明显降低了第二类延迟敏感型业务平均等待时间, 而且第一类非延迟敏感型业务的平均等待时间改变不大. 说明预留轮询策略能够降低第二类延迟敏感型业务的平均等待时间.

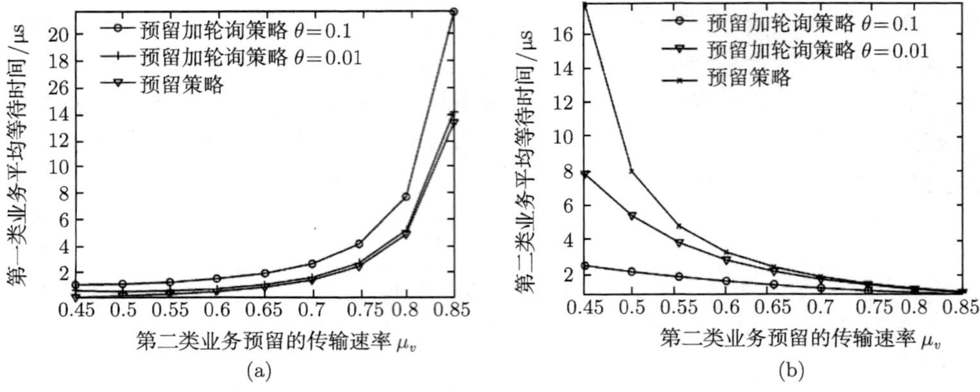

图 8.5　两类业务的平均等待时间

从图 8.6 可以看出系统中第一类吞吐量随着第二类业务预留的传输速率 μ_v 增加, 先略有降低, 后稳步增加; 但始终预留轮询策略比经典预留策略的吞吐量都高, 轮询时间速率 θ 越大的增加越多. 从图 8.6 可以看出系统中第二类业务吞吐量随着第二类业务预留的传输速率 μ_v 增加不断减少, 在 $\mu_v > 0.55$ 时, 预留轮询策略比经典预留策略的吞吐量都高, 轮询时间速率 θ 越大的增加得越多, 且可以看出预留轮询策略明显提高了第二类和第一类业务吞吐量, 说明预留轮询策略比经典预留策略在提高系统吞吐量方面有明显的优势.

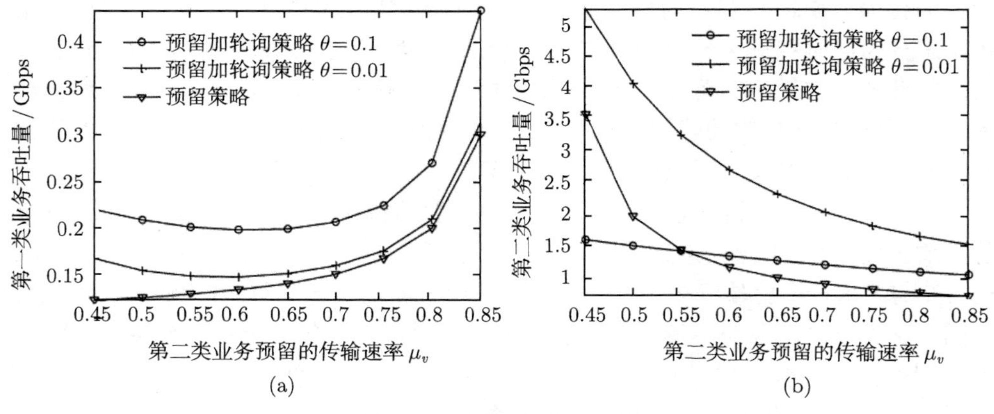

图 8.6　两类业务的吞吐量

通过以上分析说明, 预留轮询服务策略本质上是保证满足第二类延迟敏感型业务 QoS 的前提下, 当第二类延迟敏感型业务相对较少时, 设置一段轮询运行期, 适当选取轮询运行期的长度和传输速率, 可以提高整个调度系统的效率. 通过设置轮询传输速率和轮询时间长度, 综合比较多个性能指标, 可以为设计和优化一个预留轮询策略队列调度系统提供理论依据.

8.3 基于工作休假的 EPON 网络分析

以太网无源光网络 (Ethernet Passive Optical Network, EPON) 是一种采用点到多点结构, 无源光纤传输方式, 不需要任何复杂的协议, 光信号就能精确地传送到最终用户的网络. 在 EPON 中, 来自最终用户的数据也能被集中传送到中心网络, 从而在以太网之上提供多种业务. 一个典型的 EPON 系统由 OLT(Optical Line Terminal)、ONU(Optical Network Unit) 和 POS(Passive Optical Splitter) 组成, OLT 放在中心机房, 构成一个交换机或路由器, 提供面向无源光纤网络的光纤接口, ONU 放在网络接口单元附近或与其合为一体, 采用以太网络协议, 实现数据的传输, 而 POS 是无源光纤分支器, 是一个连接 OLT 和 ONU 的无源设备. EPON 具有多向处理数据的功能, 把数据从 OLT 下行分发到 ONU, 同时集中 ONU 中数据, 上行传送到 OLT. 在上行传送中, 所有的 ONU 共享同一物理层, 因此可能发生不同 ONU 中的数据碰撞的情况. 解决这一问题的方法之一是为每个 ONU 分配固定的时隙, 但不考虑它的实际运营, 这样可以避免碰撞, 但无法应对突发情况, 也可能造成带宽的浪费. 因此, 提出了另外一种解决方案, 即为每个 ONU 设备同时分配时隙和上行波段. 一些研究人员已经对这种方案进行了分析, 如 Assi 等 (2003), Guan 等 (2008), Zheng 和 Mouftah(2009). 他们提出的一种配置方式是利用门限策略来控制上行波段和时隙分配, 而利用工作休假的轮询排队思想, 可以设立一种门限策略和工作休假策略相结合的分配策略, 使 EPON 中数据的上行传送更顺畅.

设定 ONU 的个数是 5, 数据包数固定, 为 1000bit, EPON 的总传输速率为 1Gbit/s. 先分别考虑基于门限策略和工作休假策略的 EPON 网络. 当每个 ONU 处的数据个数达到特定值时, 关闭闸门, ONU 只能传输已有的那些数据, 而新到达的必须在闸门外等待, 这个系统可以用门限服务的 Geo/Geo/1 多重休假排队来模式, 是 Ma 等 (2007) 的一个特殊情形. 另外, 在 EPON 中, 若采用 8.1 节中的工作休假轮询策略, 可以建立以 Geo/Geo/1 工作休假排队为基础的 EPON 网络, 此排队的结果见 5.4 节. 在这两类模式下, 把 ONU 处的数据延迟, 分别记为 $E(S_g)$ 和 $E(S_w)$. 图 8.7 和图 8.8 给出了基于两类策略的 EPON 中, 数据的延迟时间随着系统负载和休假时间的变化曲线, 其中休假时间和延迟时间单位为 ms. 显然, 门限策略下的 ONU 处数据延迟的增长速度远大于工作休假情形, 而工作休假策略下, 系统负载对延迟的影响又较大, 因此, 无法对比两种策略在 EPON 性能分析的优劣. 现在把两种策略同时引入 EPON 网络中, 以使 ONU 处的数据包延迟达到最小为标准, 当 $E(S_g) < E(S_w)$ 时, 系统采用门限策略, 否则采用工作休假策略, 把这种新策略称为适应性服务策略, 在此策略下, EPON 的数据延迟得到了良好的改善, 如图 8.9 所示.

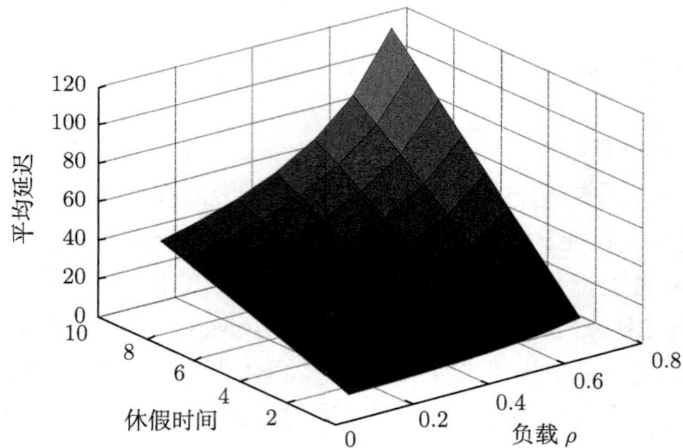

图 8.7　门限策略下数据延迟

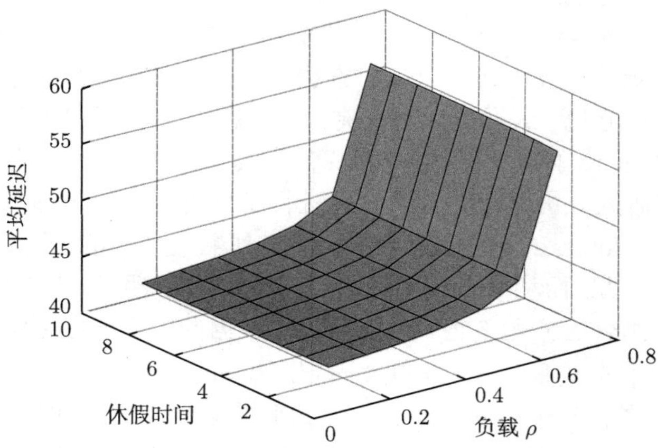

图 8.8　工作休假策略下数据延迟

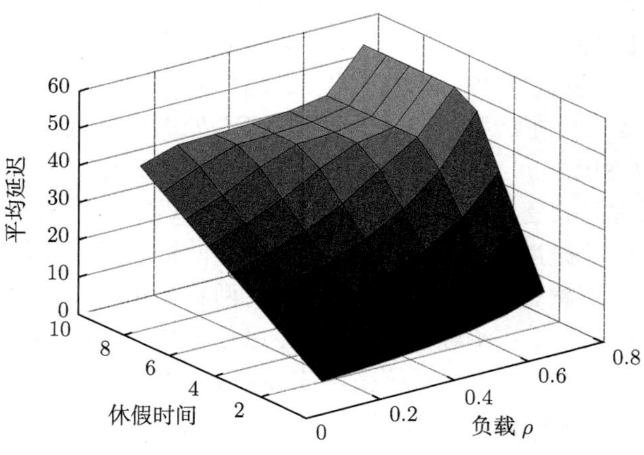

图 8.9　适应性策略下数据延迟

类似的配置问题也发生在电子商务、呼叫中心等领域. 另外, 这类以不同服务速率运行的排队, 有望为城市供电、交通系统等随机网络的分析和设计提供新的工具.

8.4 文献评述

排队论的研究具有极强的应用背景, 模型都来源于实际问题, 而这些模型, 特别是休假排队, 又可以很好地模式实际问题, 将理论成果不断地应用在管理机构、计算机通信网络、柔性制造系统等领域, 为实际问题的分析和运行提供了有效工具.

排队论及休假排队理论被广泛应用于管理科学及制造系统领域. 一个突出的应用是在供应链管理中, 利用排队论安排订单装配 (Assemble to Order, ATO) 系统. 利用排队论的思想, 涉及 ATO 系统分析的主要文献有 Song(1998), Yao(2001) 及 Lu(2008). 同时排队论被广泛应用于各类管理机构的系统设计, Fridgeirsdottir 和 Chiu(2005), Batta 等 (2007), Ren 和 Zhou(2008) 考虑诸多实际因素, 利用排队论模型, 解决了呼叫中心及零售部门的最优设计问题. Guirchoun 等 (2005), Su 和 Lee(2008) 研究了制造系统中机器的安排问题, 给出了提高性能的合理建议. Wierman 等 (2006) 及 Liu 等 (2008) 进行了各类系统最优服务台数的分析, 申利民 (2005) 提出了基于部分服务器休假的电子商务系统, 建立了性能指标体系, 设计了柔性性能分析和优化平台.

排队论被广泛地应用于计算机网络与通信领域的性能分析. Niu 等 (1998, 1999, 2003) 分析了通信领域基于连续时间排队理论的计算机系统及网络的性能指标, 取得了重要的成果. 金顺福和田乃硕 (2004)、金顺福和霍占强 (2007) 对基于离散时间休假排队理论进行了交换虚通道性能指标分析. Chao 和 Li(2005) 利用排队模型研究了具有多类呼叫的无线网络, 给出了系统性能分析. 最近, Saffer 和 Telek(2009), Pappas 等 (2009) 分析了 Polling 系统, 给出了 Polling 系统的详细分析结果, 并说明可以将 Polling 系统应用到令牌环网、ARQ、分时技术、随机接入协议、机器人技术和制造系统等.

Servi 和 Finn(2002) 作为工作休假排队的第一篇文献, 研究来源于光纤通信网络中网关路由器的控制问题, 提出通过预留传输速率与轮询调度方式结合的业务传输方式. 之后, Li 等 (2008a) 与 Li 等 (2010b) 分别以连续时间和离散时间批到达排队分析为基础, 更具体地分析了基于工作休假机制的 EPON 网络分析, 提出了网络适应性服务策略, 构成了 8.3 节的内容. 陈海宴等 (2009) 设计了网络节点 (网关和路由器) 的预留轮询策略队列调度方案, 构建了两类业务的工作休假排队, 得到了混合业务预留轮询队列调度的多种重要性能指标, 通过理论和数值例子说明了预留轮询策略在吞吐量和延迟敏感型业务的平均等待时间方面优于经典预留策略, 8.2 节的内容来源于此文献.

参 考 文 献

陈海宴, 田乃硕, 徐秀丽. 2009. 预留轮询策略队列调度方案的建模和分析. 系统工程与电子技术, 31(9):2249–2253

陈良均, 朱庆棠. 2003. 随机过程及应用. 北京: 高等教育出版社

邓永录. 1994. 随机模型及其应用. 北京: 高等教育出版社

邓永录. 1996. 运筹学中的随机模型. 广州: 中山大学出版社

费勒 W. 1964. 概率论及其应用. 上册. 胡迪鹤, 林向清, 译. 北京: 科学出版社

费勒 W. 1979. 概率论及其应用. 下册. 刘文, 译. 北京: 科学出版社

侯振挺, 郭青峰. 1978. 齐次马尔可夫过程. 北京: 科学出版社

侯振挺, 刘再明, 张汉君, 等. 2000. 生灭过程. 长沙: 湖南科学技术出版社

蒋庆琅. 1987. 随机过程原理与生命科学模型. 方积乾, 译. 上海: 上海翻译出版公司

金顺福, 霍占强. 2007. 交换虚通道性能分析. 北京: 电子工业出版社

金顺福, 田乃硕. 2004. 虚通道交换系统性能指标的离散时间排队分析. 通信学报, 25:58–68

赖特 B. 1979. 马尔可夫过程论初步及应用. 杨纪柯, 吴立德, 译. 上海: 上海科学技术出版社

罗海军, 朱翼隽. 2010. 带有负顾客的 N 策略工作休假 M/M/1 排队. 运筹与管理, 19:100–105

马占友, 金顺福, 刘洺辛. 2006a. 离散时间闸门服务系统建模. 中国控制与决策学术年会: 265–268

马占友, 刘洺辛, 田乃硕. 2004a. 空竭服务 Geom/G/1 休假排队. 运筹学学报, 13:78–88

马占友, 刘银萍, 田乃硕. 2004b. 多重休假的带启动期的 Geom/G/1 排队的 PH 封闭性. 运筹与管理, 13(3):1–5

马占友, 田乃硕, 金顺福. 2006b. 单重休假的 $\mathrm{Geom}^{\xi}/\mathrm{G}/1$ 排队系统. 燕山大学学报, 30(4):287–292

马占友, 刘洺辛, 徐秀丽, 田乃硕. 2007. 混合延迟消失制 $\mathrm{Geo}_1\overleftarrow{+}$, $\mathrm{Geo}_2/\mathrm{Geo}_1$, $\mathrm{Geo}_2/\mathrm{s}/\mathrm{s}+\mathrm{K}$ 排队系统. 系统工程理论与实践, 27(1):91–98

申利民. 2005. 基于部分服务器休假的电子商务系统性能分析与优化研究. 燕山大学博士学位论文: 1–143

孙荣恒, 李建平. 2002. 排队论基础. 北京: 科学出版社

唐应辉, 唐小我. 2006. 排队论 – 基础与分析技术. 北京: 科学出版社

田乃硕, 徐秀丽, 马占友. 2008. 离散时间排队论. 北京: 科学出版社

田乃硕, 岳德权. 2002. 拟生灭过程与矩阵几何解. 北京: 科学出版社

田乃硕. 1992a. 多级适应性休假的 M/G/1 排队. 应用数学. 4:12–18

田乃硕. 1992b. GI/Geometric/1 离散时间休假排队. 论文集《运筹与决策》, 2:1671–1677

田乃硕. 1993a. 单重指数休假的 GI/M/1 排队系统. 系统科学与数学, 13:1–9

田乃硕. 1993b. Geom/G/1 休假随机服务系统. 应用数学与计算数学学报, 2:71–78

田乃硕. 1993c. GI/PH/1 休假排队系统队长的随机分解. 高校应用数学学报, 8:130–137

田乃硕. 1993d. PH 启动时间的 GI/M/1 排队. 数学的实践与认识. 4:1–7

田乃硕. 1993e. PH 休假的 GI/M/1 排队系统. 应用数学与学报, 16:452–461

田乃硕. 1990. 休假随机服务系统 (综述). 运筹学杂志. 9:17–31

田乃硕. 2001. 休假随机服务系统. 北京: 北京大学出版社

王梓坤. 1980. 生灭过程与马尔可夫链. 北京: 科学出版社

徐光辉. 1988. 随机服务系统. 2 版. 北京: 科学出版社

徐秀丽, 马占友, 刘洺辛，田乃硕. 2007. 多服务台排队系统的组装策略. 应用数学学报, 30(2): 218–227

岳德权，孙妍平. 2008. 带有止步和中途退出的同步 N-策略多重休假的 M/M/R/K 排队系统的性能分析. 系统工程理论与实践, 11:94–102

岳德权，赵玮. 1994. 具有延误休假的 GI/M/1 排队系统的. 运筹学杂志, 13:33–38

张波，张景肖. 2004. 应用随机过程. 北京: 清华大学出版社

赵玮, 王荫清. 1993. 随机运筹学. 北京: 高等教育出版社

朱翼隽, 陈燕, 胡波. 2004. 具有负顾客的 GI/M/1 休假排队模型. 江苏大学学报 (自然科学版), 25:315–318

Alfa A S. 2003. Vacation models in discrete time. Queueing Systems, 44:5–30

Altman E, Yechiali U. 2006. Analysis of Customers' Impatience in Queues with Server Vacations. Queueing Systems, 52:261–279

Anick D, Mitra D, Sondi M M. 1982. Stochastic theory of data handling system with multiple sources. Bell System Tech. J., 61(8):1871–1894

Arem B, Doorn E A, Meijer T M J. 1989. Queueing analysis of a discrete closed-loop conveyor with service facilities. Queueing System, 4:95–114

Artalejo J R, Gómez-Corral A. 2008. Retrial Queueing Systems: A Computational Approach. New York:Springer

Artalejo J R, Atencia I, Moreno P. 2005. A discrete-time $\mathrm{Geo}^{[X]}/G/1$ retrial queue with control of admission. Applied Mathamatical Modelling, 29:1100–1120

Arumuganathan R, Jeyakumar S. Steady State Analysis of a Bulk Queue with Multiple Vacations, Setup Times with N-policy and Closedown Times. Applied Mathamatical Modelling, 29:972–986

Assi C, Ye Y, Dixit S, Ali M. 2003. Dynamic Bandwidth Allocation for Quality-of-Service over Ethernet PONs. IEEE J. Sel. Areas Commun, 21:1467–1477

Baba Y. 1986. On the $M^X/G/1$ queue with vacation times, Oper. Res. Lett. 5:93–97

Baba Y. 1987. On the $M^X/G/1$ queue with vacation times non preemptive last come first served discplince. Jour. Oper. Res. Jan., 30:150–159

Baba Y. 2005. Analysis of a GI/M/1 queue with multiple working vacations. Oper. Res. Lett., 33:201–209

Banik Y, Gupta U, Pathak S. 2007. On the GI/M/1/N queue with multiple working vacations–analysis and computation. Applied Mathematical Modelling, 31:1701–1710

Banik A D. 2009. The infinite-buffer single server queue with a variant of multiple vacation policy and batch Markovian arrival process. Applied Mathamatical Modelling, 33:3025–3039

Batta R, Berman O, Wang Q. 2007. Balancing staffing and switching costs in a service center with flexible servers. European Journal of Operation Research, 177:924–938

Bellman R. 1960. Introduction to Matrix Analysis. New York: McGraw Hill

Bharucha–Rein A. 1960. Elements of the Theory of Markov Processes and Their Applications. New York: McGraw–Hill

Brandt A, Franken P, Lisek B. 1990. Stationary Stochastic Models. Chichester: John Wiley & Sons.

Breuer L, Baum D. 2005. An Introduction to Queueing Theory and Matrix-Analytic Methods. Netherlands: Springer-Verlag.

Chao X, Li W. 2005. Performance Analysis of a Wireless Network with Multiple Classes of Calls.IEEE Trans. Commun., 53:1542–1550

Chae K C, Lee S M, Lee H W. 2006. On stochastic decomposition in the GI/M/1 queue with single exponential vacation. Operation Research Letters, 34:706–712

Chae K C, Kim S J. 2007. Busy period analysis for the GI/M/1 queue with exponential vacations. Operation Research Letters, 35:114–118

Chae K C, Lim D E, Yang W S. 2009. The GI/M/1 queue and the GI/Geo/1 queue both with single working vacation. Performance Evaluation, 66:356–367

Chan W, Maa D. 1978. The GI/Geom/N queue in discrete time. INFOR, 16:232–252

Chang S H, Choi D W. 2005. Performance analysis of a finite–buffer discrete–time queue with bulk arrival, bulk service and vacations. Computers &Oper. Res., 32:2213–2234

Chatterjee V, Mukherjee A. 1990. GI/M/1 queue with server vacations. J. Oper. Res. Soc., 41:83–87

Chaudhry M L, Templeton J. 1983. A First Course in Bulk Queues. New York:John Wiley & Sons

Chaudhry M L, Gupta U. 1996. Performance analysis of the discrete–time GI/Geom/1/N queue. J. Appl. Prob., 33(1):239–255

Chaudhry M L, Gupta U C, Templeton J G. 1996. On the relations amongs the distributions at different epochs fot discrete–time GI/Geom/1 queues. Oper. Res. Letters, 18:247–255

Chaudhry M L, Gupta U C. 2003a. Analysis of a finite-buffer bulk-service queue with discrete-Markovian arrival process: D-MAP/$G^{a,b}$/1/N. Naval Research Logistics, 50: 345–363

Chaudhry M L, Gupta U C. 2003b. Queue length distributions at various epochs in discrete-time D-MAP/G/1/N queue and their numerical evaluations. International Journal of Information and Management Sciences, 14(3):67–83

Choudhury G. 2009. Steady state analysis of an M/G/1 queue with linear retrial policy and two phase service under Bernoulli vacation schedule. Applied Mathamatical Modelling, 32(12):2480–2489

Choudhury G, Tadj L. 2009. An M/G/1 queue with two phases of service subject to the server breakdown and delayed repair. Applied Mathamatical Modelling, 33(13):2699–2709

Christoph H. 2001. The complete analysis of the discrete time finite DBMAP/G/1/N queue. Performance Evaluation, 43:95–121

Chung K L. 1967. Markov Chains with Stationary Transition Probabilities. 2nd. ed. New York:Springer

Cinlar E. 1975. Introduction to Stochastic Process. Englewood Cliffs. N.J.:Pretice-Hall

Cohen J. 1982. The Single Server Queue. 2nd ed. Amsterdam: North–Holland

Cooper R. 1970. Queues served in cyclic order: Waiting times. Bell System Technical Journal, 49(3):399–413

Cooper R. 1981. Introduction to Queueing Theory. Amsterdam: North–Holland

Cox D. 1955. The Analysis of Non-Markovian Stochastic Process by the Inclusion of Supplementary Variables. Mathematical Proceedings of the Cambridge Philosophical Society, 51(3):433–441

Doob J L. 1953. Stochastic Processes. New York: John Wiley & Sons

Doshi, B. 1985. A note on stochastic decomposition in a GI/G/1 queue with vacations or set–up times. J. Appl. Prob, 22:419–428

Doshi B. 1986. Queueing systems with vacations–a survey. Queueing Systems, 1:29–66

Doshi B. 1990. Generalization of the Stochastic Decomposition Results for the Single-server Queues with Vacations. Stochastic Mod., 6:307–333

Dukhorny A. 1997. Vacation in $GI^x/M^x/1$ systems and Riemann boundary value problems. Queueing Systems, 27:351–366

Erlang A K. 1909. The Theory of Probability and Telephone Conversations. Nyt Tidsskrift Matematik B, 20:33–39

Evan R. 1967.Geometric distibution in some two-dimensional queueing systems. Oper.Res., 15:830–846

Fiems D, Bruneel H. 2002. Analysis of a discrete–time queueing system with timed vacations. Queueing Systems, 42:243–254

Fiems D, Vuyst S, Bruneel H. 2002. The combined gated exhaustive vacation system in discrete time. Performance Evaluation, 49:227–239

Freedman D. 1983. Markov Chains. New York: Springer

Fridgeirsdottir K, Chiu S. 2005. A Note on Convexity of the Expected Delay Cost in Single-Server Queues. Operation Research, 53:568–570

Fuhrmann S A.1984. A note on the M/G/1 queue with server vacation. Oper. Res., 32: 1368–1373

Fuhrmann S A, Cooper R. 1985. Stochastic decompositions in the M/G/1 queue with generalized vacations. Oper. Res., 33:1117–1129

Gao S, Liu Z. 2013. An M/G/1 queue with single working vacation and vacation interruption under Bernoulli schedule. Applied Mathematical Modelling, 37:1564–1579

Graham A. 1987. Non-negativ Matrices and applicable Topics in Linear Algebra. Ellis Horwood:Chichester

Grassman W, Taksar M, Heyman D. 1985. Regenerative analysis and steady state distribution for Markov chains. Oper. Res., 33:1107–1116

Grassmann W K, Stanford D A. 1999. Matrix analytic methods//Computational probability. Norwell:Kluwer Academic Publishers: 153–203

Gross D, Harris C. 1985. Foundamentals of Queueing Theory. 2nd ed. New York:John Wiley & Sons

Guan Y, Yang W, Owen H, Blough D M. 2008. A Pricing Approach for Bandwidth Allocation in Differentiated Service Networks. Computers and Operations Research, 35:3769–3786

Guirchoun S, Martineau P, Billaut J C. 2005. Total completion time minimization in a computer system with a server and two parallel processors. Computers and Operation Research, 32:599–611

Gunter B, Stefan G, Hermann, D, Kishor S. 2006. Queueing Networks and Markov Chains. 2nd ed. New York:John Wiley & Sons

Harris C, Marchal W. 1988. State dependence in M/G/1 server vacation models. Oper. Res., 36:560–565

He Q M. 1996. Queues with marked customers. Advances in Applied Probability, 28:567–587

He Q M, Neuts M F. 1998. Markov chains with marked transitions. Stochastic Processes and their Applications, 74:37–52

Herrmann C. 2001. The complete analysis of the discrete time finite DBMAP/G/1/N queue. Performance Evaluation, 43:95–121

Heyman D. 1977. The T–policy for the M/G/1 queue. Manag. Sci., 23:775–778

Hunter J J. 1983. Mathematical Techniques of Applied Probability//Discrete-Time Models: Techniques and Applications. New York: Academic Press, Vol. II

Hur S, Ahn S. 2005. Batch arrival queues with vacations and server setup. Applied Mathamatical Modelling, 29:1164–1181

Karaesman K, Gupta S M. 1996. The Finite Capacity GI/M/1 Queue with Server Vacations. Journal of the Operational Research Society, 47(6):817–828

Ke J. 2003. The analysis of a general input queue with N–policy and exponential vacations. Queueing Systems, 45:135–160

Ke J. 2006. On M/G/1 System Under NT Policies with Breakdowns, Startup and Closedown. Applied Mathamatical Modelling, 30:49–66

Ke J. 2007a. Batch arrival queues under vacation policies with server breakdowns and startup/closedown times. Applied Mathamatical Modelling, 32:1282–1292

Ke J. 2007b. Operating characteristic analysis on the M[x]/G/1 system with a variant vacation policy and balking. Applied Mathamatical Modelling, 31:1321–1337

Ke J, Chang F. 2009. $M^{[x]}/(G_1, G_2)/1$ retrial queue under Bernoulli vacation schedules with general repeated attempts and starting failures. Applied Mathamatical Modelling, 33:3186–3196

Keilson J, Servi L. 1987. Dynamics of the M/G/1 vacation model. Oper. Res., 35:575–582

Kemeny J, Snell J. 1983. Finite Markov Chains. New York: Springer

Kendall D G. 1953. Stochastic Processes Occurring in the Theory of Queues and Their Analysis of by the Method of Imbedded Markov Chains. Annals of Mathematical Statistics, 24:207–212

Kim B G. 1988. A single server discrete time queueing systems: with and without priorities. IEEE Global Telecommunications Conference, 522–526

Kim J, Chae K. 2003. Analysis of queue-length distribution of the M/G/1 queue with working vacations, Hawaii International Conference on Statistics and Related Fields: 5–8

Kramer M. 1987. Computational methods for Markov chains occuring in queueing theory//Herzog U, Paterok M, ed. Messung, Modellierung und Bewertung von Rechensystemen, lnformatik-Fachber. Berlin:Springer, 154:164–175

Kramer M. 1989. Stationary distribution in a queueing system with vacation times and limited service. Queueing Systems, 4:57–68

Laxmi P, Guipta U. 1999. On the finite-buffer bulk service queue with general independent arrival: GI/M*/1/N. Oper. Res. Lett., 25:241–245

Latouche C, Ramaswami V. 1999. Introduction to Matrix Analytic Methods in Stochastic Modeling. ASA–SCAM series on Applied Probability.

Lavenberg S S, Reiser M. 1980. Stationary state probabilities at arrival instants for closed queueing networks with multiple types of customers. Journal of Applied Probability, 17:1048–1061

Laxmi P V, Goswami V, Suchitra V. 2013. Analysis of GI/M(n)/1/N queue with single working vacation and vacation interruption. International Journal of Mathematical, Computational, Natural and Physical Engineering, 7(4):475–481

Lee H S, Srinivasan M M. 1989. Certral policies for $M^X/G/1$ queueing systems. Management Science, 35:708–721

Lee H W, Lee S S, Park J O, Chae K C. 1995. Batch arrival queue with N-policy and single vacation. Comput. Oper. Res., 22:173–189

Levy Y, Yechiali U. 1975. Utilization of Idle Time in an M/G/1 Queueing System. Management Science, 22:202–211

Levy Y, Yechiali U. 1976. M/M/s Queue with Server Vacations. INFOR, 14:153–163

Levy Y, Kleinrock L. 1986. A Queue with Starter and a Queue with Vacations: Delay Analysis by Decomposition. Operation Research, 34:426–436

Li H, Zhu Y. 1997. $M^{(n)}/G/1/N$ Queues with Generalized Vacations. Computers and Operation Research, 24:301–316

Li Q, Ying Y, Zhao Y. 2006. A BMAP/G/1 Retrial Queue with a Server Subject to Breakdowns and Repairs. Annals of Operation Research, 141:233–270

Li Q, Lin C. 2006. The M/G/1 Processor-Sharing Queue with Disasters. Computers and Mathematics with Applications, 51:987–998

Li Q, Lian Z, Liu L. 2005. An RG-Factorization Approach for A BMAP/M/1 Generalized Processorsharing Queue. Stochastic Models, 21:507–530

Li J H, Tian N S, Liu W Y. 2007. The discrete–time GI/Geo/1 queue with multiple working vacations. Queueing Systems, 56:53–63

Li J H, Tian N S 2007a. The discrete-time GI/Geom/1 queue with working vacations and vacation interruption. Applied Mathematics and Computation, 185:1–10

Li J H, Tian N S. 2007b. The M/M/1 queue with working vacations and vacation interruptions. J. Syst. Sci. Syst. Eng., 16:121–127

Li J H, Tian N S. 2008. Analysis of the discrete time Geo/Geo/1 queue with single working vacation. Quality Technology and Quantitative Management. Special issue of Queueing Models with Vacations, 5:77–89

Li J H, Chen H Y, Tian N S, Lu D. 2008a. Adaptive Service Analysis for EPON Base on Working Vacation Queueing Model. The Eleventh IEEE International Conference on Communications Systems (ICCS 2008), 19-21: 693–697

Li J H, Tian N S, Ma Z Y. 2008b. Performance Analysis of GI/M/1 Queue with Working Vacations and Vacation Interruption. Applied Mathematical Modelling, 32:2715–2730

Li J H, Tian N S, Zhang Z G, Hsing Paul Luh. 2009. Analysis of the M/G/1 Queue with Exponential Working Vacations-A Matrix Analytic Approach. Queueing Systems, 61:139–166

Li J H, Jia D H, Tian N S. 2010a. A batch arrival queue with exponential working vacations. The 5th International Conference on Queueing Theory and Network Applications(QTNA2010), 25–26: 41–45

Li J H, Liu W Y, Tian N S. 2010b. Steady-state analysis of a discrete-time batch arrival queue with working vacations. Performance Evaluation, 67:897–912

Li J H, Tian N S. 2011. Performance analysis of a GI/M/1 queue with single working vacation. Applied Mathematics and Computation, 217:4960–4971

Li J H, Cheng B A. 2015. Threshold-policy analysis of an M/M/1 queue with working vacations. Journal of Applied Mathematics and Computing. DOI 10.1007/s12190-014-0862-6

Lin C H, Ke J C. 2009. Multi-server system with single working vacation. Applied Mathematical Modelling, 33:2967–2977

Liu D, Neuts M F. 1994. A queueing model for an ATM rate control scheme. Telecommunication Systems, 2:321–348

Liu W Y, Xu X L, Tian N S. 2007. Stochastic decomposition in the M/M/1 queue with working vacations. Oper. Res. Lett., 35:595–600

Liu Y, Wein L. 2008. A Queueing Analysis to Determine How Many Additional Beds Are Needed for the Detention and Removal of Illegal Aliens. Management Science, 54:1–15

Liu Z Y, Wu J. 2009. An MAP/G/1 G-queues with preemptive resume and multiple vacations. Applied Mathematical Modelling, 33:1739–1748

Lu Y. 2008. Performance analysis for assemble-to-order systems with general renewal arrivals and random batch demands. European Journal of Operation Research, 185:635–647

Lucantoni D M, Meier-Hellstern K S, Neuts M F. 1990. A singleserver queue with server vacations and a class of non-renewal arrival processes. Advances in Applied Probability, 22:676–705

Lucantoni D M. 1991. New results on the single server queue with a batch Markovian arrival process. Stochastic Models, 7:1–46

Lucantoni D M. 1993. The BMAP/G/1 queue: a tutorial//Models and techniques for performance evaluation of computer and communication systems. New York: Springer-Verlag: 330–358

Ma Z, Tian N, Liu M. 2007. A Geom/G/1 gate service system with multiple adaptive vacation. International Journal of Information and Management Sciences, 18(3):56–6210

Madan K C. 1991. On a M[x] /M[b] /1 queueing system with general vacation times. Internat. J. Manag. Inform. Sci., 2:51–60

Meisling T. 1958. Discrete time queueing theory. Oper. Res., 6:96–105

Miller D G. 1981. Computation of steady-state probabilities for M/M/1 priority queues. Operations Research, 29:945–958

Nadarajan N, Subramanian A. 1984. A general bulk service queue with server's vacation//Aggarwal SP, ed. Operational Research in Managerial Systems. India: Academic Publications, 127

Narayan Bhat U. 1984. Elements of Applied Stochastic Processes. 2nd Ed. New York: John Wiley & Sons

Neuts M. 1973. The single server queue in discrete time–numerical analysis, I. Naval Res. Logist. Quart., 20:297–304

Neuts M, Klimko E. 1973. The single server queue in discrete time–numerical analysis, III. Naval Res. Logist. Quart., 20:557–567

Neuts M 1975. Probability distributions of phase type. Liber Amicorum Prof. Belgium Univ. of Louvain, 173–206

Neuts M. 1978. Markov chains with applications in queueing theory which have a matrix–geometric invariant vector. Adv. Appl. Prob., 10:185–211

Neuts M F. 1979. A versatile Markovian point process. J. Appl. Probab., 16:764–779

Neuts M. 1980. The probabilistic significance of the rate matrix in matrix–geometric invariant vectors. J. Appl. Prob., 17:291–296

Neuts M. 1981. Matrix–Geometric Solutions in Stochastic Models. Baltimore: Johns Hopkins University Press

Neuts M F. 1989. Structured Stochastic Matrices of M/G/1 Type and Their Applications. New York: Marcel Dekker

Niu Z, Takahashi Y, Endo N. 1998. Performance evluation of SVC–Based Ip–Over–ATM network. IEICE Trans. Commun. E81–B:948–957

Niu Z, Takahashi Y. 1999. A finite capacity queue with exhaustive vacation/close–down/ setuptime and Markovian arrival processes. Queueing Systems, 31:1–23

Niu Z, Shu T, Takahashi Y. 2003. A vacation queue with setup and close–down time and batch Markovian arrival processes. Performance Evaluation, 54:225–248

Pappas V, Verma D, Ko B J, Swami A. 2009 A circulatory system approach for wireless sensor networks. Ad Hoc Networks, 7:706–724

Prubhu N. 1965. Queues and Inventries. New York: John Wiley & Sons

Reddy G, Anitha R. 1998. Markovian bulk service queue with delayed vacations. Computers & Operation Research. 25(12): 1159–1166

Ren Z J, Zhou Y P. 2008. Call Center Outsourcing: Coordinating Staffing Level and Service Quality. Management Science, 54(2):369–393

Rosenberg E, Yechiali U. 1993. The $M^X/G/1$ queue with single and multiple vacations under L.I.F.O. service regime. Oper. Res. Lett., 14:171-179 Com-27(1979), 1199–1209

Ross M. 1983. Stochastic Processes. New York: John Wiley & Sons

Ross M. 2014. Introduction to Probability Models. 11th ed. New York: Academic Press.

Saaty T. 1961. Elements of Queueing Theory. New York: McGraw Hill

Saffer Z, Telek M. 2009. Stability of periodic polling system with BMAP arrivals. European Journal of Operation Research, 197:188–195

Samanta S K, Chaudhry, M L, Gupta U C. 2007. Discrete–time $\mathrm{Geom}^X/G^{(a,b)}/1/N$ queues with single and multiple vacations. Mathematical & Computer Modeling, 45:93–118

Sengnpta B. 1991. Phase type representation of matrix–gemetric solution. Stoch. Mod., 6:163–167

Servi L D. 1986. D/G/1 Queues with vacations. Operations Research, 34(4): 619–629

Servi L, Finn S. 2002. M/M/1 queue with working vacations (M/M/1/WV). Perfor. Eval., 50:41–52

Shanthikumar J. 1988. On stochastic decomposition in M/G/1 type queue with generalized server vacations. Oper. Res., 36:566–569

Shomrony M, Yechiali U. 2001. Burst Arrival Queues with Server Vacations and Random Timers. Mathematical Methods of Operation Research, 53:117–146

Shin Y W. 2004. BMAP/G/1 queue with correlated arrivals of customers and disasters. Operation Research Letters, 32:364–373

Sikdar K, Gupta U C. 2005. Analytic and numerical aspects of batch service queues with single vacation. Computers and Operation Research, 32:943–966

Song J. 1998. On the order fill rate in a multi-item base-stock inventory system. Operation Research, 46:831–845

Stidham S. 2005. Optimization of Queueing Systems. Dshalaow: CRC Press

Su L H, Lee Y Y. 2008. The two-machine flowshop no-wait scheduling problem with single server to minimize the total completion time. Computers and Operation Research, 35:2952–2963

Takacs L. 1962. Introduction to the Theory of Queues. New York: Oxford University Press

Takagi H. 1991. Queueing Analysis, Vol.1, Vacation and Priority Systems. Amsterdam: North–Holland

Takagi H. 1993. Queueing Analysis, Vol.3, Discrete time systems. Amsterdam: North-Holland

Takagi H, Leung K. 1994. Analysis of a discrete time queueing system with time–limited service. Queueing Systems, 18:183–197

Teghem J. 1986. Control of the service process in a queueing system. Eur. J. Oper. Res., 23:141–148

Tian N S, Li Q, Cao J H. 1999. Conditional stochastic decompositions in the M/M/c queue with server vacation. Stochastic Models, 14:367–377

Tian N S, Ma Z Y, Liu M X. 2008. The discrete time Geom/Geom/1 queue with multiple working vacations. Applied Mathematical Modelling, 32:2941–2953

Tian N S, Xu X L. 2005. The Waiting Time of an M/M/c Queue with Partial Servers Vacations. OR Transactions, 9(2):1–8

Tian N S, Zhang D, Cao C. 1989. The GI/M/1 queue with exponential vacations. Queueing Systems, 5:331–344

Tian N S, Zhang Z G. 2002. The discrete-time GI/Geo/1 queue with multiple vacations. Queueing Systems, 40:283–294

Tian N S, Zhang Z G. 2003. A note on GI/M/1 queues with phase–type setup times or server vacations. INFOR, 41:341–351

Tian N S, Zhang Z G. 2006a. A two threshold vacation policy in multiserver queueing systems. European Journal of Operational Research, 168:153–163

Tian N S, Zhang Z G. 2006b. Vacation Queueing Models–Theory and Applications. Berlin:Springer

Tian N S, Liu M X, Ma Z Y, Xu X L. 2006a. Performance Analysis of Discrete-Time Erlang Loss System. The 38th Southeastern Symposium on System Theory, 3:192–195.

Tian N S, Xu X L, Ma Z Y. 2006b. Set of Queues $\mathrm{M}^{Q(t)}/\mathrm{G}_j/\infty$ in Supply Chain. OR Transactions, 10(1):21–30

Tian N S, Zhang Z G. 2007. Quantifying the performance effects of idle time utilization in multiserver systems. Naval Research Logistics, 54(2):189–199

Tian N S, Zhao X Q, Wang K Y. 2008. The M/M/1 Queue with SingleWorking Vacation. International journal of information and management sciences, 19(4):621–634

Tian N S, Li J H, Zhang Z G 2009. Matrix Analytic Method and Working Vacation Queues - A Survey. International Journal of Information and Management Sciences, 20:603–633

Wallace V. 1969. The solution of quasi birth and death processes arising from multiple access computer systems. Ph.D. Diss. System Engineering Labaoratory. Univ.of Michigan, Tech.Rept. 07742-6-T.

Wang J, Cao J, Li Q. 2001. Reliability Analysis of the Retrial Queue with Server Breakdowns and Repairs. Queueing Systems, 38:363–380

Wang J, Cao J, Liu B. 2002. Unreliable production-inventory model with a two-phase Erlang demand arrival process. Computers and Mathematics with Applications, 43:1-13

Wang K H, Kuo C C, Pearn, W. L. 2008. A recursive method for the F-policy G/M/1/K queueing system with an exponential startup time. Applied Mathematical Modelling, 32:958–970

Wierman A, Osogami T, Harchol-Balter M, Scheller-Wolf A. 2006. How many servers are best in a dual-priority M/PH/k system?. Performance Evaluation, 63:1253–1272

Wu D, Takagi H. 2006. M/G/1 queue with multiple working vacations. Perfor. Eval., 63:654-681

Xu X L, Zhang Z G. 2006. Analysis of Multi-server Queue with a Single Vacation (e, d)-Policy. Perfor. Eval., 63(8):825–838

Xu X L, Tian N S. 2006. Analysis on M/M/c Queue with (e, d, N)-policy Vacation. Journal of Engineering Methematics, 23(6):1095–1100

Xu X L, Tian N S. 2008. The M/M/c Queue with (e, d)-setup Times. Journal of System Sciences and Complexity, 21;446–455

Xu X L, Zhang Z G, Tian N S. 2009. The M/M/1 queue with single working vacation and setup times. International Journal of Operational Research, 6:420–434

Yao D. 2001. Modeling and Optimization of Supply Networks. International Workshop on Operation Research-Stochastic Modeling and Optimization. Beijing

Yi X, Kim J, Choi D, Chae K. 2007. The Geo/G/1 Queue with Disaster and Multiple Working Vacations. Stochastic Models, 23:537–549

Yu M M, Tang Y H, Fu Y. 2009. Steady state analysis and computation of the $\mathrm{GI}^{[x]}/\mathrm{M}^{b}/1/\mathrm{L}$ queue with multiple working vacations and partial batch rejection. Computers and Industrial Engineering, 56:1243–1253

Zhang Z G, Tian N S. 2001. Discrete time Geom/G/1 queue with multiple adaptive vacations. Queueing Systems, 38:419–429

Zhang Z G, Tian N S. 2002. The discrete time GI/Geo/1 queue with multiple vacations. Queueing Systems, 40:283–294

Zhang Z G, Tian N S. 2003a. Analysis of Queueing Systems with Synchronous Single Vacation for some Servers. Queueing Systems, 45:161–175

Zhang Z G, Tian N S. 2003b. Analysis on Queueing Systems with Synchronous Vacations of Partial Servers. Performance Evaluation, 52:269–282

Zhang Z G, Tian N S. 2004a. An Analysis of Queueing Systems with Multi-task Servers. European Journal of Operation Research, 156:375–389

Zhang Z G, Tian N S. 2004b. The N-threshold for the GI/M/1 queue. Oper. Res. Lett, 32:77–84

Zhang M, Hou Z. 2011. Performance analysis of MAP/G/1 queue with working vacations and vacation interruption. Applied Mathematical Modelling, 35:1551–1560

Zheng J, Mouftah H T. 2009. A Survey of Dynamic Bandwidth Allocation Algorithms for Ethernet Passive Optical Networks. Optical Switching and Networking, 6:151–162

图表索引